口絵 VII-1章　養鱒場のサクラマス
（*Oncorhynchus masou*）

陸封型のサクラマス（ヤマメ）．自然界ではなわばりをつくるが，飼育環境下では群れをなす．（写真提供：小豆畑 隆生氏）

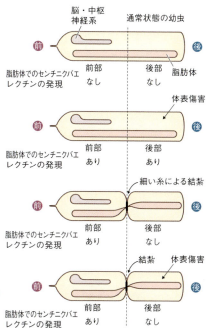

口絵 VII-2章　センチニクバエ［*Sarcophaga* (*Boettcherisca*) *peregrina*］での結紮実験
（説明は図2.4を参照）

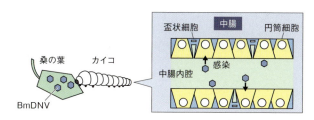

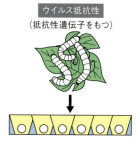

口絵 VII-3章　カイコ（*Bombyx mori*）濃核病ウイルス（BmDNV）の感染
（説明は図3.2を参照）

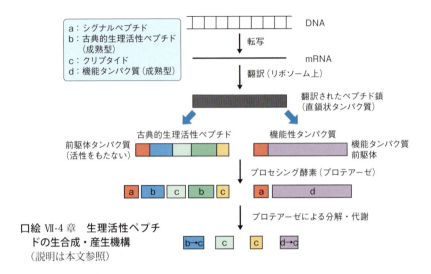

口絵 VII-4章　生理活性ペプチドの生合成・産生機構
（説明は本文参照）

a：シグナルペプチド
b：古典的生理活性ペプチド（成熟型）
c：クリプタイド
d：機能タンパク質（成熟型）

口絵 VII-5章　コバルトニジマス
（*Oncorhynchus mykiss*）
下垂体神経中葉が未発達のため黒色素胞刺激ホルモンの産生量が少なく，体色が淡い．魚体内では筋肉や肝臓の脂質含量が高い．

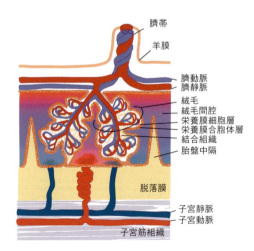

口絵 VII-6章　胎盤の模式図
（説明は図 6.2 を参照）

口絵 Ⅶ-7 章　妊娠 5 か月頃のオキタナゴ（*Neoditrema ransonnetii*）胎仔魚
説明は本文を参照．

ナミテントウ
*Harmonia axyridis*

ニジュウヤホシテントウ
*Henosepilachna vigintioctopunctata*

トホシテントウ
*Epilachna admirabilis*

クロホシテントウゴミムシダマシ
*Derispia maculipennis*

キボシマルウンカ
*Ishiharanus iguchii*

ナミテントウ
*Harmonia axyridis*

ヒメアカホシテントウ
*Chilocorus kuwanae*

フタホシテントウ
*Hyperaspis japonica*

フタモンクロテントウ
*Cryptogonus orbiculus*

ヘリグロテントウノミハムシ
*Argopistes coccinelliformis*

ベニヘリテントウ
*Rodolia limbata*

フジハムシ
*Gonioctena rubripennis*

口絵 Ⅶ-8 章　テントウムシに関連した擬態
（説明は図 8.7 を参照）

口絵 Ⅶ-9 章　雌性ホルモンによるトサジドリ（*Gallus gallus domesticus*）雄型羽装の雌型化
成鳥雄（上段）と E2 投与した成鳥雄（下段）

口絵 Ⅶ-10 章　越喜来湾(おきらい)（岩手県大船渡市）海底のババガレイ（*Microstomus achne*）
（写真提供：朝日田 卓博士）

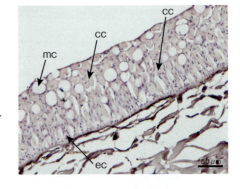

口絵 Ⅶ-11 章　アナゴ（*Conger myriaster*）の皮膚の組織切片
ヘマトキシリン - エオシン染色．
（説明は図 11.2 を参照）

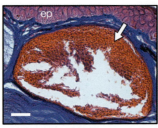

顆粒腺

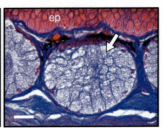

粘液腺

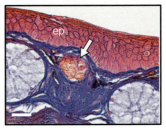

小顆粒腺

口絵 Ⅶ-12 章　アフリカツメガエル（*Xenopus laevis*）背側皮膚腺切片の顕微鏡像（アザン染色）
矢印は各分泌腺を示す．
（説明は図 12.2 を参照）
（写真提供：丸橋佳織氏）

口絵 Ⅶ-13 章　毒蛇ハブ
（*Protobothrops flavoviridis*）
（写真提供：服部正策博士）

口絵 Ⅶ-14 章　協同繁殖するミーアキャット
（*Suricata suricatta*）
アフリカ南部の乾燥地帯に生息するマングースの一種である．（詳細は 14.6.2 項参照）

口絵 Ⅶ-15 章　日本で見ることのできるクマノミ類 6 種
A：クマノミ（*Amphiprion clarkii*），B：カクレクマノミ（*A. ocellaris*），C：ハマクマノミ（*A. frenatus*），D：トウアカクマノミ（*A. polymnus*），E：ハナビラクマノミ（*A. perideraion*），F：セジロクマノミ（*A. sandaracinos*）．いずれの種も，社会順位のある群れをつくり，イソギンチャクと共生をする．種によって好むイソギンチャクが異なる．

口絵 Ⅶ-16章　サクラマス（*Oncorhynchus masou*）の A：河川残留魚と B：降河魚
なわばり争いに勝利した優位個体がおもに河川残留魚となり，争いに敗れた劣位個体の一部は，銀化変態を行い，川から海に降る．

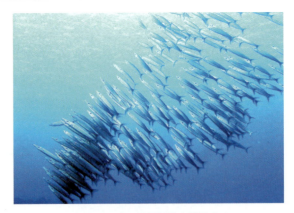

口絵 Ⅶ-17章　沖縄近海を遊泳するカマスの仲間の群れ

口絵 Ⅶ-18章　オオシロアリ（*Hodotermopsis sjostedti*）
真社会性昆虫であるシロアリのコロニーには，繁殖虫，兵隊シロアリ，働きシロアリなどのカーストが存在する．どの個体がどのカーストに分化するのかは，後胚発生期に受ける環境要因（物理環境と個体間相互作用）に依存する．

繁殖虫（有翅虫）
働きシロアリ　　兵隊シロアリ

F　■ ホルモンから見た生命現象と進化シリーズ

日本比較内分泌学会編集委員会
高橋明義（委員長）　小林牧人（副委員長）
天野勝文　安東宏徳　海谷啓之　水澤寛太

ホルモンから見た生命現象と進化シリーズⅦ

# 生体防御・社会性
## －守－

水澤寛太　矢田　崇
共編

裳華房

# Defense and Sociality

edited by

KANTA MIZUSAWA
TAKASHI YADA

SHOKABO
TOKYO

# 刊行の趣旨

　現代生物学の進歩は凄まじく早い．20世紀後半からの人口増加以上に，まるで指数関数的に研究が進展しているように感じられる．当然のように知識も膨らみ，分厚い教科書でも古往今来の要点ですら，系統的に生命現象を講じることは困難かもしれない．根底となる分子の構造と挙動に関する情報も膨大な量が絶えず生み出されている．情報の増加はコンピューターの発達と連動しており，生物学に興味を示すわれわれは，その洪水に翻弄されているかのようだ．生体内の情報伝達物質であるホルモンを軸にして，生命現象を進化的視点から研究する比較内分泌学の分野でも，例外ではない．それでも研究者は生き物の魅力に取り憑かれ，解明に立ち向かう．

　情報が溢れかえっていることは，一人の学徒が全体を俯瞰して生命現象（本シリーズの焦点は内分泌現象）を理解することに困難を極めさせるであろう．このような状況にあっても，呆然とするわれわれを尻目に，数多の生き物は躍動している．ある先達はこう話した．「研究を楽しむためには面白い現象を見つけることが大事だ」と．『ホルモンから見た生命現象と進化シリーズ』では，内分泌が関わる面白い生命現象を，進化の視点を交えて，第一線で活躍している研究者が初学者向けに解説する．文字を介して描写されている生き物の姿に面白い現象を発見し，さらに自ら探究の旅に出る意欲を醸しだすことを，シリーズは意図している．

　全7巻のそれぞれに，その内容を象徴する漢字一文字を当てた．『序』『時』『継』『愛』『恒』『巡』『守』は，その巻が包含する内分泌現象を凝集した俯瞰の極致である．想像力を逞しくして，その文字の意味するところを感じながら，創造の世界へと進んで頂きたい．

日本比較内分泌学会　『ホルモンから見た生命現象と進化シリーズ』編集委員会
高橋明義（委員長），小林牧人（副委員長）
天野勝文，安東宏徳，海谷啓之，水澤寛太

# はじめに

「ホルモンから見た生命現象と進化」シリーズ，第VII巻となる本書は『守』がテーマである．どの生物も身を守るためにさまざまな防御手段をもっている．免疫は分子レベルで異物を認識し，排除する．擬態では自らの姿を周囲の風景に溶け込ませることによって敵をやり過ごす．逆に自分が危険な存在であることをアピールすることもある．仲間をつくるという方法もある．つまり，群れることもまた防御手段の一環とみなすことができる．これらの防御活動は，究極的には共通の目的をもつものの，現象としてはまったく別個のものだ．「免疫」や「動物の社会性」など，本書が扱うテーマは，それぞれが単独でシリーズを構成できるほど大きな広がりをもつ．あえて，それらをひとつの書にまとめた理由は，ホルモンにある．一連の防御活動に広く目を向けることが，ホルモンの特性の理解に重要だと考えたからだ．

糖質コルチコイドを例に挙げよう．糖質コルチコイド（おもにコルチゾル）は脊椎動物において副腎皮質から分泌され，ストレスホルモンとして知られる．命が脅かされるような状況に陥った動物は，戦うにしろ逃げるにしろ（fight-or-flight），エネルギーを迅速に使わなくてはならない．コルチゾルはそのようなストレスに敏感に反応して分泌され，エネルギーの生産と利用を促して血糖値を上昇させる作用をもつ．コルチゾルはまた心拍や血圧を上昇させる作用も有する．これらの働きにより，体は危機に対応する準備を整えることができる．さて，そのような状況下では傷を負うこともあるだろう．その場合は，体内に侵入した異物に対して免疫系が働く．このとき，再びコルチゾルが働く．コルチゾルは抗炎症作用によって過剰な免疫応答を抑制する．この他，コルチゾルには両生類の皮膚における抗菌ペプチドの分泌を促進する作用も知られている．なぜ単独のホルモンがこれほど多様な機能を発揮するのだろうか．ホルモンは血液中を流れる液性の情報伝達因子だ．その働きは全身に一様に伝わり，同時に作用を及ぼす．生命の危機に際しては，一連の防御活動が同時に進行する．コルチゾルにとって，多機能性の獲得は，

## はじめに

全身に注意を喚起する SOS 信号としての必然だったのだろう．『守』にかかわる生命現象を広く捉えることは，ホルモンの多機能性と進化を理解するための重要なポイントである．

本書では防御に関わる生命現象の進化の過程にも着目した．防御の進化を理解するためには，攻撃の進化の過程にも目を向ける必要がある．昆虫を始めとして，多くの動物は敵の目を欺くために体の色や形を使って擬態する．その巧妙なデザインは，視覚を発達させた捕食者の存在なしには誕生しなかったはずだ．そして，守る側も攻める側も，強力な武器をその身に秘めることになった．生体内で，そのままでは毒性をもたないタンパク質が，部分的に分解されることによって，細菌の生体膜を破壊する抗菌ペプチドに変化する．また，蛇の毒は，どの細胞にもあるような酵素が変化したものだ．防御側と攻撃側の進化のいたちごっこの結果，今日のわれわれは驚異的な進化を遂げた生命現象の数々を目にすることができる．以上の現象は，生体防御の最前線や攻防を司る分子の進化の好例として，敢えて取り上げた（4 章と 13 章）．

生体防御では外分泌系の働きも重要である．概念的には，外分泌は内分泌に含まれない．内分泌系は体内の調節を担う指揮官であり，ホルモンは情報の伝達役にたとえることができる．一方，外分泌系は独自の判断で外界の異物と戦う遊撃隊のようなものだ．しかし，たとえば魚類の皮膚粘液中に抗体や生理活性ペプチドが存在するように，外分泌系と体内の生体防御メカニズムはけっして無関係ではない．11 章と 12 章では魚類と両生類の外分泌系について紹介する．

本シリーズは日本比較内分泌学会によって企画されたものであるが，とくに本書には学会外から多くの執筆者が参加した．編者らは本書に取り組みながら，新たな生命現象の世界に視界が開けていく喜びを感じることができた．読者にも同じ思いが伝わることを願ってやまない．

2016 年 9 月

著者を代表して
水澤寛太・矢田　崇

# 目　次

## 1. 序　論 —野生の内分泌—

水澤寛太・矢田　崇

 1.1　なわばり ……………………………………………………………… 1
 1.2　体　色 ………………………………………………………………… 3
 1.3　免疫とホルモン ……………………………………………………… 3
 1.4　おわりに ……………………………………………………………… 4

## 第1部　体内の攻防 ……………………………………………………… 7

## 2. 生体防御と比較内分泌学 —免疫-神経-内分泌クロストーク—

倉田祥一朗

 2.1　身を守る術 —生まれながらもつ免疫系と，感染して獲得する免疫系— 8
 2.2　昆虫を用いた免疫研究から —液性と細胞性の免疫応答— ……… 10
 2.3　免疫系と神経系のクロストーク …………………………………… 15
 2.4　免疫系と内分泌系のクロストーク ………………………………… 20

## 3. ウイルスの侵入

伊藤克彦

 3.1　生物の多様性とウイルス …………………………………………… 23
 3.2　カイコの生活史と内分泌 …………………………………………… 24
 3.3　カイコのウイルス病 ………………………………………………… 26
 3.4　カイコの生体防御とウイルス ……………………………………… 29
 3.5　昆虫のウイルス研究 ………………………………………………… 33

目 次

## 4. 生理活性物質とミトコンドリア

向井秀仁

4.1 タンパク質とペプチド ..................................................... 35
    4.1.1 タンパク質とは ..................................................... 35
    4.1.2 ペプチドとは ........................................................ 35
    4.1.3 タンパク質とペプチドの相違点 ........................... 36
4.2 生体内でのペプチドの生合成 ........................................ 37
    4.2.1 タンパク質の生合成と成熟化 ................................ 37
    4.2.2 ペプチドの生合成と生理活性ペプチドとしての成熟化 ...... 37
    4.2.3 生理活性ペプチドの生合成と成熟化の新たな展開 ........... 39
4.3 生理活性ペプチドの生体機能と作用機序 ..................... 40
4.4 ミトコンドリアの古典的機能と新たな役割 ................. 42
4.5 「非古典的生理活性ペプチド」
　　　—タンパク質に隠された生理活性ペプチド,「クリプタイド」—の発見 ..... 42
    4.5.1 好中球と自然免疫ならびに病態との関連 ............... 42
    4.5.2 非古典的生理活性ペプチド：クリプタイドの発見 .... 43
4.6 ミトコンドリア由来生理活性物質の新たな展開 ........... 45
4.7 おわりに ........................................................................ 46

## 5. 魚類下垂体と免疫

矢田 崇

5.1 古典的発想からの出発 ................................................... 48
5.2 ストレス反応と免疫 ...................................................... 49
5.3 病気と健康と成長とGH ................................................. 51
5.4 下垂体の外へ ................................................................. 55
5.5 水に棲む生き物としての免疫 ........................................ 57

## 6. ヒトにおける妊娠免疫

和泉俊一郎・近藤朱音・亀谷美恵

- 6.1 はじめに ..... 62
- 6.2 胎児は，母からみれば半分他人である ..... 63
- 6.3 母体免疫系の変化 ..... 64
- 6.4 胎児を守る防護壁としての胎盤 ..... 69
- 6.5 局所免疫調整因子を産生する胎盤 ..... 72
- 6.6 妊娠子宮内での免疫細胞集団の変化 ..... 73

## 7. 魚類における妊娠免疫

中村 修

- 7.1 胎生は動物界に広く分布する ..... 76
- 7.2 自己−非自己認識の進化 ..... 76
- 7.3 胎生魚の多様な繁殖様式 ..... 78
- 7.4 ウミタナゴ科魚の生殖サイクル ..... 79
- 7.5 母親と胎仔魚は免疫学的に接触するか ..... 80
- 7.6 卵巣腔液の働き ..... 82
- 7.7 卵巣に分布する白血球 ..... 83
- 7.8 母仔間免疫と胎仔魚の免疫機構の発達 ..... 84
- 7.9 結び ..... 84

# 第2部　個としての攻防 ..... 89

## 8. 昆虫の擬態 —擬態進化の解明に向けて—

新美輝幸

- 8.1 擬態とは ..... 90
- 8.2 さまざまな擬態の事例 ..... 91
  - 8.2.1 隠蔽的擬態 ..... 91
  - 8.2.2 ベーツ型擬態 ..... 92

|  |  |  |
|---|---|---|
| | 8.2.3　ミュラー型擬態 | 94 |
| | 8.2.4　攻撃型擬態（ペッカム型擬態） | 96 |
| 8.3 | 擬態斑紋をもたらす分子メカニズム | 96 |
| | 8.3.1　ホルモンによる擬態斑紋の調節 | 97 |
| | 8.3.2　チョウの擬態斑紋遺伝子の同定 | 97 |
| 8.4 | 擬態研究のための新規モデル生物の開発 | 99 |
| | 8.4.1　テントウムシを巡る擬態 | 99 |
| | 8.4.2　ナミテントウの新規モデル化 | 100 |

## 9. 鳥類と哺乳類の保護色

竹内　栄

| | | |
|---|---|---|
| 9.1 | 哺乳類と鳥類の体色 | 105 |
| 9.2 | 毛や羽の色 | 106 |
| 9.3 | 毛や羽の形成とメラニンによる着色 | 107 |
| 9.4 | メラノサイトによるメラニン産生とその制御 | 109 |
| 9.5 | 逆影と保護色をつくるしくみ | 111 |
| 9.6 | 体色多様化の分子機構 | 115 |

## 10. 光があやつる魚類の体色とホルモン

高橋明義・水澤寛太

| | | |
|---|---|---|
| 10.1 | 生きのびるための体色 | 119 |
| 10.2 | 魚類の高機能色彩感覚 | 122 |
| 10.3 | 眼から鱗への光情報伝達 | 123 |
| 10.4 | 魚類の体色変化におけるホルモンの相互作用 | 125 |
| 10.5 | $α$-MSH の意外な作用 | 129 |
| 10.6 | 光があやつる生命現象 | 131 |
| 10.7 | 展　望 | 131 |

目 次

## 11. 魚類の粘液

筒井繁行

11.1 粘液のもつ意味とは？ ................................................. 133
11.2 皮膚を構成する細胞 ................................................... 134
11.3 粘液中の防御因子：①抗 体 ........................................... 136
11.4 粘液中の防御因子：②酵 素 ........................................... 138
11.5 粘液中の防御因子：③抗菌ペプチド ................................ 138
11.6 粘液中の防御因子：④レクチン ..................................... 141
11.7 粘液レクチンの多様性 ................................................ 143

## 12. 生体防御ペプチドによる両生類の先天的防御機構

岩室祥一・小林哲也

12.1 抗菌ペプチドとは ..................................................... 148
12.2 アカガエル科抗菌ペプチドの特徴 ................................. 149
12.3 抗菌ペプチドの作用機序 ............................................ 154
12.4 抗菌ペプチドの発現と内分泌系 ................................... 156
12.5 抗菌ペプチドから多機能性生体防御ペプチドへ .............. 157

## 13. 蛇毒成分の多様な生理機能と分子進化・遺伝子発現

上田直子

13.1 はじめに ................................................................. 160
13.2 ハブ毒成分の構造・機能 ............................................ 161
13.3 ハブ毒 $PLA_2$ アイソザイムの構造と機能 ..................... 166
13.4 ハブ毒 $PLA_2$ アイソザイムの加速進化 ........................ 167
13.5 ハブ毒 $PLA_2$ アイソザイムの地域特異的な分子進化と遺伝子発現 170
13.6 今後の展望 ............................................................. 172

# 第3部 集団による攻防 .................................................. 177

## 14. 動物はなぜ群れを形成するのか
沓掛展之・加藤貴大

- 14.1 動物行動と適応進化 ........................................... 178
- 14.2 「種のため」の誤り ........................................... 181
- 14.3 群れ形成の利益とコスト ....................................... 182
- 14.4 「ストレス」の定義と問題点 ................................... 183
- 14.5 アロスタシス負荷 ―「守」の社会内分泌学的基盤― ............. 184
- 14.6 群れ生活とGCレベル ........................................... 185
  - 14.6.1 利　益 ................................................. 185
  - 14.6.2 コスト ................................................. 186
- 14.7 行動生態学・進化生物学との連携可能性 ......................... 188

## 15. 魚類における社会順位とホルモン
岩田惠理

- 15.1 魚類の社会構造 ............................................... 191
- 15.2 社会的群れにおける社会順位 ................................... 192
- 15.3 社会順位と性ステロイドホルモン ............................... 194
- 15.4 社会順位とストレスホルモン ................................... 197
- 15.5 社会順位とペプチドホルモン ................................... 198
- 15.6 なわばりに関係する社会順位 ................................... 198
- 15.7 おわりに ..................................................... 199

## 16. 魚類のなわばりと防御行動
棟方有宗

- 16.1 なわばり，攻撃，防御行動の定義 ............................... 203
- 16.2 サケ科魚類のなわばり・攻撃行動 ............................... 204

16.3　サケ科魚類のなわばり争いに影響を及ぼす内分泌因子 ............ 205
　　　16.3.1　サケ科魚類のなわばり争いと成長ホルモン ................. 205
　　　16.3.2　サケ科魚類のなわばり争いと性ホルモン .................. 208
　　　16.3.3　サケ科魚類のなわばり争いと甲状腺ホルモン .............. 211
　16.4　被攻撃魚の行動応答（防御行動）―反撃，逃避を中心として― 212
　16.5　被攻撃魚の生理的応答 ................................................. 213
　16.6　まとめ ................................................................... 215

## 17.　集団とリズム

竹村明洋・竹内悠記

　17.1　個と集団 ................................................................ 219
　17.2　集団のリズム ........................................................... 220
　17.3　環境に同調した内因性のリズムとその伝達のしくみ ............... 223
　17.4　集団とリズムを操るホルモンとその働き ........................... 226
　17.5　集団形成のしくみ ...................................................... 229

## 18.　昆虫における社会性のメカニズム
　　　―シロアリの社会行動とカースト分化―

三浦　徹

　18.1　真社会性昆虫とは ...................................................... 233
　18.2　カースト間の分業とカースト分化 .................................... 235
　18.3　カースト分化における形態改変 ...................................... 237
　18.4　幼若ホルモンによるカースト制御 .................................... 240
　18.5　インスリン経路 ......................................................... 241
　18.6　ツールキット遺伝子の発現 ........................................... 241
　18.7　個体間相互作用に関わる分子：フェロモン ......................... 242
　18.8　社会性の進化 ........................................................... 244

目　次

略語表……………………………………………………… 247
索　引……………………………………………………… 252
執筆者一覧………………………………………………… 257
謝　辞……………………………………………………… 258

## 遺伝子，タンパク質，ホルモン名などの表記に関して

現在，遺伝子名は動物種や研究者によって命名法がさまざまである．本巻では，読者にわかりやすくするため，原則として遺伝子名はイタリック体（斜字体）で表記，さらに，ヒトではすべて大文字（*ABC*），哺乳類では頭文字を大文字（*Abc*），それ以外の動物種では基本的にすべて小文字（*abc*）で表記した（遺伝子から転写される RNA もこれに準拠）．ただし，哺乳類と非哺乳類に存在する共通の遺伝子を指す場合は，頭文字を大文字（*Abc*）で表記した．また，表記が伝統的に定められている遺伝子については，その表記に従った．タンパク質名に関しては，その活性などによって命名された従来からの呼称を優先して表記したが，特別な呼称がないタンパク質については，その遺伝子名を，すべて大文字かつ非イタリック体で表記した．ホルモン名および学術用語は，『ホルモンハンドブック新訂 eBook 版（日本比較内分泌学会編）』および『岩波生物学辞典（第 5 版）』に準拠した．

## メダカの学名について

日本に生息するメダカには，従来北方メダカと南方メダカの地域集団が存在することが知られていた．2011 年に Asai らによりこれらの集団は異種であり，ミナミメダカ（*Oryzias latipes*）とキタノメダカ（*O. sakaizumii*）として区別する学説が提案された．しかし，本巻で扱うメダカはそれ以前に行われた研究に基づくことが多いことを考慮し，一部の表記を除いて，これらをまとめて「メダカ（*O. latipes*）」と表記する．なおヒメダカは，ミナミメダカ（*O. latipes*）の突然変異種であり，本巻ではあわせて「メダカ（*O. latipes*）」と表記している．

Asai, T. *et al*. (2011) Ichthyol. Explor. Freshwaters, **22**: 289-299.

# 1. 序　論
## ―野生の内分泌―

水澤寛太・矢田　崇

　野生動物は常にその身を危険にさらしている．捕食者を避け，あるいは威嚇する．群れを形成して全体の力で個を守ることもある．しかし，群れの内部においても順位や役割分担を巡る争いが生じる．資源を共有する同種の他個体はライバルでもある．本章ではサクラマスを例にとって，争いによる生命の危機における内分泌系の働きを紹介するとともに，生体防御の基本ともいえる，免疫系と内分泌系との関係について考察する．

## 1.1　なわばり

　サクラマス（*Oncorhynchus masou*）は，北日本を含む太平洋西岸に分布する．春から秋にかけて性成熟の進行にともなって河川に遡上し，その年の秋に産卵する．幼魚はそのまま1年以上を河川で過ごし，春に降河する．一方，河川に残留する個体もいる．この陸封型のサクラマスをヤマメという（**口絵 VII -1 章 参照**）．サクラマスが降河するか河川に残留するかどうかは，成長や成熟段階によって決まると考えられている[1-1, 1-2]．なお，サケ・マス類の回遊については本シリーズの4巻と6巻において紹介されている．ぜひそちらもご覧いただきたい．

　孵化後，河川生活を始めた稚魚は**なわばり**を形成する．なわばりは基本的に同種の他個体との争いである．なわばりを張る稚魚はライバルを威嚇したり，追い回したりといった攻撃性を示す．興味深いことに，稚魚が成長して降河を始めると攻撃性は消える．サクラマスの攻撃性は**成長ホルモン**（GH）や**テストステロン**（T）などの**性ステロイド**によって高まり，代謝を活発にする**甲状腺ホルモン**（$T_4$）によって低下する[1-3]．これらのホルモンはいず

# 1章 序論

れもサクラマスの降河行動の発現にも関与している[1-3].サクラマスのなわばり行動と降河行動は共通のホルモンの制御下にあるといえる(詳しくは本巻16章を参照).

ここではなわばりを張った稚魚の代謝に着目したい.なわばりには昆虫などの餌を得やすく,捕食者からの危険を避けやすい場所が選ばれる.稚魚は基本的になわばり内に定位して,むやみに動かない.動けばそれだけ捕食者に見つかりやすくなるからである.つまり,餌に飛びかかるときがもっとも危険な瞬間といえる.野生動物に共通していえることだが,もっともエネルギーが必要とされるのが「狩り」の瞬間である.このとき,内分泌系と自律神経系の働きによって,体内の環境がエネルギー利用を促進する方向に調節される.内分泌系では**糖質コルチコイド**(おもに**コルチゾル**)によって血糖値が上昇する(**図1.1**).一方,自律神経では交感神経の働きが副交感神経に比べて優位になり,血圧や心拍が上昇して活発な運動を助ける.また,なわばりは同種他個体との競争を生む.なわばり争いに負けた側は一時的に強いストレスを受け,これに応じて血中コルチゾル濃度が上昇する.コルチゾルはストレスホルモンと呼ばれ,ストレス下での産生が促進される.一方,なわばり争いに勝った側も,なわばり維持のために多大なエネルギーを要する状況では血中コルチゾル濃度が高くなる.このように,コルチゾルは社会順位とも複雑に関連する(14章,15章参照).

また,コルチゾルは海水適応能の発達を促進する作用ももつ(**図1.1**).

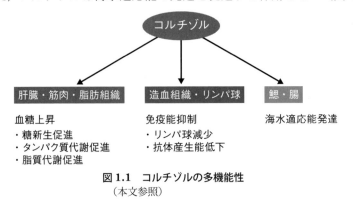

図 1.1　コルチゾルの多機能性
(本文参照)

この事実は，なわばり性と降河行動との関連を窺わせる．

## 1.2 体色

稚魚はまた，捕食者の目を逃れるために体色を背景にあわせて変化させることができる．このような体色変化を**背地順応**という（10章参照）．硬骨魚類では，体色を明化させる**メラニン凝集ホルモン（MCH）**と，暗化させる**黒色素胞刺激ホルモン（MSH）**が体色調節に関わる．体色には，他にも身を守るための特徴が見られる．多くの脊椎動物は背側のほうが腹側に比べて体色が暗い．物体に上から光を当てると下側は影となって暗くなる．背腹の体色パターンはこれと逆になっているわけだ．このため，体にできる影が打ち消され，目立たなくなる．**逆影**と呼ばれるこの現象も，MSHの働きによって起こっている（10章）．MSHの受容体は**メラノコルチン受容体（MCR）**と呼ばれる．MCRにはMSH以外にも**アグチシグナリングタンパク質（ASIP）**という別のタンパク質が結合し，MSHの結合を阻害する．脊椎動物では一般にASIPは背側に発現せず，腹側に発現する．このため腹側ではMSHの働きが阻害され，背側よりも体色が明るくなる．背地順応や逆影のように，身を守るために体を隠蔽する体色を保護色という．以上のように，保護色は内分泌系によって調節されている．

淡水にいるサクラマスには体側に特徴的な斑紋（パーマーク）が見られる[1-1, 1-2]．パーマークには，背景に紛れるという保護色の効果と，同種の他個体に対して自分の存在を誇示するという2つの機能があるといわれている（16章コラム参照）．降河に先立ってサクラマスの体色は銀白色に変わり，パーマークは薄くなる．同時に体内の浸透圧調節システムが変化し，海水適応能を獲得する．これら一連の現象は**スモルト化（銀化）**といわれる．降河に先立ってサクラマスの攻撃性が低下することは前に述べた．なわばりに必要な体色と攻撃性が，降河の時期に合わせて消失するのは興味深い．

## 1.3 免疫とホルモン

さて，ここで話を一気に進め，サクラマスの産卵の場面に移ろう．サケ

マス類にとって産卵は命を削るイベントである．遡上したサクラマスは死ぬ．降河せず，河川に残留したサクラマス（ヤマメ）は1回目の産卵後に生き残るものの，翌年の2回目の産卵後に死ぬ[1-1, 1-2]．産卵期を控えたサケ（*Oncorhynchus keta*）やサクラマスでは，体表が全体的に黒ずむが，免疫力の低下によってウイルスや細菌に感染して体表の一部が白く変色し，筋肉がむき出しになる．いわゆるホッチャレという現象である．ここで再びコルチゾルが登場する．サケ科魚類では産卵期に近づくにつれ，血中コルチゾル濃度と性ステロイド濃度が上昇する．これらのコルチゾルと性ステロイドは抗体の産生を抑制する．また，コルチゾルはリンパ球のアポトーシスを誘導する．こうして免疫力は著しく低下する（図1.1）．

では，そもそもなぜ（何のために）コルチゾルや性ステロイドには免疫を抑制する機能があるのだろうか．アイディアを証明するのは難しく，想像を膨らませるしかないが，おそらく免疫系を活性化するためには，体内の恒常性を崩しかねないほどのエネルギーが必要となるのだろう．恒常性を維持するため，ウイルスや細菌の感染に備えて免疫系は常に活性化可能な状態で待機している．その時になれば，リンパ球を増やし，大量の抗体を産生することになる．しかしそれは利用可能なエネルギーの多くを継続的に消費することにつながる．一方，敵との闘争や産卵も大量のエネルギーを必要とする．前述のようにコルチゾルには，体内のエネルギーを引き出し，代謝を高める作用がある．限られたエネルギーを利用する際の優先順位をつけるために，ストレスホルモンであるコルチゾルや産卵に備えて成熟を促す性ステロイドが免疫系を抑制する，と考えることができる．サケ科魚類における免疫とホルモンの関係については，本巻の5章に詳しいので，そちらをご参照いただきたい．

## 1.4　おわりに

本章ではサクラマスを例にとって防御に関わる現象を紹介した．行動や免疫とは直接関連のないような名前のホルモンが多数登場した．このことこそが，さまざまな作用をもつホルモンがお互いに影響しあってネットワークを

形成していることの現れともいえる.

　次章以降,第1部では免疫など,体内における防御システムについて,第2部では体色や外分泌など,体外の攻防について,第3部では集団による防御を支えるメカニズムについて紹介する.本章ではまったく触れなかったが,魚類以外の脊椎動物や昆虫も登場する.それぞれの章の内容について,さらに防御のメカニズムを深く学ぶもよし,全体を鳥瞰的に眺めつつ防御システムの進化に思いを馳せるもよし,本書が読者の方々がこれから生命科学を学ぶための糧となれば幸いである.

　「序」,「時」,「継」,「愛」,「恒」,「巡」,「守」と続いた『ホルモンから見た生命現象と進化シリーズ』は,本巻をもって区切りを迎えた.しかし,科学の発展と人間の好奇心が続く限り,新たな生命現象は発見され続ける.次の一字「　」を加えるのは,もしかしたらあなたかもしれない.

#### 1章 参考書

会田勝美・金子豊二 編（2013）『増補改訂版 魚類生理学の基礎』恒星社厚生閣.

#### 1章 引用文献

1-1) 井田　齊・奥山文也（2012）『サケマス・イワナのわかる本』山と渓谷社.
1-2) 木曾克裕（2014）『二つの顔をもつ魚　サクラマス』成山堂書店.
1-3) 岩田宗彦・小島大輔（2008）比較内分泌学, **34**(129): 82-85.

# 第1部 体内の攻防

　ホメオスタシス ―生命体が体内環境を一定の状態に保つこと― は生命活動を円滑に進めるための必須条件である．内分泌系は全身の組織の統御を行い，免疫系は自己と非自己を認識して異物から体内を守る．内分泌系と免疫系は相互に反応しあう．ストレス刺激に対する反応として，内分泌系はおもに下垂体を介して免疫系に影響する．また免疫系の活動によって産生されるサイトカインは内分泌系に影響する．この関係は内分泌系と免疫系のクロストークと表現される．一方，体内に侵入した異物に対抗するための手段は免疫だけではない．体内に侵入した異物がどのように細胞を攻撃するのか，そして細胞はどのような対抗手段をもつのか，分子レベルの生体防御機構が新たに明らかになってきた．第1部では，体内におけるそれらの攻防の実態を，昆虫から魚類，ヒトに至るまで分野横断的に紹介する．

# 2. 生体防御と比較内分泌学
―免疫 - 神経 - 内分泌クロストーク―

倉田祥一朗

「病は気から」．試験前は気が張っていたけれど，試験が終わって気が緩んだら風邪を引いたとか，緊張の余り体調を崩したといったことは，誰もが経験していることだろう．このような現象は，なぜ起こるのだろうか？ 生体のさまざまな反応を調節する神経系と内分泌系（心や体のバランスをつかさどるシステム）が，免疫系（病に対抗するシステム）に影響を与えているから起こると考えられている．ここでは，より単純なシステムでの解析例として，おもに昆虫を例に，免疫系について述べ，その後，免疫系と神経系・内分泌系のクロストークについて現状の理解を述べる．

## 2.1 身を守る術 −生まれながらもつ免疫系と，感染して獲得する免疫系−

この章で扱う「生体防御」とは，病原微生物が引き起こす感染症から身を守る術，いわゆる「免疫」のことである．免疫とは文字どおり，「疫病を免れる」の意味であり，『大辞林』（三省堂）によれば「感染症などに一度かかると，二度目は軽くすんだり，まったくかからなくなったりすること」とある．この意味において，読者の皆さんに最も身近な例は，ワクチン接種（予防接種）であろう．ワクチン接種は，イギリスの医師であったジェンナー（Edward Jenner）が，牛痘を接種して天然痘を予防した1796年に始まった．天然痘はウイルスが引き起こす感染症で，当時致死率は4割とも言われ，悪魔の病気として恐れられていた．この天然痘の近縁ウイルスである牛痘ウイルスを利用した種痘（ワクチン接種）の天然痘予防効果は大きい．1976年には世界的に天然痘の発症が確認されなくなり，その3年後，世界保健機構は世界中から天然痘が撲滅されたと宣言した．ジェンナーによる種痘からお

よそ200年後のことである．

ワクチン接種により，私たちの体に何が起こったのであろうか？ 最も重要な反応は抗体の産生である．抗体は，病原体の成分を見分け，不活性化や排除する働きをもっている．一度目のワクチン接種，あるいは感染では，一週間ほど経過した後に，そのワクチンや感染を引き起こした病原体に対する抗体が血液中に現れる（一次応答）．ところが，二度目のワクチン接種や感染では，一度目よりもすばやく多くの抗体が産生される（二次応答，**図2.1**）．これが，ワクチン接種により感染症を予防できる理由である．このような，抗体産生に依存した免疫は「獲得免疫」と呼ばれる．感染がきっかけとなって，初めて獲得される免疫という意味である．この獲得免疫には，感染症を防ぐ際に大きな弱点がある．それは，一次応答を示すまでにタイムラグがあることである．感染症を引き起こす多くの微生物は，すばやく増殖する．たとえば，細菌はおよそ20分に一回分裂する．すなわち，1個の細菌は1時間後

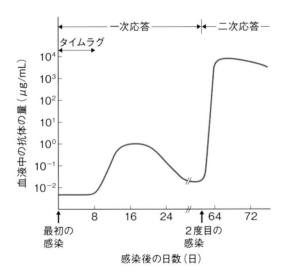

**図2.1 抗体産生の一次応答と二次応答**
　最初の感染では，一週間ほどのタイムラグがあって，血液中に感染を引き起こした病原体に対する抗体が産生される（一次応答）．ところが，二度目の感染では，よりすばやく多くの抗体が産生される（二次応答）．

には8個になる．その後は指数関数的に増殖するので，一晩も経たずに体は細菌で満たされてしまう．一次応答が起こるまでの間に，感染に対処しなければ，われわれは生存できない．では，その手立ては何であろうか？　そもそも獲得免疫をもつ動物は，脊椎動物だけである．地球上に生息している動物種は100万種を越えるといわれている．脊椎動物はその4％を占めるに過ぎない．獲得免疫をもたない脊椎動物以外の大多数の動物種は，どのようにして感染を防いでいるのだろうか？　この2つの疑問に対する答えが，「自然免疫」である．

　自然免疫とは，すべての多細胞生物が生まれながらもつ，抗体に依存しない生体防御系である．したがって，獲得免疫をもつ脊椎動物においても，さらには獲得免疫をもたない生物でも，過去に同じ感染症に罹患（りかん）したかどうかに関係なく，感染にすばやく対応できる．近年，自然免疫の研究は著しく進展し，2011年には自然免疫機構を解明した3名の研究者に，ノーベル生理学・医学賞が授与された．こうした自然免疫研究の発展には，これから紹介するように，昆虫を用いた免疫の研究が大きな貢献を果たした．

## 2.2　昆虫を用いた免疫研究から　−液性と細胞性の免疫応答−

　昆虫の感染症に関して，紀元前7世紀の「管子（かんし）」にカイコ（*Bombyx mori*）の感染症について，また同6世紀の「ギリシャ神話」ではミツバチ（*Apis mellifera*）の感染症について，すでに記載がある．しかしながら，昆虫の免疫応答に関する研究は，19世紀に至るまでなかった．1870年のパスツール（Louis Pasteur）によるカイコの免疫応答の研究がその先駆けである．その後，昆虫の免疫研究は，1884年に水生無脊椎動物を用いて初めて貪食（どんしょく）反応を観察したメチニコフ（Elie Metchnikoff）によって細胞性免疫応答の研究へと展開した．1892年のことである．今日では分子レベルでの研究が進み，その当時観察された現象の多くについて，メカニズムが解明されている．とくに，生化学的解析が可能な大型昆虫を用いた研究と，遺伝学・分子生物学的解析に優れたキイロショウジョウバエ（*Drosophila melanogaster*）を用いた研究があいまって，詳細な解析がなされた．その結果，昆虫の免疫機構と

脊椎動物の自然免疫機構の共通性が示され，自然免疫は進化の初期から多細胞生物が継承してきた生体防御機構であると考えられるようになった[2-1]．

メチニコフによる細胞性免疫応答の研究を引き継いだメタルニコフ（Serge Metalnikov）は，1906年ハチミツガ（*Galleria mellonella*）の体液中で結核菌が溶菌することを観察している．現在，この溶菌素の正体は，リゾチームと抗菌ペプチドなどの生体防御タンパク質であることが明らかとなっている．リゾチームは，細菌の細胞壁成分であるペプチドグリカンを分解する酵素であり，昆虫のみならず脊椎動物でも細菌に対して殺菌効果を示す．細菌，真菌，ウイルスなどに殺菌的に働く抗菌ペプチドは，1980年ボーマン（Hans Boman）によりセクロピア蚕（*Hyalophora cecropia*）よりセクロピン（図2.2）が初めて単離された．同年に，名取俊二はセンチニクバエ［*Sarcophaga*(*Boettcherisca*) *peregrina*］から生体防御レクチン（センチニクバエレクチン）を単離している[2-2]．セクロピア蚕よりセクロピンが単離されて以来，数百にものぼる抗菌ペプチドが無脊椎動物，植物，そしてヒトを含む脊椎動物から単離されている（12章「生体防御ペプチドによる両生類の先天的防御機構」を参照のこと）．抗菌ペプチドなどの生体防御タンパク質を産生できない変異体のショウジョウバエは，さまざまな病原体に対する感染抵抗性を失う．これらのことから，抗菌ペプチドなどを中心とした自然免疫機構は，生物が進化の初期に獲得し，現在も利用し続けている効果的な感染防御機構であると考えられている[2-1]．

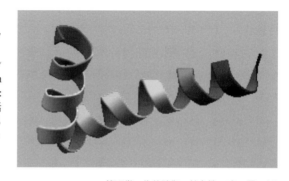

**図2.2 抗菌ペプチド，セクロピンの構造**
抗菌ペプチド セクロピンの構造を示した（Protein Data Bank Japanより，URL: http://pdbj.org）．抗菌活性には，分子内に存在する2つの両親媒性のα-ヘリックス構造が重要である．

## 2章　生体防御と比較内分泌学

表 2.1　センチニクバエの抗菌ペプチド

| 抗菌ペプチド | 分子量 | サブタイプの数 | 標的特異性 |
| --- | --- | --- | --- |
| ザルコトキシンI | 4000 | 5 | グラム陰性菌 |
| ザルコトキシンII | 24000 | 3 | グラム陰性菌 |
| ザルコトキシンIII | 8000 | >2 | グラム陰性菌 |
| ザーペシン | 4000 | 3 | グラム陽性菌 |
| 抗真菌タンパク質 | 7000 | 1 | 真菌 |

センチニクバエでは，4種のファミリーからなる抗菌ペプチド群（ザルコトキシンI，II，III，ザーペシン）と抗真菌タンパク質が同定されている．

　名取らは，センチニクバエを用いて生体防御タンパク質の研究を精力的に行い，4種のファミリーからなる抗菌ペプチド群（ザルコトキシンI，II，III，ザーペシン）と，抗真菌タンパク質を単離している（**表 2.1**）[2-2]．ザルコトキシンIファミリーは，セクロピンと類似した5種類のサブタイプからなる抗菌ペプチドファミリーで，おもにグラム陰性菌を殺菌するが，サブタイプはそれぞれ若干異なる標的特異性を示す．ザルコトキシンIIとIIIもグラム陰性菌に作用するが，それぞれ標的特異性が違う．一方，ザーペシンはグラム陽性菌に殺菌的に働く．細菌ではなく，真菌に作用する抗真菌タンパク質の作用は，ザルコトキシンIと相乗的に働くことが示されている．したがって，昆虫は標的特異性が異なる複数の抗菌ペプチドにより，さまざまな病原体に対抗するとともに，それらの相乗効果により，効果的な感染防御を行っている．

　抗菌ペプチドを含め多くの生体防御タンパク質は，病原体の感染や，体表などの傷害により，数時間以内に誘導される．これが誘導性の液性免疫応答である．ショウジョウバエでは少なくとも7種類の抗菌ペプチドが同定されており，成虫にグラム陰性菌が感染すると，おもにグラム陰性菌に作用するディプテリシン（Dpt）などが選択的に誘導される．一方，真菌が感染すると，真菌に作用するドロソマイシン（Drs）などが誘導される．いずれも，脂肪体と呼ばれる脊椎動物の肝臓に相当する器官において産生誘導がおこり，体液中に分泌される．感染に応じて異なる抗菌ペプチドが産生誘導される機構は，ショウジョウバエを用いて解析が進んでおり，哺乳動物のNF-$\kappa$B経路

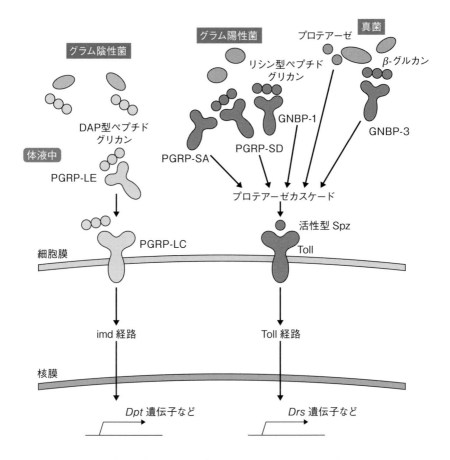

**図 2.3 ショウジョウバエの抗菌ペプチド産生を制御する imd 経路と Toll 経路**
　グラム陰性菌の細胞壁成分であるジアミノピメリン酸（DAP）型ペプチドグリカンを，体液中に存在するペプチドグリカン認識タンパク質（PGRP）-LE と，細胞膜上に存在する PGRP-LC が認識して，imd 経路を活性化する．これによって転写レベルでグラム陰性菌に作用するディプテリシン（Dpt）などの発現が誘導される．一方，グラム陽性菌のリシン型ペプチドグリカンの認識には，PGRP-SA と PGRP-SD，そしてグラム陰性菌認識タンパク質（GNBP）-1 が関わる．真菌が有する β-グルカンの認識には GNBP-3 が関わる．いずれも，体液中のプロテアーゼカスケードを活性化し，Toll 受容体のリガンド Spz を活性型にして Toll 経路を活性化する．真菌のもつプロテアーゼも，プロテアーゼカスケードを活性化して Toll 経路を活性化する．これによって，真菌に作用するドロソマイシン（Drs）などが誘導される．

と相同性を示す独立した2つの細胞内情報伝達系によって制御されている（図 2.3）[2-1]．それらは，imd（immune deficiency）経路と Toll 経路である．たとえばグラム陰性菌が感染すると imd 経路が活性化され，それによって転写レベルで Dpt などの発現が誘導される．一方，真菌の感染では，選択的に Toll 経路が活性化され，Drs などが誘導される．グラム陽性菌の感染では，おもに Toll 経路が活性化する（詳しくはコラム 2.1 を参照）．

一方，昆虫の細胞性免疫応答の研究は，液性免疫応答の研究に比較してあまり進んでいないところはあるが，感染した病原体の多くは，貪食などの細胞性免疫応答により即座に排除され，処理しきれずに体内に残った病原体が，

---

### コラム 2.1
### ショウジョウバエにおける病原体認識と液性免疫応答

　imd 経路，Toll 経路の上流では，一群の病原体認識タンパク質が，感染する病原体を識別して，対応する経路を活性化する[2-3]．ほとんどのグラム陰性菌は，細胞壁成分として，ジアミノピメリン酸（DAP）を含むペプチドグリカンを有している．この DAP 型ペプチドグリカンを，体液中に存在するペプチドグリカン認識タンパク質（PGRP）-LE と，免疫応答を示す細胞の細胞膜上に存在する同じ PGRP ファミリーの PGRP-LC が認識して，imd 経路を活性化する．一方，多くのグラム陽性菌は，DAP の代わりにリシンを含むペプチドグリカンを有する．このリシン型ペプチドグリカンの認識に関わる PGRP ファミリーの PGRP-SA と PGRP-SD，そしてグラム陰性菌認識タンパク質（GNBP）-1 が，Toll 経路を活性化する．同じ GNBP ファミリーである GNBP-3 は，真菌の $\beta$- グルカンを認識して Toll 経路を活性化する．これらの Toll 経路を活性化する PGRP-SA,-SD, GNBP-1,-3 は，体液中でプロテアーゼカスケードを活性化することで，Toll 経路の細胞膜受容体，Toll 受容体のリガンド Spätzle（Spz）を活性型にして Toll 受容体を刺激する．真菌のもつプロテアーゼも，プロテアーゼカスケードを活性化して Toll 経路を活性化する．したがって，感染時には病原体固有の成分が，病原体認識タンパク質などにより認識されて，液性の免疫応答が誘導される．

その後に誘導される液性免疫応答により排除されていると考えられている．

　昆虫において，細胞性免疫応答を担うのが体液細胞である．体液細胞は，その機能，形態，そして発現している分子マーカーの違いから，数種類に分類される．いずれも，胚発生時に造血され，その後体液中で増殖する場合と，幼虫期に造血器官でつくられ，体液中に放出される場合がある．蛹の初期には，造血器官で体液細胞が新たに産生されるとともに，体液中に存在する体液細胞が不要になる幼虫組織の崩壊と排除に関わる[2-4]．貪食を行う体液細胞の細胞膜上には，数種類の貪食受容体が発現しており，それぞれが標的特異性を示して広範な病原体や死細胞の貪食を担う．一方，体液中には，病原体に結合し，その貪食を促進するオプソニン作用（病原体などの異物を標識し貪食細胞による取り込みを促進する作用）をもつ因子が存在している．それらの多くは，生体防御レクチンなど，液性免疫応答によって誘導される生体防御タンパク質である．したがって，細胞性免疫応答と液性免疫応答は，それぞれが個別に感染防御を担っていると同時に，協調的に作用して感染症から身を守っている．

## 2.3　免疫系と神経系のクロストーク

　ここでは，すべての多細胞生物が有している自然免疫系と，神経系・内分泌系とのクロストークに焦点を合わせる．昆虫における免疫系と神経系のクロストークは，すでに1924年，ハチミツガの溶菌素を研究していたメタルニコフにより観察されている．メタルニコフは，比較的透明なハチミツガの幼虫の表皮から透けて見える腹側神経索（昆虫の中枢神経系）の神経節を，表皮の上からプラチナ製の極細い焼灼（焼ごて）を密着し，麻痺させると，細菌に対する感染抵抗性が失われることを見いだした．彼は，腹側神経索の神経節を一つ一つ麻痺させ，最終的には第三胸部神経節を麻痺させただけで感染抵抗性が失われることを見いだした．同時にその個体では貪食活性が低くなっていたことから，神経系が細胞性免疫応答に影響を与えていると結論づけている．

　一方，センチニクバエを用いて生体防御タンパク質の研究を進めていた名

## 2章 生体防御と比較内分泌学

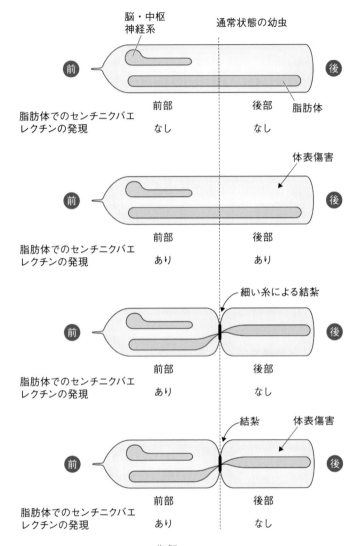

**図2.4　センチニクバエでの結紮実験**
　センチニクバエの幼虫の中央部を細い糸で縛る結紮実験により，体表傷害の刺激が脂肪体に伝わり液性免疫応答が誘導される過程に，体の前部に存在する中枢神経系，もしくは内分泌系が重要な役割を果たしていることが示唆された．詳細は本文を参照．（口絵VII -2章と同じ）

取らは1988年，中枢神経系もしくは内分泌系が，液性免疫応答へ影響を与えている可能性を，結紮の実験で指摘している（図2.4）．生体防御レクチンであるセンチニクバエレクチンは，通常は幼虫では発現していないが，幼虫の体表に傷をつけると，脂肪体においてその発現が誘導される．脂肪体は昆虫一般に，全身に分布する大型の器官である．体の後部の体表に傷をつけても，同じ後部に存在する脂肪体だけでなく，体の前部に存在する脂肪体でも，レクチンが誘導される．ところが，幼虫の体を中央で細い糸で結紮すると，結紮された体の前部の脂肪体では体表に傷をつけなくともレクチンの発現が誘導されたが，結紮された体の後部の脂肪体ではその発現は誘導されなかった．体が糸で結紮されたことで，体表傷害時と同じ刺激となりレクチンが誘導されたものと考えられる．では，どうして体の後部ではレクチンが誘導されなかったのであろうか？ この疑問に答えるために，名取らは，体の中央で結紮した幼虫の後部の体表にさらに傷をつけたが，それでも体の後部ではレクチンが誘導されなかった．これらの結果は，体表傷害の刺激が脂肪体に伝わり，液性免疫応答が誘導されるためには，体の前部に存在する器官，すなわち中枢神経系や内分泌系が必要であることを示唆している．

このような液性免疫応答，あるいは細胞性免疫応答と神経系とのクロストーク機構はいまだに明らかにされていないが，近年，筆者らは，この機構に関わる可能性のある受容体，受容体型グアニル酸シクラーゼ（rGC）を同定している[2-5]．元来，このrGCは中枢神経系で発現しており，神経系の発生などを制御していることが明らかにされていた．その一方で，免疫系（脂肪体や体液細胞）でもその発現は高く，脂肪体では，液性免疫応答を制御するToll経路の受容体Toll受容体とは独立して働くものの，Toll受容体の下流の細胞内因子群を介して，抗菌ペプチドDrsなどの発現を誘導することが明らかとなった（図2.5）．この際，Toll受容体，もしくはrGCが単独で刺激された際に誘導されるDrsの発現よりも，両者が共に刺激されると，Drsの発現が相乗的に増強される．さらに，rGCはToll経路とは無関係に，細胞性免疫応答をも制御していることが明らかとなっている．したがってrGCは，液性免疫応答と細胞性免疫応答を協調的に調節できる受容体である．

2章　生体防御と比較内分泌学

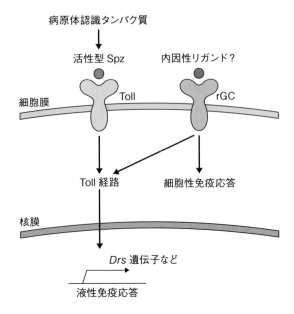

**図2.5　ショウジョウバエの液性と細胞性の免疫応答を制御する受容体型グアニル酸シクラーゼ**

神経系で発現し，その発生などを制御している受容体型グアニル酸シクラーゼ（rGC）は，液性免疫応答を担う脂肪体や，細胞性免疫応答を担う体液細胞でも発現している．rGCは，Toll受容体とは独立して働くものの，Toll経路を介して液性免疫応答を制御する．Toll受容体，あるいはrGCの単独による液性免疫応答よりも，両者が同時に活性化されると相乗的に強い免疫応答が誘導される．rGCは液性免疫応答だけでなく，細胞性免疫応答をも誘導する．

rGCのリガンドは明らかになっていないが，rGCの神経系での役割を考えると，内因性の因子である可能性が高い．rGCの発見が契機となり，長年の謎であった免疫系と神経系のクロストークの実態が解明されることを期待している．

　神経系から免疫系への，研究アプローチもなされている．ショウジョウバエでは，ある一群の神経細胞を人為的に活性化する，あるいはその神経活動を抑制することができる．たとえば，温度感受性カルシウムチャンネルであるTrpA1を，ある特定の神経細胞で発現させると，温度シフトによりTrpA1を発現させた神経細胞のみを興奮させることができる．一方，静止膜

電位の過分極作用をもつ内向き整流性カリウムチャネルである Kir2.1 を発現させると，その神経細胞の活性化を阻害，すなわち神経活動を抑制することができる．この方法を用いて神経活動を抑制した際に，ショウジョウバエに自然感染する軟腐病菌（*Erwinia carotovora carotovora 15*）の経口感染に対する抵抗性が低下する神経群が同定された[2-6]．この神経群は，脳から食道と中腸に投射していて，細胞体は脳内と，食道と中腸の境界領域付近に存在している．この神経群の機能阻害により，軟腐病菌に対する抵抗性が低下する理由は明らかになっていないが，腸管の恒常性維持に重要な役割を果たしていると考えられている．

線虫（*Caenorhabditis elegans*）でも，神経系が免疫系を制御している例がいくつか報告されている[2-7]．たとえば，G タンパク質共役型受容体（GPCR）である NPR-1 と，グアニル酸シクラーゼである GCY-35 を発現する神経が，腸管における p38 MAP キナーゼ経路を介した免疫応答と，緑膿菌に対する感染抵抗性に影響を与えることが示されている．また，同じく GPCR である OCTR-1 を発現する神経が，小胞体ストレス反応経路（コラム 2.2 参照）を阻害することで免疫応答を負に制御していることが示されている[2-8]．

免疫系と神経系のクロストークは，長い間興味を持たれてきた．しかしながら，これまで述べたように，その分子機構の解明はきわめて限定的である．分子生物学的解析に優れており，比較的単純なシステムを有するショウジョウバエや線虫での今後の解析に期待したい．

---

**コラム 2.2**
## 小胞体ストレス反応経路

環境からのストレスや生理状態の変化などにより，タンパク質の恒常性に変化が生じると，UPR（unfolded protein response）経路が活性化し，恒常性が維持される．病原体の感染によっても UPR 経路は活性化し，免疫応答の発現に関わる．

## 2.4 免疫系と内分泌系のクロストーク

　昆虫などの節足動物は，外骨格として外皮を有しており，脱皮を繰り返して成長する．また，その脱皮とともに，生理的，形態的，生態的な変化をともなう変態を行う．これらの脱皮と変態に加えて，胚発生や休眠といった多様な生活環は内分泌系で制御されている（本シリーズ第Ⅱ巻参照）．脱皮ホルモン（エクジソン）と幼若ホルモンが，二大低分子脂溶性ホルモンであり（8.3.1項，コラム2.3参照），昆虫の多様な生活環を支えていると共に，免疫応答に影響を与えることが知られている．

---

**コラム 2.3**
### 内分泌による制御

　昆虫は，休眠，変態などのステージを生活環のなかに取り入れて，環境の違いなどに適応している．これらの休眠や変態・脱皮は，内分泌系で支配されており，幼若ホルモンと脱皮ホルモンがバランスを取りながら制御している．

---

　前述したように（2.2節），抗菌ペプチドなどの生体防御タンパク質は，感染や体表の傷害といった外界からの刺激に応じて誘導される．その一方で，胚発生の過程や蛹の時期にプログラムされた発現誘導が起こる[2-2]．これらの生体防御タンパク質は，胚発生や変態時に起こりうる感染を防御する目的のほかに，別の機能を果たしている[2-2, 2-4]．たとえば，センチニクバエレクチンは変態時に起こる成虫組織の分化を制御している．いずれにせよ，このようなプログラムされた発現誘導は，内分泌系で制御されていると考えられるが，実際ショウジョウバエでは，エクジソンが液性免疫応答を増強し，幼若ホルモンがそれに拮抗的に働いている．その際エクジソンは，そのシグナルを下流で制御している一群の転写因子群を介して，コラム2.1で紹介した病原体認識タンパク質 PGRP-LC の発現を誘導し，imd 経路の活性化を増強

するとともに，PGRP-LCの発現誘導を介したimd経路の活性化とは無関係に，一部の抗菌ペプチドの発現を誘導する[2-9]．そしてこのようなエクジソンによる複雑な液性免疫応答の制御が破綻すると，グラム陰性菌に対する感染抵抗性が失われる．一方，エクジソンは細胞性の免疫応答にも影響を与えている．前述したように，細胞性免疫応答を担う体液細胞は，変態時には不要となった幼虫組織の排除に関わる．この際，体液細胞が細胞自律的にエクジソンの刺激を受け，その形態を変化させるとともに，遊走性や，死細胞，あるいは細菌に対する貪食活性を増強する[2-10]．エクジソンの刺激に応答できない体液細胞を有する変異体ショウジョウバエは，体表傷害や細菌感染に対する抵抗性が低下することから，細胞性免疫応答の内分泌系による制御は，感染防御に重要である．

　内分泌系による免疫応答の制御は，比較的単純なシステムを有している昆虫でさえ非常に複雑である．加えて，時として昆虫の種が違うと，その制御がまったく異なることが知られている．たとえば，ショウジョウバエでは，エクジソンにより液性免疫応答が増強されることを述べたが，カイコなど他の昆虫では，液性免疫応答はエクジソンにより抑制される．このことは，内分泌系による免疫応答制御に関する理解があまり進んでいないことを示していると同時に，免疫系，神経系，内分泌系自体が複雑系であり，それらのクロストークがきわめて複雑に入り組んでいることを如実に物語っている．

**2章 参考書**

　天野勝文・田川正朋 編（2016）『発生・変態・リズム』裳華房．

　Brey, P. T. (1998) "Molecular Mechanisms of Immune Responses in Insects" Chapter 1, Brey, P. T., Hultmark, D. E. eds., Chapman & Hall, London.

　神村 学ら 編（2009）『分子昆虫学』（第3章 生理，第4章 脳，神経系，第5章 昆虫微生物相互作用）共立出版．

**2章 引用文献**

2-1) Hoffmann, J. A., Reichhart, J. M. (2002) Nat. Immunol., **3**: 121-126.

2-2) Natori, S. (2010) Proc. Jpn. Acad., Ser.B, **86**: 927-938.

2 章　生体防御と比較内分泌学

2-3) Kurata, S. (2014) Dev. Comp. Immunol., **42**: 36-41.

2-4) 名取俊二ら（1989）『細胞社会とその形成』江口吾朗ら 編，東京大学出版会, p.161-175.

2-5) Kanoh, H. *et al*. unpublished.

2-6) Kenmoku, H. *et al*. (2016) J. Exp. Biol., **219**: 2331-2339.

2-7) Aballay, A. (2013) PLoS Pathog., **9**: e1003433.

2-8) Sun, J. *et al*. (2011) Science, **332**: 729-732.

2-9) Rus, F. *et al*. (2013) EMBO J., **32**: 1626-1638.

2-10) Regan, J. C. *et al*. (2013) PLoS Pathog., **9**: e1003720.

# 3. ウイルスの侵入

伊藤克彦

　ウイルスが宿主に侵入するためには，さまざまな生体内防御機構をパスしなければならない．そこにはウイルスと宿主の駆け引きが存在する．最近の研究により，カイコに特異的に感染するある種のウイルスは，感染する際に宿主の内分泌に関わる因子を利用していることがわかってきた．本章では，このウイルスが宿主の因子を介してどのような経路で感染するのかについて，これまで明らかになっている知見をもとに解説したい．

## 3.1　生物の多様性とウイルス

　生物多様性とは文字どおり，生物種の多様性，すなわち，多くの生物がさまざまな関わり合いで共存していることを指す．地球上は，われわれヒトを含めた動物だけではなく，植物や昆虫，さらには，バクテリアやウイルスといった微生物などたくさんの生命に満ち溢れている．そして，これらの生命は多様な関わり合いでつながっている．
　そのなかで，微生物に分類される**ウイルス**はこの関わり合いにしぶとく張り付いてきた生物の1つであろう．ウイルスについて調べると，一般に「他の生物の細胞を利用して生存しているタンパク質と核酸からなるもの」と定義されている．または，ウイルスは，生物が生きていくために必要なタンパク質合成やエネルギー産生のための機能が欠けているため，「非生物」として定義される場合もある．このような，宿主に依存しなければ生きていくことができないウイルスは，その生存のために宿主の機能を巧みに利用して生きながらえていると言える．
　ではウイルスはどのように宿主に感染するのか？　ヒトに感染するインフルエンザウイルスやデング熱の原因となるデングウイルスのように，しばし

3章　ウイルスの侵入

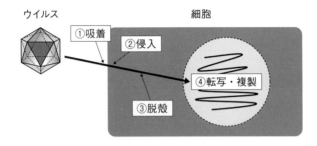

図3.1　ウイルスの感染増殖過程
　ウイルスの感染は，宿主細胞への①吸着，②侵入，③脱殻，④転写・複製の各段階を経て成立する．

ば宿主に重篤な影響を与えるウイルスも存在する．それゆえ，これまでさまざまな生物を宿主とするウイルスで，その病徴や感染機構について研究が進められてきた．一般に，ウイルス感染の成否は，ウイルス側と宿主側の数多くの因子の相互作用によって決定される．ウイルスの感染増殖過程に焦点を絞ると，ウイルスの宿主細胞への①吸着，②侵入，③脱殻，④転写・複製の各段階を経由して初めて感染が成立する（図3.1）．ウイルス側の因子は宿主の種類および感染組織などを決定し，宿主側の因子はウイルスに対する防御機構などに関与することが知られている．ウイルスの巧みな感染機構を紐解くためには，そこに関わる両因子の同定と相互作用の詳細な解明が重要である．

　このウイルスの感染は哺乳類に限った現象ではない．植物にも昆虫にも存在する現象である．本稿では，昆虫の「**カイコ**」（*Bombyx mori*）を宿主に，そのカイコだけに感染するウイルスとの関係について述べる．

## 3.2　カイコの生活史と内分泌

　まず始めにカイコとは，言わずと知れた「絹（シルク）」をつくる昆虫である．良質のシルクを得るために，カイコは人類が長い年月をかけて交配を繰り返すことで改良を加えて，そして飼いならしてきた生き物である．そのため，カイコは昆虫の仲間にして，「**家畜化された昆虫**」として扱われる．さらに，

非常に興味深いことに，カイコは野生では生きていけないように改良されてきた．つまり，ヒトの手がなければ餌である桑の葉を見つけることも，外敵から逃れることも，さらには子孫を残すこともできない，特殊な家畜化昆虫なのである．
　カイコはチョウ目に属する昆虫の一種で，桑のみを餌として卵→幼虫→蛹→成虫（蛾）の過程を経て成長する**完全変態昆虫**である．その劇的に変化する成長過程に着目し，カイコは，昆虫のホルモン研究を始めとする昆虫の内分泌学研究に広く利用されてきた．なぜなら，長い品種改良の歴史を経て家畜化されたカイコは，非常に扱いやすい昆虫に姿を変えていたからである．つまり，飼育の簡単さだけではなく，実験に使用する個体の数を大量に集めることができ，そしてその発育ステージを揃えることも容易にできるカイコは，小さすぎない適度な大きさと相まって，まさに実験昆虫として最適な存在であったのである．
　昆虫の変態は，その容姿をダイナミックに変化させる現象であり，古くから多くの研究者がその謎の解明に挑戦してきた．その成果によって，今日では，昆虫の脱皮および変態は，昆虫が体内で合成・分泌する**ホルモン**の作用によるもので，それらホルモンは，脳，前胸線，アラタ体，側心体，そして食道下神経節などの器官から分泌されることが明らかになっている．いろいろなホルモンの構造と機能が明らかになってきたなかで，とくに，**脱皮ホルモン**と**休眠ホルモン**は，カイコを用いて世界で初めて発見された昆虫ホルモンとしてきわめて有名である．
　脱皮ホルモンは，1954年にブテナント（A. Butenandt）とカールソン（P. Karlson）によって発見された．約500 kgのカイコの蛹からわずか25 mgの脱皮ホルモン活性をもつ物質が精製され，エクジソン（ecdysone）と名づけられた（ちなみに約500 kgとは，当時のドイツのカイコの年収穫量の半量であったそうだ）．また，その類縁体の20-ヒドロキシエクジソンも単離され，今日では，活性が高い20-ヒドロキシエクジソンが「脱皮ホルモン」の実体であると言われている．
　一方で，休眠ホルモンは，カイコの食道下神経節の神経分泌細胞から分泌

され，カイコの卵休眠を決定するホルモンとして単離同定されている．この研究においても，数百万頭のカイコが用いられており，今日では，休眠ホルモンの本体がアミノ酸24個からなるポリペプチドであることが報告されている．

このようにカイコを用いた研究によって，ホルモンを中心とした昆虫の内分泌学研究は大いに発展していった．そしてさらにウイルスの感染機構においても，カイコの内分泌システムに関わる因子が重要な役割を果たしていることが，最近の研究成果により明らかになってきた．

## 3.3 カイコのウイルス病

カイコのウイルス病は，養蚕業に重大な被害を与えることから，古くから重要な研究対象であった．代表的なカイコのウイルス病として，**核多角体病**，**細胞質多角体病**，**伝染性軟化病**，そして**濃核病**の4種類が挙げられる．学術研究の対象でもあるカイコでは，病理研究に関する知見の蓄積も豊富である．

核多角体病とは，膿病とも言われ，核多角体病ウイルス（nucleopolyhedrovirus）によって引き起こされる．この病気は，日本および世界の養蚕現場においてもっとも大きな被害を与えるウイルス病である．ウイルスに感染したカイコ幼虫は，体節間膜の部分がふくれ（「節だか」と呼ばれる症状），感染末期には徘徊行動を示す．さらに，多角体と呼ばれるウイルスの包埋体で満たされている乳白色の血液を撒き散らして死亡する．このウイルスに関しては，ウイルスがもつ遺伝子を破壊して作製した遺伝子欠損ウイルスの性状解析により，ウイルス感染に影響を与えるいくつかのウイルス側の因子について報告がなされている．

細胞質多角体病は，細胞質多角体病ウイルス（cypovirus）の感染によって生じるウイルス病であり，核多角体病と同様に多角体を形成するという特徴をもつ．本ウイルスに感染したカイコ幼虫は，食欲不振から発育不良となり，最終的に多角体にまみれた白い糞を排出し死に至る．

伝染性軟化病は，ウイルス性軟化病とも言われ，そのウイルス（infectious flacherie virus）に感染したカイコ幼虫は食欲不振から発育不良となる．感

染末期には，その名のとおり，カイコ幼虫が軟化症状を示して死亡する．

濃核病は濃核病ウイルス（densovirus）の感染によって引き起こされる病気である．感染したカイコでは摂食量が減り，軟化症状が起こり最終的に死亡する．これは，ウイルスがカイコ中腸の円筒細胞に特異的に感染した後，その核内で増殖することで細胞を破壊するためである．また，このウイルスが感染した細胞は，核内で増殖したウイルス粒子による核の異常肥大と，DNA 好染性のメチルグリーンやフォイルゲン試薬による核質の濃染を呈する特徴がみられる．このことが本ウイルスの名前の由来と言われている．

この**カイコ濃核病ウイルス**（*Bombyx mori* densovirus：**BmDNV**）は，カイコのウイルスに対する感染性や血清学的な違い，そしてゲノム構造の違いなどから，ウイルス 1 型（BmDNV-1）とウイルス 2 型（BmDNV-2，BmDNV-Z）の 2 種類に分類されている（**表 3.1**）[3-1, 3-2]．

表 3.1　カイコ濃核病ウイルスの分類と特徴

| 特　徴 | 1 型 (BmDNV-1) | 2 型 (BmDNV-2，BmDNV-Z) |
|---|---|---|
| ウイルス粒子 | 22 nm | 24 nm |
| ゲノム | 直鎖状単鎖 DNA (5.0 kb) | 直鎖状単鎖 DNA (6.0 kb，6.5 kb) |
| ウイルス増殖部位 | 中腸円筒細胞核内 | 中腸円筒細胞核内* |
| ORF | 4 | 6 |
| 病徴 | 急性 | 慢性 |
| 抵抗性遺伝子 | *Nid-1*，*nsd-1* | *nsd-2*，*nsd-Z* |

＊：BmDNV-Z においては，感染後期になると，中腸の盃状細胞にも感染するとの報告がある[3-2]．なお，この表のように，本章では優性遺伝子の一文字目を大文字とした．

しかし近年，ウイルス 2 型については，そのゲノム構造がウイルス 1 型とも他の同じ科のウイルスとも大きく異なることから，新たに設定された別の科（*Bidnaviridae*，バイドナウイルス科）として分類されるようになった．興味深いことに，BmDNV の感染性には，他のウイルスでは例を見ないおもしろい特徴がある．それは，ウイルス感染の成否が，宿主であるカイコがもつ**抵抗性遺伝子**によって決定されていることである．この遺伝子をもつカイコは，ウイルスの接種量をどれだけ増やしても感染しない，「**完全抵抗**

3章　ウイルスの侵入

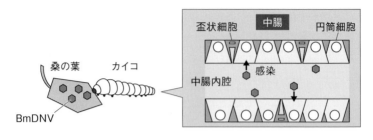

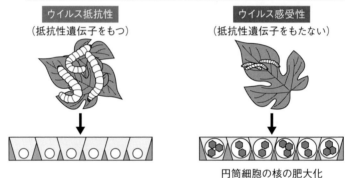

**図 3.2　カイコ濃核病ウイルス（BmDNV）の感染**
カイコ濃核病ウイルスは中腸の円筒細胞に特異的に感染する．ウイルス感染の成否は，宿主であるカイコがもつ抵抗性遺伝子によって決定されている．抵抗性遺伝子をもつカイコは，ウイルスが感染しても生育に何の変化も認められない．一方，抵抗性遺伝子をもたない感受性のカイコは，ウイルス感染後，円筒細胞の核がウイルスの増殖によって肥大し，最終的にそのウイルス感染細胞はぼろぼろになり，中腸内腔側にはがれ落ちる．（口絵VII-3章と同じ）

性」を示す（**図3.2**）．このような，ウイルス感染に対する宿主側の因子は，現時点では，昆虫ウイルスのなかでこの濃核病ウイルスのみで明らかとなっている．さらに，これまでのカイコの遺伝学，病理学的研究によって，このような完全抵抗性遺伝子が，なんと4種類も存在することが明らかとなっている[3-3)]．BmDNV-1 に対して抵抗性を示す遺伝子として，優性遺伝の形

質を示す *Nid-1* [*3-1]（**N**o **i**nfection with **DNV-1**）と劣性遺伝の形質を示す *nsd-1*（**n**on**s**usceptibility to **D**NV-**1**）が，BmDNV-2 に対して抵抗性を示す劣性遺伝の *nsd-2*（**n**on**s**usceptibility to **D**NV-**2**）が，そして BmDNV-Z に対して抵抗性を示す劣性遺伝の *nsd-Z*（**n**on-**s**usceptibility to **Z**henjiang (China) strain of **DNV**）が報告されている．

　昆虫ウイルスの感染機構に関しては，現在のところ，上記の核多角体病ウイルスにおいて，宿主の特異性を決定しているいくつかのウイルス側の因子が報告されているのみである．ウイルスに対する宿主側の因子は，この濃核病ウイルスで存在が知られているウイルス抵抗性遺伝子産物以外には報告例がない．

## 3.4　カイコの生体防御とウイルス

　それでは，ウイルスに対する完全抵抗性遺伝子を使ってカイコは，どのようにウイルスの感染から身を守っているのであろうか？　最近の研究成果によって，その一端が明らかになってきた．まず BmDNV-2 に対する抵抗性遺伝子 *nsd-2* はその原因遺伝子の解明が進められ，ウイルスの感染組織である中腸だけで発現している 12 回膜貫通型の**アミノ酸トランスポーター**様タンパク質をコードする遺伝子であることが明らかとなった（図 3.3）．ウイルスに対して抵抗性を示すカイコでは，遺伝子配列内の欠損によって，感受性のカイコがもつタンパク質構造とは大きく異なり，先頭部分の 3 回の細胞膜貫通構造だけを有している不完全なものであった（図 3.3, 3.4）．また，この膜タンパク質と高い相同性を示す別のチョウ目昆虫の 12 回膜貫通型の膜タンパク質は，特定のアミノ酸を輸送する機能をもつことがすでに報告されており [3-4, 3-5]，このことから，*nsd-2* 遺伝子がコードする膜タンパク質も，おそらくアミノ酸の輸送に関係する機能性タンパク質ではないかと推測されて

---

＊3-1　本シリーズでは，ヒトの遺伝子はすべて大文字，哺乳類は語頭だけ大文字，その他の動物はすべて小文字としているが，ここでは *nsd-1* との対比のため，例外として語頭を大文字とする．

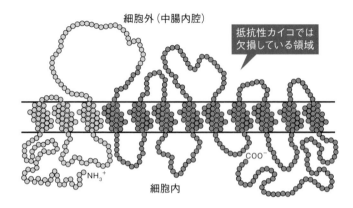

**図3.3** *nsd-2*がコードするタンパク質の予測2次構造

*nsd-2*がコードするタンパク質の2次構造は，膜タンパク質予測プログラムである SOSUI（http://harrier.nagahama-i-bio.ac.jp/sosui/）を用いて予測した．図は本膜タンパク質と高い相同性を示したタバコスズメガで見つかった膜タンパク質のアミノ酸配列の予測2次構造を参考にして作図した．濃く塗りつぶした部分が抵抗性カイコでは欠損している領域になる．

いる．興味深い点は，この遺伝子の内部を大きく欠く抵抗性のカイコが何の問題もなく発育していることである．これは本遺伝子が，カイコの生存には必須のものではないことを示す重要な結果である．もしかしたら本タンパク質が存在しなくても生存できるように，代わりとなる膜タンパク質がカイコには存在するのかもしれない．

一方，BmDNV-1の感染に対しては，独立に完全抵抗性を示す2種類の遺伝子 *nsd-1* と *Nid-1* が存在する．*Nid-1* は，BmDNV-1 に対する優性の抵抗性遺伝子であり，カイコ濃核病ウイルス抵抗性のなかでも唯一の優性遺伝子である．最近の研究によって，これらの両抵抗性遺伝子についてもその機能の一端が解明されつつある[3-6]．BmDNV-1 の接種試験が異なる遺伝子型の組み合わせをもつ系統，すなわち① *nsd-1* のみをもつ系統，② *Nid-1* のみをもつ系統，③ *nsd-1* と *Nid-1* を両方もつ系統，そして④ *nsd-1* と *Nid-1* どちらももたない系統で行われ，その後，ウイルスの感染組織である中腸からウイルス由来の遺伝子が検出されるかの調査がなされた．その結果，*nsd-1* をもつ系統では，ウイルス由来の遺伝子はまったく検出されなかったのに対し，

3.4 カイコの生体防御とウイルス

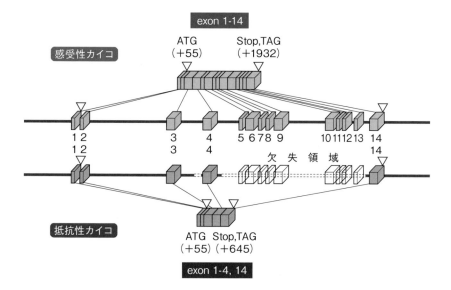

**図 3.4　BmDNV-2 感受性と抵抗性における *nsd-2* の構造**
横線がゲノム配列，箱がエクソン配列，三角は開始および終始コドンの位置を示す．抵抗性カイコの中抜きの領域は，感受性と比べ欠損している領域を示す．

*Nid-1* をもつ系統では，ウイルスの遺伝子がはっきりと検出されることがわかった（図 3.5）．この結果は，*nsd-1* と *Nid-1* では，その抵抗性を発揮する機構は大きく異なり，*nsd-1* はウイルスの転写以前の過程で感染を阻止する因子であるのに対し，*Nid-1* は転写以降の過程を阻害する因子であることを示す．また，*nsd-1* と *Nid-1* を両方もつ系統では，ウイルス由来の遺伝子はまったく検出されない．これは，*nsd-1* をもっていればウイルスの転写以前の過程で感染が阻止されるという抵抗性機構を支持する結果である（図 3.5）．

さらに *nsd-1* に関しては，*nsd-2* と同様にその原因遺伝子が単離され，BmDNV-1 の感染組織である中腸内腔側の細胞表面で発現している膜タンパク質であることがわかってきた（未発表データ）．*nsd-1* がコードするタンパク質は，1 回貫通型の膜タンパク質であり，内部に多数の $O$-結合型の糖鎖修飾部位をもつことが予測された．この構造は，動物に広く存在する膜

3章 ウイルスの侵入

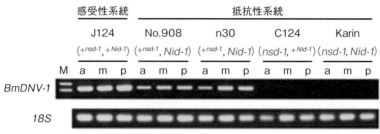

a, 前部；m, 中部；p, 後部

**図3.5 逆転写ポリメラーゼ連鎖反応法（RT−PCR）によるBmDNV-1抵抗性系統の中腸内におけるウイルス由来遺伝子の検出**
　試験には，感受性系統（nsd-1とNid-1どちらももたない系統）としてJ124を，抵抗性系統のNid-1系統（Nid-1のみをもつ系統）としてNo. 908とn30を，nsd-1系統（nsd-1のみをもつ系統）としてC124を，nsd-1/Nid-1系統（nsd-1とNid-1を両方もつ系統）としてKarinを用いた．上段がBmDNV-1由来の遺伝子を，下段が内部標準である18SリボソームRNAを検出するためのプライマーを用いた逆転写ポリメラーゼ連鎖反応の電気泳動像である．（引用文献3-6を一部改変）

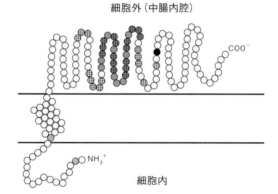

**図3.6 nsd-1がコードするタンパク質の予測2次構造**
　nsd-1がコードするタンパク質の2次構造は，膜タンパク質予測プログラムであるSOSUIを用いて予測した．黒で塗りつぶした丸は抵抗性および感受性系統間で配列が異なるアミノ酸の位置を示す．格子状で示した丸は$O$型糖鎖の結合アミノ酸に，斜線で示した丸が$N$型糖鎖の結合アミノ酸になる．また，濃く塗りつぶした部分にスプライシングが生じるアイソフォーム（機能は同じで構造が異なるタンパク質のこと）が存在することもわかっている．

結合型の**ムチン**様タンパク質と類似する特徴であり（**図 3.6**），このことは，*nsd-1* がコードする膜タンパク質も *nsd-2* がコードするアミノ酸トランスポーターと同様に，本来は生体内物質の輸送に関わるような内分泌系の役割を担っていることを示唆するものである．これが，3.2 節で述べたウイルス感染と内分泌の関連に関わる知見である．

このようにたった 1 つの遺伝子でウイルスの感染性（抵抗性または感受性）が決定される例は，昆虫のみならず動植物においても珍しく，さらに絶対に感染しないという「完全抵抗性」を示すことは，きわめて特殊な現象であろう．カイコで見つかった濃核病ウイルス完全抵抗性遺伝子のうち *nsd-1* と *nsd-2* は，いずれも中腸の内腔側の細胞表面上で発現している膜タンパク質をコードしており，ウイルスの細胞内への侵入を妨げることでウイルス抵抗性をもたらしていると考えられた．すなわち，完全抵抗性の答えは，ウイルスが利用する**エントリーレセプター**であったのだ．しかしながら現段階では，宿主側の因子である膜タンパク質が明らかになったにすぎず，これとウイルスとの相互作用については未知である．ゆえに，ウイルスと膜タンパク質との結合の有無や，両者の関係性を明らかにしていくことが，今後求められていくであろう．また，*Nid-1* に関しては，唯一の優性のウイルス抵抗性遺伝子であり，その原因遺伝子はなんであるのか実に興味深い．現在のところ，ウイルス由来の遺伝子の転写以降の過程を阻害する因子であることは予測されているが，それ以上の知見は得られていない．よって，本遺伝子産物についても，ウイルス感染機構にどのような形で関わっているのか，今後の解析結果が待たれる．

## 3.5　昆虫のウイルス研究

本稿で取り上げた濃核病ウイルスは，じつは多くの昆虫や甲殻類で発見されており，その検出方法や性状解析に関する研究が世界中で行われている．とくに，作物の大害虫であるチョウ目や衛生害虫であるゴキブリ目，さらには吸血によって病原体を媒介するハエ目などの要防除昆虫にも感染するウイルスが多く含まれているため，近年重要な研究対象として解析が進められて

いる.そして,これまでの研究成果によりウイルスの感染組織や感染時期,そして病徴について多くの報告がなされている.興味深いことに,ウイルスの感染性は一様ではない.宿主域や感染組織がそれぞれのウイルス種によって異なっているようだ.しかし,このような宿主の選択範囲や感染組織に関する知見は数多く報告されているものの,ウイルス感染に関わるウイルス側および宿主側の因子,そして両者の相互作用については,ほとんど明らかになっていない.なぜなら,感染性に関わるようなウイルスまたは宿主の変異体が見つかっていないためである.ゆえに,カイコがもつウイルス完全抵抗性遺伝子は,その突破口のひとつとなる重要な宿主側の因子と言える.カイコ濃核病ウイルスをモデルにウイルスと宿主の感染機構を解明していくことは,他の濃核病ウイルスの感染機構の解明にもつながる可能性を秘めており,医学・農学上重要な発展につながっていくことが強く期待される.

## 3 章 参考書

神村 学ら(2009)『分子昆虫学 ポストゲノムの昆虫研究』共立出版.

国見裕久・小林迪弘 編著(2014)『最新 昆虫病理学』講談社.

大西英爾ら 編(1990)『昆虫生理学』朝倉書店.

園部治之・長澤寛道 編著(2011)『脱皮と変態の生物学』東海大学出版会.

田島弥太郎(1991)『生物改造』裳華房.

竹田 敏(2003)『昆虫機能の秘密』工業調査会.

財団法人 大日本蚕糸会 蚕業技術研究所(2010)『養蚕 Sericulture』財団法人 大日本蚕糸会 蚕業技術研究所.

## 3 章 引用文献

3-1) 伊藤克彦・門野敬子(2009)比較内分泌学, **35**: 30-38.

3-2) Wang, Y. *et al.* (2007) Virus Genes, **35**: 103-108.

3-3) 伊藤克彦・門野敬子(2007)蚕糸昆虫バイオテック, **76**: 197-205.

3-4) Castagna, M. *et al.* (1998) Proc. Natl. Acad. Sci. USA, **95**: 5395-5400.

3-5) Feldman, D. H. *et al.* (2000) J. Biol. Chem., **275**: 24518-24526.

3-6) Kidokoro, K. *et al.* (2010) J. Invertebr. Pathol., **103**: 79-81.

# 4. 生理活性物質とミトコンドリア

向井秀仁

　生体は，その内部で多種多様な化学物質を用いて情報のやりとりを行うことで恒常性を維持している．これに関わる情報伝達物質の1つに「**生理活性ペプチド**」がある．生理活性ペプチドは，内分泌系における古典的ホルモンや比較的新しい概念の局所ホルモン，あるいは神経伝達物質や神経調節物質として，生体内での情報伝達において重要な役割を担っている．本章においては，生体内情報伝達物質としてのペプチドの化学的ならびに生物学的特徴について，タンパク質との違いを含めて概説する．さらに，生理活性ペプチドの存在意義について，最近の研究の進展をふまえた新しい考え方を，筆者らが発見したミトコンドリアタンパク質由来の生理活性ペプチドを中心に解説する．

## 4.1 タンパク質とペプチド

### 4.1.1 タンパク質とは

　タンパク質は主要な生体構成成分であり，20種類からなる**L-アミノ酸**がペプチド結合を形成することにより重合し高分子化した物質である．タンパク質は，生体の構造形成・維持や代謝，物質輸送，運動や情報伝達，防御，さらにはさまざまな生体内化学反応の触媒などとして，生体を構成する細胞の機能に直接的にあるいは間接的に深く関わっている．タンパク質はそれぞれ特徴的な立体構造を形成しており，その立体構造が，それぞれがもつ生体機能を裏打ちしている．すなわちタンパク質は，正しい立体構造を形成することにより，初めてその機能を発揮する．

### 4.1.2 ペプチドとは

　これに対して生体内に存在する**ペプチド**は，単独では定まった立体構造を

4章　生理活性物質とミトコンドリア

もたないが，特異的に相互作用する分子は存在する．すなわちペプチドは，細胞膜あるいはその表面に存在する受容体分子などの生体内分子と結合し，特定の立体構造を形成するとともに，結合した相手分子の立体構造を変化させることにより情報を伝えるのである．このようにペプチドは，生体内に存在するタンパク質を始めとした多様な分子と結合し，その構造を変化させ，それらを活性化，あるいは不活化することにより生体内で情報を伝達している．

### 4.1.3　タンパク質とペプチドの相違点

20種類からなる L-アミノ酸がペプチド結合を形成することにより重合してペプチド鎖が形成される．このペプチド鎖が特定の立体構造を形成するようになったとき，その分子は「タンパク質」となる．言い換えれば，ペプチド鎖が特定の立体構造を形成しないとき，それら分子は「ペプチド」と呼ばれる．このため，タンパク質とペプチドを区別するアミノ酸の重合数，すなわちアミノ酸残基数を正確に示すことはできない．しかし，おおよそアミノ酸残基数が50以下でペプチド鎖が特定の立体構造を形成することは少なく，またアミノ酸残基数が60を超える場合，ペプチド鎖が特定の立体構造を形成する場合が認められるようになる．このことから，おおよそアミノ酸残基数50～60程度がペプチドとタンパク質の境界であると考えられる．

以上の現象に基づいて，アミノ酸が2個以上60個程度重合したものが「ペプチド」，それ以上が「タンパク質」であると概観できるが，この違いは単に重合するアミノ酸残基数の多少にとどまらない．筆者はむしろ，「タンパク質」と「ペプチド」はまったく別の物質であると考えることを提唱している．なぜなら，多くのタンパク質は，沸騰水中でその立体構造が崩壊し生体機能を失うが（失活），ペプチドはもともと特定の立体構造をもたないため，同様の条件下でもその情報伝達機能が失活することはまれである．また，タンパク質は，血液中あるいは体液中で特定の立体構造をもつため，ペプチド鎖を切断する酵素，すなわち**プロテアーゼ**に対してある程度の耐性を示すことも多い．これに対して，一般的にペプチドは，特定の立体構造を形成せず，

速やかにプロテアーゼの基質となり切断されるため，血中あるいは体液中の半減期はきわめて短い．このため，タンパク質あるいはペプチドそれぞれを対象にした研究手法には大きな違いが生じる．すなわち，生体からタンパク質を単離・精製する場合は，その立体構造を維持したまま行うことが必要であるため，各種プロテアーゼ阻害剤の存在下，緩衝液中 pH を一定にして行うのが一般的であるのに対し，ペプチドは上述したように沸騰水中でも安定であるため，その単離・精製では，まず抽出組織を熱処理し内因性プロテアーゼを失活した後，pH 1 ～ 2 程度の酸性緩衝液中や有機溶媒混合水を用いて抽出・精製することが多い．このように，タンパク質とペプチドは似て非なる特徴をもつ物質であり，その相違は「どのような形態・形式で生体機能を発揮するのか」の違いに起因している．

## 4.2 生体内でのペプチドの生合成

### 4.2.1 タンパク質の生合成と成熟化

それでは，タンパク質やペプチドは生体内でどのように生合成されるのであろうか．生体内に存在するタンパク質は，その配列が遺伝子である DNA に暗号（塩基配列）として保存されている．そして，必要に応じてタンパク質の遺伝暗号（塩基配列）はメッセンジャー RNA として転写される．その後，成熟したメッセンジャー RNA を鋳型として，タンパク質はリボソームで翻訳（生合成）される[4-1]．そして，細胞外へ分泌されるタンパク質あるいは細胞膜タンパク質は小胞体およびゴルジ体を経由し，また細胞内タンパク質は標的とする部位に輸送され，ともにプロテアーゼによる限定分解やシャペロンタンパク質によって介助される立体構造の形成などを経て成熟タンパク質となる．

### 4.2.2 ペプチドの生合成と生理活性ペプチドとしての成熟化

生体内に存在するペプチドは，そのほとんどが，まずタンパク質として生合成された後に，プロテアーゼによって切断されることにより産生される．原核生物においては，抗生物質のように酵素的にペプチドが合成（非リボソー

## 4章　生理活性物質とミトコンドリア

ムペプチド合成）される場合があることが知られているものの，とくに多細胞真核生物においては，ペプチドとして生合成されることはほとんどないと考えられている．

このように，前駆体タンパク質の生合成を経て産生されるペプチドには，血糖調節に関わるインスリンやグルカゴン，血圧調節に関わる心房性利尿ペプチドやアンジオテンシンⅡ，神経伝達に関わるサブスタンスPやニューロキニン，オピオイドペプチドなど，多種多様な生理活性ペプチドがある [4-2, 4-3]．これら生理活性ペプチドは，細胞外へ分泌されるタンパク質の

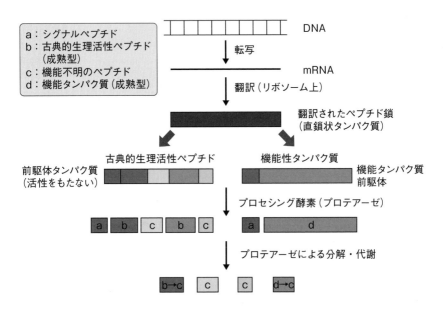

**図 4.1　生理活性ペプチドの生合成・産生機構**
DNAの遺伝情報にもとづき生理活性ペプチド前駆体タンパク質ならびに機能性タンパク質前駆体がリボソームで翻訳される．それらはプロセシング酵素により切断され，成熟した生理活性ペプチド（古典的生理活性ペプチド：b），機能タンパク質（d）あるいは機能不明のペプチド（c）となる．それら（b と d）は生体機能を果たした後，さらにプロテアーゼの切断を受け，断片ペプチド（b→c と d→c）となる．このような生理活性ペプチドや機能タンパク質の生合成および代謝分解の過程で産生される断片ペプチド（c類）のうち，高い生物活性をもつペプチドを非古典的生理活性ペプチド，あるいはクリプタイドと呼ぶ（本文参照）．ミトコンドリア内ではシグナルペプチド（a）もクリプタイドになることがある．（口絵Ⅶ-4章と同じ）

生合成と同様に，成熟メッセンジャー RNA を鋳型として，リボソームで生物活性をもたない前駆体タンパク質として翻訳されるが，前駆体タンパク質のアミノ末端には，シグナル配列という疎水的なアミノ酸残基からなる配列が存在する．このシグナル配列は，シグナル認識粒子（signal recognition particle）により認識され，小胞体膜を通過し小胞体内へと移行する．このように小胞体内へ移行した前駆体タンパク質は，ゴルジ体を経て分泌小胞（顆粒）へと移行し貯留されるが，この過程でプロセシング酵素（プロセシングペプチダーゼ）による切断や酵素化学的な修飾を受けて生理活性を示すペプチドとして成熟する（**図 4.1**）．そして，必要に応じてそれらペプチドは細胞外に分泌され，ホルモンや神経伝達物質，あるいは神経調節物質として機能を発揮する[4-4)]．

### 4.2.3　生理活性ペプチドの生合成と成熟化の新たな展開

**ホルモン**などのように生理活性を有するペプチドが存在するものの，これら以外の生体内に存在するほとんどのペプチドは，タンパク質の生合成や代謝分解の過程で「副次的」に産生される代謝産物で，生体機能をもたないと長い間考えられてきた．すなわち，タンパク質はプロセシング酵素による限定分解を受けて成熟化する場合も多く，また役目を終えたタンパク質は，速やかにプロテアソームを始めとするさまざまなプロテアーゼにより分解・代謝される．このようなタンパク質の成熟化や分解・代謝の過程では，同時に多くのペプチドが産生される．そしてこれらペプチドは，プロテアーゼによりさらに分解されアミノ酸となり，新たなタンパク質合成や細胞内化学物質の合成に再利用されると考えられている．

しかし最近，このようなタンパク質の生合成や代謝の過程で同時に産生されるペプチドには，高い生物活性を示すものが存在することが明らかになってきた．筆者らの研究グループは，自然免疫に関与する白血球の 1 つである好中球を活性化する因子の探索を試みた．その結果，新しい 3 種類の生理活性ペプチドを生体組織より単離・精製したが，これらはすべてミトコンドリアタンパク質がプロテアーゼにより分解されて産生されるペプチドであっ

た[4-5〜4-7]．筆者らの発見に続き，多くの研究者により，タンパク質の成熟化や代謝の過程で産生される，高い生物活性をもつ多様なペプチドの存在が明らかとなりつつある[4-8, 4-9]．このような研究背景から現在，インスリンやグルカゴンのように，分泌小胞を経て細胞外に分泌される生理活性ペプチドを「古典的生理活性ペプチド（classical bioactive peptides）」，機能タンパク質に由来する，いいかえれば，機能タンパク質に隠された高い生物活性を示すペプチドを「非古典的生理活性ペプチド（non-classical bioactive peptides）」，あるいは「クリプタイド（cryptides）」と呼ぶようになった[4-10, 4-11]（**図4.1**）．

## 4.3 生理活性ペプチドの生体機能と作用機序

インスリンやグルカゴンのような「古典的生理活性ペプチド」は，DNAの遺伝情報にもとづき生合成され，小胞体からゴルジ体，さらには分泌小胞に移行する過程で成熟して細胞内に貯留される．そして，細胞がさまざまな刺激に応答することで細胞外へと分泌（刺激-分泌応答：stimulus-secretion coupling），あるいは生合成後，持続的に分泌（構成的分泌：constitutive secretion）される．このようにして細胞から分泌された生理活性ペプチドは，それらが標的とする臓器や細胞に情報を伝達するが，その分泌様式により，下記に示す4つに大別される．

1) **神経分泌**（neurocrine secretion）
   神経伝達物質あるいは神経調節物質としてシナプス前膜から分泌され，シナプス後膜あるいは接合する筋肉細胞や分泌細胞などに情報を伝達する．（サブスタンスP，ニューロキニン，オピオイドペプチドなど）
2) **傍分泌**（paracrine secretion）
   局所ホルモンとして分泌され，隣接あるいは近傍の標的細胞に情報を伝達する．（ボンベシン，ソマトスタチンなど）
3) **内分泌**（endocrine secretion）
   ホルモンとして内分泌細胞から分泌され，血流を介して全身を循環し，標的細胞に情報を伝達する．（インスリン，グルカゴン，心房性利尿ペ

## 4.3 生理活性ペプチドの生体機能と作用機序

プチド，ソマトスタチンなど）

4) **自己分泌**（autocrine secretion）

生理活性ペプチドを分泌した細胞自身に作用し，増殖等の情報を伝える．（上皮成長因子など）

注）これら生理活性ペプチドの伝達形式では，1つの生理活性ペプチドが複数の伝達形式を取る場合も多い．

標的細胞に到達した生理活性ペプチドは，標的細胞膜上に存在する受容体と呼ばれるタンパク質に結合・活性化することにより細胞内に情報を伝達し，分泌や細胞増殖，分化，形態変化，移動などの機能を発揮する（図4.2）．このように生理活性ペプチドは，生体内でその情報伝達を媒介することで，消化吸収，血圧ならびに血糖調節，生体防御，利尿作用や体温維持，さらには運動および摂食や情動などの行動調節など，多様な役割を担っている．

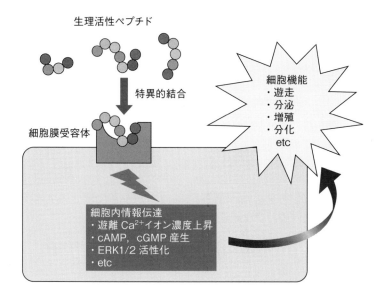

**図4.2 標的細胞に対する生理活性ペプチドの作用機序**

4章　生理活性物質とミトコンドリア

## 4.4　ミトコンドリアの古典的機能と新たな役割

　4.2.3項で述べたミトコンドリアタンパク質に由来する断片化ペプチドには，高い生物活性を示すものが存在する．これら新しいカテゴリーの「非古典的生理活性ペプチド」はどのような役割を担っているのであろうか．

　ミトコンドリアはすべての多細胞動植物に存在し，好気（酸素）呼吸による細胞内でのエネルギー産生，すなわち生体内での「エネルギー源」であるATPの生合成に関わる二重膜構造をもつ細胞小器官である[4-12, 4-13]．ミトコンドリアは，それ自身のDNA（ミトコンドリアDNA）をもち，独自に分裂・増殖する能力がある．さらに最近ミトコンドリアが，細胞内での「エネルギー産生の場」としての機能に加えて，細胞のプログラム死（アポトーシス）や細胞サイクル，増殖など，多様な生体調節に関わることが明らかになり，病態との関連にも注目が集まっている．とくにミトコンドリアとアポトーシスの関連は近年精力的に研究され，ミトコンドリアタンパク質であるシトクロム $c$ がアポトーシスの引き金を引く「細胞内伝達物質」であることが明らかになっている[4-13]．

　このようなミトコンドリアの新たな機能に関する知見が蓄積されているなかで筆者らは，自然免疫機構において中心的な存在の1つである好中球が，ミトコンドリアタンパク質に由来する多くの断片ペプチドにより活性化されることを発見した．すなわち，ミトコンドリアタンパク質の生合成および代謝の段階で産生される多彩な断片化ペプチドが，生体防御に関与している可能性があることを見いだしたのである[4-11]．

## 4.5　「非古典的生理活性ペプチド」－タンパク質に隠された生理活性ペプチド，「クリプタイド」－の発見

### 4.5.1　好中球と自然免疫ならびに病態との関連

　好中球は，自然免疫機構において中心的役割を担っている白血球の1つである．すなわち，好中球は末梢白血球の過半数を占め，常に血流中を循環しているが，ひとたび微生物の感染や組織の傷害が起こるとただちにそれらの

### 4.5 「非古典的生理活性ペプチド」―タンパク質に隠された生理活性ペプチド,「クリプタイド」―の発見

箇所に浸潤し,活性酸素の産生による殺菌や有毒物質の貪食などを行うことで生体を守っている[4-14]. このように好中球は,生体の防御における初動細胞として大きな役割を果たしてはいるが,同時にしばしば重篤な疾病の原因にもなる. すなわち,さまざまな組織において,いったん血流が滞った後,治療処置などにより再度血流が再開された場合（虚血後の再灌流状態）,周辺組織に大量の好中球が迅速に浸潤し,回復不可能なダメージを与える[4-15]. このような迅速で急激な好中球の浸潤は,心臓を始め,肺や膵臓,肝臓など,多くの組織でも認められる. さらにリウマチにおいても,好中球の浸潤がその病態悪化と関連していることが考えられている.

これらの迅速で急激な好中球の浸潤はどのようにして起こるのであろうか. 好中球の組織浸潤を誘起する物質としては,すでに細菌由来ペプチドであるfMLFなどの外因性ホルミルペプチド,C5aを始めとする補体由来成分,また炎症部位で合成・産生されるインターロイキン8などのケモカインなどが知られている[4-14, 4-16]. しかしながら,好中球は細菌感染をともなわない傷害組織にも迅速に浸潤する. また好中球誘引活性を有するケモカインの生合成・分泌以前にも,好中球の傷害箇所への集積が認められる. これらのことから,すでに知られている好中球誘引因子であるケモカインや外因性ホルミルペプチド,補体由来成分以外の,未知の因子が存在していると考えられてきた. しかし,どのような因子が迅速な好中球の浸潤を引き起こすかは長らく不明であった.

#### 4.5.2 非古典的生理活性ペプチド：クリプタイドの発見

このため筆者らは,このような迅速な好中球の浸潤を起こす物質を明らかにすることを目的として,虚血・再灌流傷害時に急激で大量な好中球の浸潤が認められる心臓から,好中球活性化因子の単離・精製を試みた. すなわち,ブタ心臓より陽イオン交換クロマトグラフィーやゲル濾過クロマトグラフィーなど,さまざまなクロマトグラフィーを駆使して好中球活性化因子の精製を試みた. その結果,新しい3種類の好中球活性化ペプチド,マイトクリプタイド-1 (MCT-1),マイトクリプタイド-2 (MCT-2),マイトクリプタ

## 4章 生理活性物質とミトコンドリア

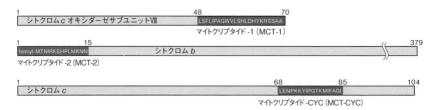

**図 4.3** 同定した 3 種類の新しい好中球活性化ペプチド，マイトクリプタイド -1（MCT-1），マイトクリプタイド -2（MCT-2）ならびにマイトクリプタイド -CYC（MCT-CYC）のアミノ酸配列と親タンパク質における存在部位

イド -CYC（MCT-CYC）を同定した．驚くべきことに，それらはすべてミトコンドリアタンパク質の断片化ペプチドであった（**図 4.3**）．

このようにして，ミトコンドリアタンパク質由来の新しい 3 種の好中球活性化ペプチド MCT-1，MCT-2 および MCT-CYC は発見されたが，心臓抽出物中には好中球活性化能を示す多数の精製画分が存在していた．そこで活性画分の含まれる物質の化学構造を解析した結果，それらもミトコンドリアタンパク質由来のペプチドであることが示唆された．そこで，多数存在すると考えられるミトコンドリアタンパク質配列由来の好中球活性化ペプチドを効率的に同定するため，タンパク質データベースである Swiss-Prot からヒトミトコンドリアタンパク質配列情報を収集し，これらから切断・産生される可能性のあるペプチドを，ミトコンドリアに存在するプロテアーゼであるミトコンドリアプロセッシングペプチダーゼや，トリプシン様酵素などの切断特異性から予測した．その結果，ミトコンドリアタンパク質配列由来の新規好中球活性化ペプチドを，さらに 50 種類以上同定することに成功した[4-10, 4-17]．これらの多種多様の断片ペプチドは，生体内機能タンパク質の生合成や代謝過程において同時に産生され，高い生物活性を示す．われわれは，タンパク質に隠された（cryptic），もとのタンパク質とまったく異なる生体機能をもつペプチドという意味を込めて，これらのペプチドを総称してクリプタイド，そのなかでもミトコンドリアタンパク質由来の生理活性ペプチドをマイトクリプタイドと名づけた[4-10]．

## 4.6 ミトコンドリア由来生理活性物質の新たな展開

このように，ミトコンドリアタンパク質の生合成や代謝分解の過程で生じる断片化ペプチドのなかに，好中球を高い親和性で，しかも効果的に活性化する一群のペプチド，マイトクリプタイドが存在していることが明らかとなった．それでは，なぜミトコンドリアタンパク質由来のペプチドが，外敵である細菌感染から生体を防御する自然免疫系において中心的役割を示す好中球の組織浸潤を誘起し，さらには活性化するのであろうか．

ミトコンドリアは，真核生物が進化する過程で，原始真核生物に寄生した原核生物に由来すると考えられている．すなわち，ミトコンドリアの祖先である原核生物が原始真核生物へ寄生することにより，宿主である原始真核生物は，有害な酸素を水にかえる能力をもつようになったばかりでなく，好気呼吸により非常に効率よく生体エネルギーを得られるようになり，現在の真核生物へと進化する力を得たのではないかと考えられている [4-12]．真核生物はその進化の過程で，感染性の細菌を認識・除去する生体防御系を獲得した．しかし，ミトコンドリアに存在するタンパク質はもともと寄生した原核生物由来のタンパク質であり，真核生物に感染する細菌のタンパク質と構造が類似している．そのため，異物として認識されるようになり，好中球の組織浸潤および活性化を起こす因子となったのではないか．そして，それらミトコンドリアタンパク質，とくに可溶性で拡散しやすいミトコンドリアタンパク質由来のペプチドは，通常，細胞が健康な時はミトコンドリア内に留まるため好中球は異物として認識しないものの，ひとたび細胞が損傷を受けたとき情報伝達物質として細胞外に放出され，好中球を呼び寄せることで傷害を受けた細胞を迅速に処理しているのではないかと考えられる（図 4.4）．筆者らは，好中球を活性化するミトコンドリアタンパク質以外の細胞内機能タンパク質由来ペプチドについては，系統的に探索していない．したがって，ミトコンドリア以外のタンパク質に由来する好中球活性化ペプチドの存在については否定できない．しかし，少なくともブタ心臓から単離した好中球活性化ペプチドのほとんどがミトコンドリアタンパク質由来のペプチドであった

4章　生理活性物質とミトコンドリア

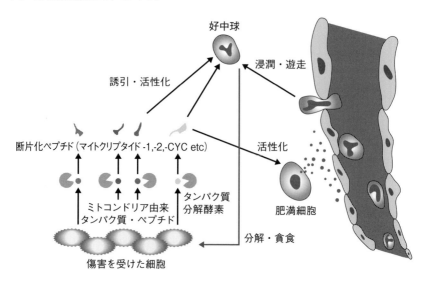

図4.4　ミトコンドリアタンパク質から産生される一群の新規好中球活性化ペプチド，マイトクリプタイドが関わる生体防御機構（仮説）

ことから，ミトコンドリアに特有なタンパク質が分解されて生じるペプチドが，生体防御系において細胞の傷害を伝える役割を担っている可能性は高いと考えられる．

### 4.7　おわりに

以上本章では，インスリンやグルカゴンなどの「古典的生理活性ペプチド」の作用機序や生体機能を概観するとともに，ミトコンドリアタンパク質に由来する一群の新しい生理活性ペプチド，「マイトクリプタイド」を中心に，タンパク質構造に隠された，「非古典的生理活性ペプチド」の存在について概説した．細胞小器官であるミトコンドリアは，古くから知られていた細胞内における「エネルギー工場」としての機能に加えて，細胞のプログラム死や炎症との関わりを始めとして，多様な生命現象にも関わる小器官であることが明らかになりつつある．さらに今後は，新しいカテゴリーの生理活性ペプチドを産生する細胞小器官としても注目されるようになるのではないかと

考えられる.

　最近，クリプタイド - タンパク質配列に隠された新しい生理活性ペプチド - の存在が明らかになるにつれ，革新的創薬への展開が期待されるようになりつつある．現在，世界的に中分子創薬，すなわち比較的選択性の低い小分子薬剤や，免疫原性が疑われるタンパク質を対象とした創薬ではない，第3の創薬ターゲットが注目されるようになっている．ペプチド創薬はそのなかでも重要なターゲットである．本章で議論したクリプタイドは，新たな医薬品を開発するための出発化合物として重要性を増すことが期待され，わが国が本分野において世界的に優位な立場を確立することが求められている．

**4章引用文献**

4-1) Yonath, A. (2011) Peptide Science, **2010**: 6-9.

4-2) 宗像英輔 (1984) 化学と生物, **22**: 854-866.

4-3) 松尾壽之 (1983) ファルマシア, **19**: 161-165.

4-4) Tooze, S. A. *et al.* (2001) Trends. Cell. Biol., **11**: 116-122.

4-5) Mukai, H. *et al.* (2008) J. Biol. Chem., **283**: 30596-30605.

4-6) Mukai, H. *et al.* (2009) J. Immunol., **182**: 5072-5080.

4-7) Hokari, Y. *et al.* (2012) Prot. Pept. Lett., **19**: 680-687.

4-8) Gomes, I. *et al.* (2009) FASEB J., **23**: 3020-3029.

4-9) Samir, P. *et al.* (2011) AAPS J., **13**: 152-158.

4-10) Ueki, N. *et al.* (2007) Biopolymers (Pept. Sci.), **88**: 190-198.

4-11) 服部竜弥・向井秀仁（2014）日本薬理学雑誌, **144**: 234-238.

4-12) 林 純一（2002）『ミトコンドリア・ミステリー』講談社.

4-13) 米川博通（2012）『生と死を握るミトコンドリアの謎』技術評論社.

4-14) Murphy, P. M. (1994) Annu. Rev. Immunol., **12**: 593-633.

4-15) Vinten-Johansen, J. (2004) Cardiovasc. Res., **61**: 481-497.

4-16) Baggiolini, M. *et al.* (1989) J. Clin. Invest., **84**: 1045-1049.

4-17) 向井秀仁・木曽良明（2012）遺伝子医学 MOOK, **21**: 298-304.

# 5. 魚類下垂体と免疫

矢田　崇

　免疫系は内分泌系とならび，恒常性を維持するための重要なシステムである．ホルモンや成長因子は，免疫系でもメッセンジャーとして用いられている．また免疫系独自の調節因子・サイトカインの受容体には，構造が下垂体ホルモンのそれらとよく似ているものが知られている．このような内分泌系と免疫系の共通性は，両者の分子進化，さらに機能面での深い関係を物語っている．本章では魚類における内分泌系と免疫系について，下垂体ホルモンを中心に話を進めながら，その上流にある神経内分泌，下流にあるステロイドや成長因子，一見独立して見える脳腸ホルモン，さらに環境適応との関係についても紹介する．

## 5.1　古典的発想からの出発

　魚類での内分泌系と免疫系との関連についての報告は，体色調節を目的に，目のない魚・ブラインドケーブフィッシュ（*Astyanax jordani*）に下垂体抽出物などを投与した研究で，胸腺と脾臓の変化・白血球の増減を見出した1951年の論文が初出と思われる[5-1]．その後1970年代，比較内分泌学草創期の泰斗，ピックフォード（Pickford）らによる一連の研究では，下垂体を手術により除去した各種の魚において脾臓など免疫に関連した器官の変化や白血球数の減少などが見出され，下垂体が免疫系に重要な役割を持つことが示された[5-2]．当時，ホルモンの役割を調べるには，それをつくっている器官を手術などにより取り除いて，どこに影響が現れるかを調べることが重要な研究方法であった．こうした除去手術は，現在ではあまり使われなくなった古典的な手法であるが，原理としては現在の遺伝子ノックアウトにもつながっている．

　次の段階の実験として，ホルモンを魚に投与して作用を調べる方法が考え

られたが，調べる対象が免疫であるために市販の哺乳類のホルモンを使うことには問題があった．哺乳類のホルモンは魚類にとっては外来の異物なので，抗原として認識され，免疫反応を活性化させてしまうのだ．この問題は90年代に，サケ（*Oncorhynchus keta*）成長ホルモン（GH）の全構造が決定され，さらに組換えホルモンもつくられるようになり，ようやくクリアーされた．それに続いてさまざまな魚類で下垂体ホルモンが単離・精製され，免疫に対する作用を検証することが可能になった．

## 5.2 ストレス反応と免疫

　GHを始めとする下垂体ホルモンについて紹介する前に，ホルモンと免疫の代表的な関係として，ストレスと免疫抑制について触れておかなければならない．副腎皮質ホルモン（コルチコステロイド）による免疫抑制作用については，魚類から哺乳類まで数多くの研究がなされている．また環境水中の汚染物質，とくに重金属が免疫系に与える影響として，魚類の代表的なコルチコステロイドであるコルチゾルを介しての免疫抑制が知られている．性成熟にともなう性ステロイドによる免疫抑制についても，コルチゾルと同様に幅広い魚種で解析されており，内分泌かく乱物質と免疫系との関連についても関心がもたれている．ストレス反応の分子機構については，モノクローナル抗体を用いたフローサイトメトリーにより，魚類の白血球にアポトーシスを引き起こす機構の解析が進められた．付け加えると，ストレスによる白血球のアポトーシスは，短期間には免疫の低下を引き起こすかもしれない．しかし長期的にみれば，必要のない細胞を減らして新しい細胞と入れ替え，細胞の更新を促すことになる．ストレスには一概に，マイナスとばかりは言えない側面がある．

　下垂体ホルモンとしては，視床下部−下垂体−副腎皮質（魚類では間腎）軸の一翼を担う副腎皮質刺激ホルモン（ACTH）が，ストレス反応の制御に重要な役割を果たしている．ACTHはコルチゾルの分泌を促すことで，間接的に免疫系を抑制することになる．しかしACTHを白血球に直接投与すると，食作用などの免疫機能を活性化することがわかった．ACTHをコードする遺

5章 魚類下垂体と免疫

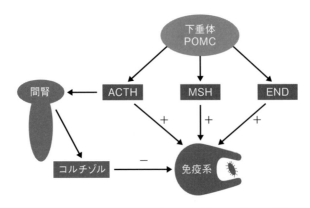

**図 5.1 下垂体 POMC 産物の魚類免疫系に対する直接・間接作用**

伝子には，他のペプチドホルモンも複数コードされており，その前駆体タンパク質はプロオピオメラノコルチン（POMC）と呼ばれる．タンパク質として生合成された POMC が，翻訳後プロセッシングによって切断され，ときにはアセチル基やリン酸基が付加されて，機能を発揮する複数のペプチドホルモンになる．そのなかの黒色素胞刺激ホルモン（MSH）やエンドルフィン（END）も，魚類の免疫系に促進的な作用をもつことが明らかとなった．これら POMC に関係するホルモンと免疫の関係を図示すると，他のものがプラスに働くのに対して，コルチゾルを介したマイナスの作用が目立つ（**図 5.1**）．実際に魚類の免疫に対してさまざまなホルモンの作用を試してみても，コルチゾルやその構造を基にした合成コルチコイドほど，安定して免疫を抑制するホルモンはなかなか見つからない．

しかしどこにも例外はあるもので，コルチゾルが免疫にプラスとなる働きをもつ場合がある．コイ（*Cyprinus carpio*）の白血球に培養下でコルチゾルを投与すると，リンパ球 B 細胞などではアポトーシスが増加する一方，細菌などの異物を取り込んで消化する食細胞の1つである好中球では，逆にアポトーシスで死ぬ細胞の数が著しく減少することが観察される[5-3]．ストレスが長期的には免疫にプラスになる可能性については前述したが，たとえば外傷などで異物が侵入した場合，すぐに使わなければならない食細胞には，

短期的・抑制的な作用を回避する機構があることをうかがわせる．ストレスは体に悪いストレス distress ばかりでなく，良いストレス eustress もあるというイメージは，魚類にも当てはまるのであろう．

## 5.3　病気と健康と成長と GH

健康とは病気でないことであり，そして健康は健やかな成長へとつながっている．生きている限り成長を続けるとされる魚類の場合，健康を維持する免疫は，とくに成長と密接な関係にあるのではないか．そして両者を結びつけるのは GH ではないか．三段論法であるが，GH の名前の由来である成長促進作用は，魚類の GH でも広く知られている．さらに成長のもととなる，細胞の増殖を促進する GH の作用は，たしかに魚類の白血球に対しても認められる．そして表 5.1 に挙げるように，成長・細胞増殖とは別に，直接 GH が免疫に作用する事例も数多く見つかっている．

表 5.1　魚類の免疫機能に対する GH の作用

| *in vitro* | *in vivo* |
|---|---|
| 白血球増殖能の促進 | |
| 白血球食作用の促進 | 白血球食作用の促進 |
| 活性酸素産生量の増加 | 活性酸素産生量の増加 |
| *sod* 遺伝子発現量の増加 | |
| リゾチーム分泌の増加 | 血漿リゾチーム活性の上昇 |
| | 血漿補体活性の上昇 |
| | 血漿抗体濃度の維持 |
| | 白血球細胞傷害性の上昇 |
| | 血漿急性期タンパク濃度の減少 |
| | 細菌感染時の生存率の向上 |

マクロファージや好中球などの食細胞では，細菌などの異物を取り込む食作用に際して，取り込んだ細菌を殺すために産生される活性酸素の量が，GH により増加する．さらに GH には，活性酸素を過酸化水素など他のラジカルに変換するスーパーオキシドジスムターゼ（SOD）に対しても，促進

## 5章 魚類下垂体と免疫

作用が認められる．SODは活性酸素を還元する抗酸化物質としても知られているので，過剰な活性酸素の除去にも一役買っているとしたら興味深い．次に挙げるリゾチームも食作用に深く関わり，取り込んだ細菌を溶かす段階で働く酵素だが，魚類では血漿にもその活性が強く認められる．GHは食細胞からのリゾチームの分泌を促進し，結果として体液のリゾチーム活性を上げる作用をもっている．補体は抗体反応を受けて，標的の細胞膜を分解する働きをもっているが，GHは血漿の補体活性も上昇させる作用を示す．

　ニジマス（*Oncorhynchus mykiss*）の下垂体を除去すると，前節で述べたMSHがなくなることで，まず体色が薄くなる外見上の変化が現れる（図5.2）．このときの免疫機能について調べると，頭腎（骨髄に当たる造血器官）中の

**図5.2　通常のニジマス（上），偽手術の対照個体（中）と，下垂体除去個体（下）**
下垂体除去にはまず眼球を摘出し，眼窩から骨を削って下垂体に到達，吸引除去した．対照個体では偽手術として骨を削るまで行い，下垂体は除去していない．

## 5.3 病気と健康と成長と GH

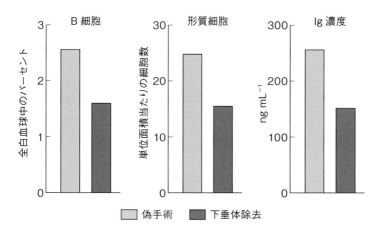

図 5.3　下垂体除去によるニジマス B 細胞数，形質細胞数，Ig 濃度の変化
B 細胞数はフローサイトメトリー法，形質細胞数は細胞ブロット法，Ig 濃度は酵素抗体法で測定した．（引用文献 5-6 より転載）

　リンパ球 B 細胞が減少，B 細胞から分化して最終的な抗体分泌を行う形質細胞も減少，そして抗体であるイムノグロブリン（immunoglobulin：Ig）の濃度も下がる(**図 5.3**)．この下垂体除去ニジマスに GH を投与すると，下がっていた抗体の濃度が正常なレベルに戻る．血漿抗体濃度の維持，つまり抗体をつくり続けることに，GH が重要な役割を果たすことがわかる（**表 5.1**）．GH の抗体産生に対するおもな作用は，白血球の増殖・分化を定常レベルに維持することであると考えられる．

　機能面での調節として，抗原抗体反応にどのように GH が関わるかについては，魚ではまだ十分な知見がない．魚の免疫系は「原始的」なので，特異的免疫のような複雑な機構は発達していないとする考えが，かつては一般的であった．しかし近年のゲノム研究の進展は，抗原の識別や抗体産生細胞の分化に必要な分子が，魚ですでにひと通り揃っていることを明らかにしている．免疫−内分泌クロストークについて，免疫系の「複雑さ」の代表とも言える抗体産生の場でも明らかにされることが期待される．

　では GH の免疫活性化作用は，最終的に個体全体での免疫，すなわち疫を

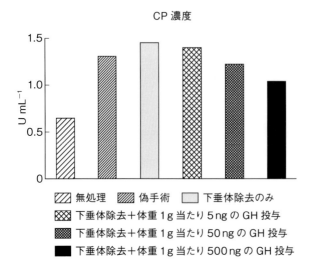

図 5.4 下垂体除去とGH投与によるニジマス CP 濃度の変化
無処理と比べ、偽手術・下垂体除去ともに、炎症タンパクであるCPの濃度が上昇している。一方GHの投与はCPの濃度を下げ、炎症が治まることを示唆している。（引用文献5-7より転載）

免れることに役立っているのであろうか．表 5.1 にあげた急性期タンパク質とは，感染や外傷によって急激に血中濃度が上昇するタンパク質の総称であるが，その 1 つで抗炎症・抗酸化作用をもつタンパク質であるセルロプラスミン (CP) の血漿濃度は，先に述べた下垂体除去の対照として，下垂体を摘出しない偽手術によっても上昇し，組織の損傷による「炎症」が起きていることを示唆している（図 5.4）．外温動物の魚の場合，「炎症」は発熱をともなわないので，厳密には哺乳類の炎症と同じものとは言えない．しかしこの状態の魚に GH を投与すると，CP 濃度が減少することから，外傷の治癒が促された可能性がある（図 5.4）．また細菌を人為的に感染させた実験でも，あらかじめ GH を投与されたニジマスでは生存率が高くなり，感染・発症に対する予防効果が認められる（表 5.1）．

　以上に紹介した食作用や抗体産生など，各種の免疫機能を活性化させた最終結果として，GH の投与は魚の耐病性を向上させ得ることがわかる．ところが遺伝子導入により大量の GH を発現させた場合では，必ずしもプラスの結果にはならないようである．ベニザケ（*Oncorhynchus nerka*）の GH を導入されたギンザケ（*Oncorhynchus kisutsh*）で行われた感染実験では，魚の

大きさ・発育段階によってその効果には差異がみられ，遺伝子導入によってむしろ生存率が低くなる場合もある[5-4]．GH を養殖魚などの病気の治療・予防薬として使うためには，内因性の GH 分泌への影響や，各組織での受容体の発現の様子など，把握しておかなければならないことがまだまだたくさん存在する．

## 5.4 下垂体の外へ

さらに GH から先はどうなっているのか．GH の成長促進作用については，下垂体から分泌された GH が肝臓に作用し，インスリン様成長因子-Ⅰ（IGF-Ⅰ：本シリーズ第Ⅲ巻も参照）をつくらせ，この IGF-Ⅰ が血流に乗り，骨を始めとするからだ全体での細胞増殖を促している（図 5.5：中央列）．この GH が IGF-Ⅰ を介して働く経路は，GH/IGF-Ⅰ 系と呼ばれる．水生生物である魚では，GH/IGF-Ⅰ 系が成長だけでなく，海水中でのイオンの排出を促進し，浸透圧を調節する働きをもつことも知られている（図 5.5：左列）．

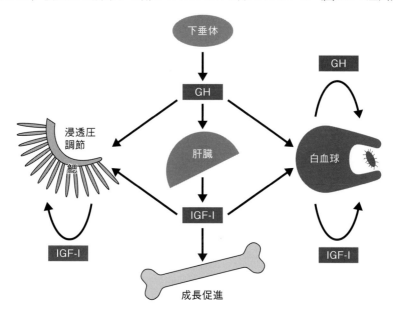

図 5.5 魚類の免疫機能・成長促進・浸透圧調節における GH/IGF-I 軸

IGF-Ⅰ は全身に効く内分泌（endocrine）とは別に，局所的につくられてその近くで効く傍分泌（paracrine）も知られ，鰓など浸透圧調節器官でもその存在が確認されている．

　免疫系における GH/IGF-Ⅰ 軸の重要性は，おもに哺乳類において明らかにされてきた．魚でも IGF-Ⅰ が免疫機能を活性化させるが，ここでも肝臓だけではなく，白血球からの IGF-Ⅰ の分泌も確認されている（図 5.5：右列）．さらに白血球には，自分でつくり自分に効く，自己分泌（autocrine）的な GH の存在も知られている．成長促進や浸透圧調節の場合と同じく，GH の免疫活性化作用についても，IGF-Ⅰ を仲介しているのか興味が持たれる．しかし魚の白血球に GH を投与したところ，IGF-Ⅰ の分泌に対しても，また IGF-Ⅰ mRNA の量に対しても，影響は見られない（図 5.6）．免疫系で発現している IGF-Ⅰ に対する GH による調節機構，つまり白血球を中心としたローカルな GH/IGF-Ⅰ 軸の存在については，種の違いや細胞の由来などによって議論の分かれるところである．もちろん免疫系の調節なので，サイトカインとの相互作用も想定されることから，単純に GH から IGF-Ⅰ へという関係だけでないのであろう．免疫−内分泌クロストークの核心に迫るテーマとして，今後の研究展開が待たれる．

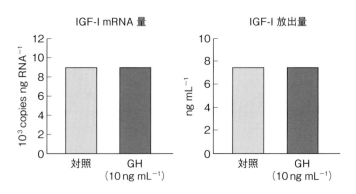

**図 5.6　ティラピア白血球への GH 投与による IGF 分泌への影響**
カワスズメの仲間のモザンビークティラピア（*Oreochromis mossambicus*）の白血球に GH を投与しても，IGF-Ⅰ の mRNA 量，培養液中に放出された IGF-Ⅰ の量ともに，変化は見られなかった．（引用文献 5-8 より転載）

一方，食欲を亢進させる脳腸ホルモンであり，GH 分泌の重要な促進因子でもあるグレリンでも，免疫系に明快にプラスになる作用が見つかった．グレリンの投与はニジマス白血球の食作用を促進し，また 5.3 節で紹介した SOD，さらに GH の mRNA 量を増加させた[5-5]．筆者がこの結果をある国際学会で発表したところ，海外の研究者から「グレリンは白血球の食欲も刺激するのか？」という質問が出て，会場は笑いに包まれた．食欲はともかく，このグレリンによる食作用の活性化は，GH 抗体の投与によって消失するため，グレリンは白血球からの GH の傍分泌を促進することで，間接的に魚の免疫機能を調節していると考えられる．さらに傍分泌なグレリンは傍分泌な GH に引き継がれるのか，より上位の調節はどうなっているのかなど，興味は尽きない．

## 5.5 水に棲む生き物としての免疫

**図 5.5**：左列では，下垂体からの GH と肝臓からの IGF-Ⅰ，さらに鰓で発現している IGF-Ⅰ が，浸透圧調節について重要な役割をもつことを表している．一方，広塩性の魚では，血漿の溶菌活性や白血球の食作用などの非特異的な免疫機能が，淡水中よりも海水中で高い値を示すことが知られている．この現象はコイやキンギョで経験的に知られている，「魚の調子が悪いときには塩水浴が効く」ことを思い出させる．体液と等張程度，3 分の 1 海水に相当する塩水浴では，浸透圧調節にかかるエネルギーが少なくなるので，弱った魚にとっては淡水よりも楽になるのであろう．またもっと直接に，海水中では淡水性の細菌や寄生虫が死ぬ，という効果も考えられる．それに加えこれまで紹介してきた免疫機能の調節と，さらに浸透圧調節に GH が深く関わっていることも，海水が魚の免疫にプラスに働く現象に関係しているのかもしれない．海水に馴致したニジマスでは，血中のリゾチームによる溶菌活性や白血球の食作用にともなう活性酸素の産生量が，淡水よりも高い値を示す (**図 5.7**)．ここでさらに GH を投与すると，溶菌活性には海水中ほどの効果が見られないが，活性酸素の産生には，さらに数倍の上昇が見られる．海水適応と免疫系に対する GH の効き方には，共通点も多いが相違点もある

5章 魚類下垂体と免疫

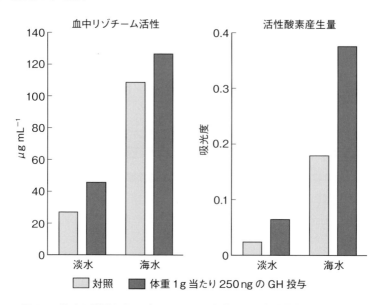

**図 5.7 海水に馴致したニジマスへの GH 投与による免疫機能の変化**
リゾチームによる溶菌活性では，GH よりも海水の効果が大きい．一方食作用に伴う活性酸素は，海水中でも GH によりさらに増加する伸びしろがある．（引用文献 5-9 より転載）

らしい．

　ふたたび鰓に戻るが，鰓は浸透圧調節器官，そしてもちろん第一に呼吸器官であるが，非常に大きな面積で外界に接するという特徴から，異物の侵入をブロックするための免疫器官としての側面もある．したがって，鰓の粘液に含まれるリゾチームは，感染防御のために重要な免疫機能の一員である．鰓でつくられているリゾチームの mRNA 量が，淡水中で飼育したタイセイヨウサケ（*Salmo salar*）では IGF-I の投与で増加するが，海水に馴致するとそれ自体で上がり，IGF-I の効果は見られない．5.4 節で述べた，海水と GH の効果との関連性を窺わせる結果ではある．

　もう一歩踏み込むと，環境適応と免疫機能の調節について，プロラクチン（PRL）が果たす役割について明らかにすることも，魚では重要な課題である．PRL は GH と共通の祖先分子から進化したと考えられる下垂体ホルモンで，

## 5.5 水に棲む生き物としての免疫

作用面でも GH と共通するところが多い．しかし魚の浸透圧調節作用では，PRL は GH のイオン排出・海水適応とは正反対に，イオンを保持するように働く淡水適応のホルモンとして知られている．そのため海水適応した魚に PRL を投与すると，浸透圧調節が失調してイオンの排出ができなくなり，最終的には死に至ってしまう．また魚が淡水から海水に移動すると，下垂体からの PRL 分泌は速やかに減少し，血中濃度には著しい低下が見られる．

ところが浸透圧調節の場合とは異なり，食作用や抗体産生など免疫系のさまざまな局面で，PRL は GH と同じく，促進的な作用を示す．では海水に適応するとき，免疫と PRL の関係はどうなるのであろうか．大きな変化はないだろうと予想しながら，海水に馴致したティラピアの白血球について調べたところ，PRL 受容体遺伝子の発現量は，意外にも 2 倍以上に増加していたのである[5-10]．前述のように PRL 分泌自体は，海水中で非常に低くなっているので，なかなか説明が難しい現象である．哺乳類の PRL 受容体では，PRL だけでなく胎盤性ラクトゲンや絨毛性生殖腺刺激ホルモン，さらには GH が結合して働く事例も知られている．はたして低くなった PRL の替わりに，GH を含め他のリガンドに反応しているのであろうか．

環境適応に関する魚の免疫系の特徴としては，塩分濃度だけでなく，温度変化の影響についても取り上げなければならない．外温動物である魚では，環境水温の低下はそのまま体温を低下させ，特異的免疫である抗体をつくる能力は，水温低下に従って低くなって行く．これに対して非特異的免疫の食作用や細胞傷害性などでは，温度の影響をあまり受けないことが知られている．また 1 年をサイクルとした季節変化がみられることも，魚の免疫の特徴としてあげられる．免疫系に対する温度や季節の影響について，内分泌調節で明確に説明することはまだできていないが，傍分泌による GH や IGF-I が一種のサイトカインとして，こうした現象に関与している可能性は十分に考えられる．GH と IGF-I の役割について着目すべきなのは，魚の免疫系が個体レベルで環境変化に適応する場面だけではない．白血球には，とくに食細胞のように血管から這い出して，感染・損傷した組織まで浸潤して行く，機動性のきわめて高いものがある．そこで直面するであろう，細胞レベルで

の著しい環境変化に適応するために，さらに病原体と対決するときには，ホルモンの傍分泌はどう使われているのだろうか．単一の細胞を解析対象とする「シングルセル生物学」としても，大変興味深い課題である．

> **コラム 5.1**
> **コバルトニジマス・下垂体形成異常と免疫**
>
> 　サーモンの「トロ」は回転寿司の人気メニューとなっているが，ニジマスでも時折とても太っていて，筋肉や肝臓の脂肪含量が非常に高い個体が現れる（口絵VII-5章）．体色がコバルトブルーであることから「コバルト」ニジマスと呼ばれているが，内分泌学の視点から調べてみると，下垂体の中葉，魚では脳からの神経の侵入があることから神経中葉となっている部分が，コバルトでは未発達であることがわかった．部分的な下垂体除去が自然に行われているとも言えるが，ここでつくられる黒色素胞刺激ホルモンや，魚特有のホルモンであるソマトラクチンが，体色調節や脂肪代謝に大きく関わっていることを教えてくれる．
> 　この魚の免疫について調べてみると，抗体の産生能や炎症タンパクなどの濃度は正常であったが，自然免疫の一つであるリゾチーム活性が低く，普通のニジマスがストレスを受けて，免疫抑制となった場合と同じレベルであった．一方，コルチゾルの血中濃度も著しく低く，本来神経中葉に分布する副腎皮質刺激ホルモン産生細胞が，正常に機能していないことを窺わせる．
> 　コバルトニジマスもマニアの関心を引く魚のようで，ネット通販では高値で取引されることもあると聞く．そのうち人為的に作出されるようになって，光るメダカのように夜店で売られたり，もしかすると回転寿司の人気メニューになる日が来るのかもしれない．

## 5章 参考書

会田勝美・金子豊二 編（2013）『増補改訂版 魚類生理学の基礎』恒星社厚生閣．

日本比較内分泌学会 編（1996）『成長ホルモン・プロラクチンファミリー』学会出版センター．

日本比較内分泌学会 編（2000）『からだの中からストレスをみる』学会出版センター.

渡辺 翼 編（2003）『魚類の免疫系』恒星社厚生閣.

Schreck, C. B. *et al.*, eds. (2016) "Fish Physiology - Biology of Stress in Fish" Vol. 35, Academic Press, San Diego.

## 5 章引用文献

5-1) Rasquin, P. (1951) J. Exp. Zool., **117**: 317-357.

5-2) Pickford, G. E. *et al.* (1971) J. Exp. Zool., **177**: 89-96.

5-3) Weyts, F. A. A. *et al.* (1998) Dev. Comp. Immunol., **22**: 563-572.

5-4) Jhingan, E. *et al.* (2003) J. Fish Biol., **63**: 806-823.

5-5) Yada, T. *et al.* (2006) J. Endocrinol., **189**: 57-65.

5-6) Yada, T., Azuma, T. (2002) Comp. Biochem. Physiol., **131C**: 93-100.

5-7) Yada, T. *et al.* (2004) Comp. Biochem. Physiol., **139C**: 57-63.

5-8) Yada, T. (2007) Gen. Comp. Endocrinol., **152**: 353-358.

5-9) Yada, T. *et al.* (2001) Comp. Biochem. Physiol., **129B**: 695-701.

5-10) Yada, T. *et al.* (2002) J. Endocrinol., **173**: 483-492.

# 6. ヒトにおける妊娠免疫

和泉俊一郎・近藤朱音・亀谷美恵

　母体では，子宮局所での適応免疫の変化（細胞傷害性応答の抑制と調節性応答の増強）と宿主としての自然免疫による感染防御が起こる．白血球分画・機能の変化，免疫抑制分子誘導，全妊娠期間におけるサイトカインプロファイルの変化が子宮内のみならず全身で生じる．母児の接点に位置する胎盤の栄養膜細胞は，胚（と胚外膜成分）を母体免疫の破壊攻撃から守るために複数の戦略（HLA発現の変化，免疫抑制分子の合成，補体調節タンパク質の発現など）を使う．さらに妊娠時の自然免疫には，胎児組織と相互作用して胎盤を完成させるという建設的な役割があることが近年発見された．

## 6.1　はじめに

　妊娠は，母体に対して移植した胎児が生着している奇跡的な現象と捉えられる．正確に言えば，①胎児／胎盤というsemi-allograft（コラム6.1）の，②10か月という妊娠期間限定での，③子宮という臓器での移植成功例である．"免疫"とは，外からの病原体（＝非自己）の侵入を阻止し，時には攻撃して自己を守る機能である．近年の研究により，妊娠と免疫の関係についての従来の仮説（コラム6.2）が誤りであることが明らかになった．本章では，免疫と妊娠（＝以上の3点の特徴をもつ移植）との関係を解説する．なお，免疫学の基礎知識についてはコラムで整理した[6-1]．
　この章は，『ホルモンから見た生命現象と進化シリーズ』の第Ⅶ巻の一部である．本来は，卵生から胎生への進化や胎盤の形態・機能の進化についても触れるべきだが，字数の制限から大幅に割愛した．しかし，遺伝子重複が古生代に2回起こり，真胎生として胎盤形成に必須の遺伝子群が，獲得免疫と同時に共進化することによって，semi-allograftが許容される環境が整っ

たことを記しておきたい．

> **コラム 6.1**
> **移植の種類**
>
> 　自家移植（autograft）とは，自己の組織を自己の他の場所に移植することである．自己（＝レシピエント）以外の組織の移植（他家移植）には，次の3種がある：
> ① 同系移植（isograft）：移植組織のドナーが遺伝的に同一である個体（一卵性双生児や近交系動物）．
> ② 同種移植（allograft）：ドナーがレシピエントと同一種であり遺伝的に異なる個体．
> ③ 異種移植（xenograft）：ドナーがレシピエントと異なる種．

> **コラム 6.2**
> **Medawar 卿による妊娠成功の仮説**
>
> 　母体と胎児・胎盤との同種移植としての関係性を最初に指摘した免疫学者は，英国の Peter Medawar である．彼は1953年に免疫学的拒絶を受けない現象を説明する有名な4つの仮説を提唱した [6-2]：
> ① 子宮内は免疫学的に特異な場所で，拒絶を受けない
> ② 胎児・胎盤の抗原性は，未熟である
> ③ 胎児・胎盤は，解剖学的に母体と分離されている
> ④ 妊娠中，母体の免疫能は低下している
> 　…これら4つの仮説の誤りを，本稿読了後に指摘してみていただきたい．

## 6.2　胎児は，母からみれば半分他人である

　児は母方からと父方からの遺伝子（アレル）ペアーを1組もつ．すなわち，胎児は母からみれば，半分のみが自己と同一であり，他の半分は夫由来の非

自己である．移植学的な妊娠成立の「謎解き」をするとき，誰もがその「鍵」は母と児の間の胎盤にあると考えるのではないだろうか．胎盤は児と同じ遺伝子セットをもつが，胎盤の表現型が母方のみであれば，胎盤は母からの攻撃をうけない‥と仮説をたてることができる．しかし実際には，胎盤ではエピゲノムの機構により，特定の母方アレルが不活化されており（コラム6.3），免疫という観点からはむしろ不利なようである．胎盤では，胎児を拒絶しようとする母に対して胎児の生存を優先させるために父方遺伝子が（自ら）働いている．遺伝子の継承には，母の生命を危うくする妊娠・分娩が必須である．<u>個体（＝母体）の生存</u>と<u>遺伝子の継承</u>との戦いの舞台が妊娠だと言える．また，妊娠に合併する疾患は，その病態が妊娠の正常な維持機構の破綻(はたん)に関連しており，免疫の面から多くの示唆を与えてくれる．本章では，①妊娠中の母体での免疫変化，②胎盤の抗原発現の特殊性，③子宮という局所での免疫変化，の順に解説する．

---

**コラム 6.3**
## 絨毛がんと奇形腫

　ヒトは母方と父方からのアレルのペアーを1組もつことが原則で，母方か父方かの一方の二倍体（uniparental diploidy）であったなら，正常な発生は望めない．実際，雄核発生では胎盤のみの胞状奇胎や絨毛がんに，雌核発生では胎盤成分のない胎児成分からなる奇形腫になってしまう．これらは，胎盤において特定の母方および父方アレルが不活化されていることに起因する．

---

## 6.3　母体免疫系の変化

　妊婦の免疫系（コラム 6.4）では活性化と抑制化の両方向の変化が認められる．しかし，少なくとも全身では一般的な免疫応答の<u>抑制はない</u>．すなわち，母体は全身の免疫反応性を抑制してまで胎児を受け入れようとはしない．むしろ，妊婦の循環免疫細胞は非妊婦のものよりも<u>高いサイトカイン産生能力</u>

## コラム 6.4
## a. 免疫系の分類，b. ヘルパーT細胞とキラーT細胞

　a.「免疫」とは，疫（病気）を免（まぬか）れる現象である．なお，Immunity の語源は，"im-munitas" で税や役（munitas）を免れる，との意味である．免疫の主力は，初回攻撃を記憶して次回の襲来に備えて敵を特化した（antigen-specific な）システム（**適応免疫**：adaptive immunity）である．しかし，初回遭遇の場合でも広く浅く外敵を防ぐ non-specific で速やかなシステム（**自然免疫**：innate immunity）も必要である．さらに適応免疫には **cytotoxic**（攻撃重点）なものだけでなく，これを抑制する regulatory な機構も存在する．免疫はまた，**液性免疫**と**細胞性免疫**に分類することができる．前者ではB細胞のつくる抗体が抗原排除に活躍し，後者ではキラーT細胞やマクロファージ（Macrophages：**Mφ**）などが抗原を傷害・貪食する．どちらの経路もその活性化にはヘルパーT細胞が関与する．

　b. ヘルパーT細胞とキラーT細胞

　T細胞は，胸腺（Thymus）で成熟することから，その頭文字をとって名づけられた．T細胞の代表には，細胞膜上の抗原として CD4 をもつヘルパーT細胞（helper T cell：**Th細胞**）と，CD8 をもつキラーT細胞（cytotoxic T cell：**Tc細胞**）がある．Tc細胞は，感染細胞を破壊しこれを殺す機能をもつが，この活性化には Th細胞からのサイトカインが必須である．感染が起こると，Mφ・樹状細胞などの抗原提示細胞（Antigen-presenting cell：**APC**）がウイルスなど外来因子を貪食してその断片を抗原として提示することによって，「異変」を知らせる．それを受けた Th細胞は，種々のサイトカイン（白血球などの細胞から放出される細胞活性化物質；インターフェロン [IFN] やインターロイキン [IL] の総称）を分泌する．IL4,5,6,10,13 はB細胞の抗体産生，IFN-γ は Mφ の貪食，IL2 は Tc細胞の破壊力を亢進させる．

をもっている．自然免疫は妊娠しても変わらず機能して，感染に対して母体と胎児を防御する．さらに，自然免疫は胎盤完成と妊娠継続の促進のために胎児組織と相互作用している．免疫が外からの病原体（＝非自己）を攻撃するためには自他の認識機構が精密であることが前提となるが，この認識に必

## コラム 6.5
## HLA クラス I と HLA クラス II

　クラス I 抗原は白血球のみでなく全身組織の細胞表面で発現しており，自己・非自己の確認用に使われている．クラス I 抗原の認識は T 細胞に特異的な受容体（T cell receptor：**TCR**）を介して行われる．クラス I 抗原と TCR との結合にあたっては，CD8（Tc 細胞のマーカー）が結合を介助する機能をもつ．Tc 細胞は非自己の抗原をもつ細胞と結合した場合はそれを破壊する．しかしこの破壊力が実行性をもつためには Th 細胞からのサイトカインによるサポートが必須である（コラム 6.4b 参照）．APC が外来因子を貪食してその断片を HLA クラス II 抗原の先に提示し，これが Th 細胞の TCR に結合すると，Th 細胞のサイトカイン産生が活性化する．Th 細胞のマーカーでもある CD4 はクラス II との結合を補強するのみでなく情報伝達を増強する．なお，APC には **Mφ** だけでなく，樹状細胞（Dendric Cell：**DC**）や B 細胞がある（これらの血液細胞の分類と分化については**表 6.1** を参照）．

表 6.1　骨髄系細胞群

| | | | | |
|---|---|---|---|---|
| 多機能性造血幹細胞 | 赤芽球系共通前駆細胞 | 赤芽球 | | 赤血球 |
| | | 巨核球 | | 血小板 |
| | 骨髄球系共通前駆細胞 | 未知の前駆細胞 | | マスト細胞 |
| | | | 単球 | マクロファージ（Mφ） |
| | | | | 樹状細胞（DC） |
| | | 顆粒球共通前駆細胞 | | 好塩基球 |
| | | | | 好酸球 |
| | | | | 好中球 |
| | リンパ球系共通前駆細胞 | NK/T 細胞共通前駆細胞 | | NK 細胞 |
| | | | T 細胞 | エフェクター T 細胞 |
| | | B 細胞 | | 形質細胞 |

注：最右の末梢血液細胞は，最左の幹細胞から順次分化したものである．

要なのが個体のほとんどの細胞表面にある **MHC**（主要組織適合遺伝子複合体：major histocompatibility complex）である．なお，MHC はヒトでは **HLA**（ヒト白血球抗原：human leucocyte antigen）とよばれる．HLA は 3 つのクラス（Ⅰ～Ⅲ）に分類されるが，とくにⅠとⅡが実際に抗原として機能している（コラム 6.5）．クラスⅠ抗原は組織の細胞表面で発現している．臓器移植で拒絶が起きる場合，クラスⅠ抗原が免疫のターゲットになっている（ちなみに，クラスⅠ抗原は赤血球表面にはないため，輸血では血液型だけが問題になる）．一方，自己の細胞を免疫システムが攻撃しない現象を免疫寛容という（コラム 6.6）．上述のように妊娠は胎児・胎盤という非自己に対しても寛容である稀な例である[6-3～6-5]．

---

### コラム 6.6
### 免疫寛容

　自己への免疫寛容のメカニズムでは，未熟免疫担当細胞（TとB）の成長初期段階で形成される．T 細胞を例にとれば，まず胸腺において抗原に結合する部位（＝TCR）に無数のバリエーションをもつ T 細胞クローンがランダムにつくり出される．次に，自己の MHC クラスⅠ分子に反応するクローンに対して負の選択が行われる．すなわち，自己抗原に反応するクローンはアポトーシスによって除去される．その胸腺では AIRE（自己免疫制御因子：autoimmune regulator）により本来特定の組織以外では発現しないはずの分子も発現するようになっており，臓器特異的な抗原をもつ細胞を非自己と認識して攻撃することのないように教育されている．

---

　母体の応答に着目してみよう．たとえばリポ多糖（LPS）に反応する単球由来の IL-12 は妊娠によって増加する．免疫抑制が起こるというより，むしろ外来微生物の脅威に対して母体応答は増強されているようだ．栄養膜（trophoblast）細胞は補体調節タンパク質［**CD46**（membrane cofactor protein：MCP），CD55（decay accelerating factor：**DAF**），CD59（membrane inhibitor of reactive lysis：MIRL）］を強く発現する．これらは，補体活性化によるオプソニン化・細胞破壊をブロックする．母親は，常に父由来 HLA や胎盤特異的抗原（胎盤型アルカリホスファターゼなど）に対する抗体を高力価で生産しているが，この抗体の作用は栄養膜由来の CD46 や DAF によって阻止される．これらの補体調節タンパク質の作用をブロックすると補体沈着・胎盤剥離・胎児死亡などが発症することが，マウスの実験で示されている[6-6, 6-7]．

　経産婦は，父方の HLA に対する抗血清の優れた供給源となる．かつて HLA の型判定はこれらの血清を用いて命名されていた（現在は DNA 解析が主流となった）．しかし，父方の HLA を認識する母体 B リンパ球の一部は，妊娠中に排除される．さらに父系 HLA に特異的な T リンパ球は特定できない．トランスジェニックマウスにおける結果では，父系 MHC クラス I 抗原を認識する母体 T 細胞が妊娠により選択的に抑制されることが示唆されている．このような免疫抑制による免疫寛容の一方で，いわば寛容そのものの重要なメディエーターである調節性 T 細胞（Treg）が正常妊娠で増加することの意義は大きい．これらの Treg は，妊娠の維持に有効な IL-10 を産生

---

**コラム 6.7**
**Th1/Th2 バランス**

　Th1 細胞は，Th 細胞のうち，IFN-γ や IL-12 など（Th1 サイトカインと称する）の刺激を受けてナイーブ T 細胞（抗原との接触経歴をもたない T 細胞）から分化・誘導され，IFN-γ 産生能を獲得する．同様に Th2 細胞もナイーブ T 細胞から IL-4 や IL-13 など（Th2 サイトカインと称する）の刺激を受け分化する．Th2 サイトカインは，（B 細胞から分化した）形質細胞による抗体産生亢進や好酸球などの細胞活性化でアレルギー性疾患の発症に関与している．なお，Th1 細胞と Th2 細胞はお互いにサイトカインを放出して他方を抑制しあっており，この平衡関係を Th1/Th2 バランスと称し，このバランスがどちらかに傾くことによりそれぞれに特有の疾患が生じると考えられている．

する．動物実験において IL-10 を遮断すると流産が増加する．さらに B 細胞でも，IL-10 を産生する CD19$^+$CD24$^{hi}$CD27$^+$調節性細胞が正常妊娠時に増加して，母体の T 細胞による胎児拒絶を抑制している[6-8～6-11]．

プロゲステロン（P4）は，妊娠維持の主ホルモンであり，着床期間では卵巣黄体において産生・分泌されるが，妊娠が進めばすべて胎盤で産生される．高濃度の P4 は母体の免疫応答を抑制し，Th1/Th2 バランス（コラム6.7）を変化させ，たとえば Macrophage（Mφ）の TNF-α の産生を阻害する．端的に言えば，母体・胎児の境でのサイトカインおよびケモカインの発現のバランスが脱落膜内の免疫細胞のスペクトラムを制御している（後述）[6-12, 6-13]．

## 6.4　胎児を守る防護壁としての胎盤

妊娠は胎児・胎盤という非自己に対して免疫寛容である稀な例である．これを可能にしている胎盤（＝母児間接点）での機構には，大きく分けて Tc 細胞対策と NK 細胞対策がある．まず，父由来の MHC クラス I 分子は母にとっては非自己で，母体 Tc 細胞の攻撃の標的となる．栄養膜細胞(コラム6.8)では，HLA class I 分子の発現が厳しく制御されている．HLA-A や HLA-B は古典的な HLA クラス I 分子（＝クラス I a）で，移植片拒絶のターゲットとなる刺激物質であるが，脱落膜に侵入する絨毛外栄養膜では，発現していない．その意味では，母体内で自己の「名札」をもたない細胞（＝胎盤の細胞）が 10 か月限定で存在することになる．一方，体内を巡回して不審細胞を処理する NK 細胞は，自然免疫の主役であり，HLA クラス I 分子をもたない細胞を攻撃する．そこで，胎盤はその表面に，人類共通の MHC で非古典的なクラス Ib 分子の HLA-E，HLA-F，HLA-G を発現させて，その標的とならないようにしている．このクラス Ib 抗原をコードする遺伝子は，HLA-A などと比較して，アレル数が少なく多型性は乏しい．HLA-G は，子宮内の NK 細胞や Mφ 上の白血球阻害受容体（leukocyte inhibitory receptors：**LIRs**）や Tc 細胞上の TCR に作用して免疫応答を減衰させ，キラー機能を弱めている[6-4, 6-5]．

## コラム 6.8
## 栄養膜（trophoblast）細胞

受精卵の胚盤胞（blastocyst）の内部細胞塊（inner cell mass；embryoblast）から胎児が，最外層の栄養膜（trophoblast）から胎盤（placenta）が形成され（図 6.1A），胎児は羊水に浮遊して，臍帯・胎盤を介して母体とつながっている（図 6.1B）．胎盤付着部以外で羊水は子宮壁と 3 枚の膜を隔てられている：羊膜（amnion）絨毛膜（chorion），脱落膜（decidua）．栄養膜細胞（trophoblast cell）の増殖・分化により胎盤の主成分である絨毛膜が形成される（図 6.2）．栄養膜細胞は分化により，3 種類に分類される：
① 絨毛内細胞性栄養膜細胞（villous cytotrophoblast cell）；絨毛の内側にある細胞性栄養膜の細胞で，ひとまず静止状態で今後以下の②や③になる細胞．
② 合胞体栄養膜細胞（syncytiotrophoblast cell）；絨毛の最外側の syncytiotrophoblast の細胞で，内側にある①が融合して合体した細胞境界がない細胞．
③ 絨毛外細胞性栄養膜細胞（extravillous cytotrophoblast cell）；絨毛から脱落膜へ①が増殖しながら侵入したもので，最終的に絨毛膜を形成するか（絨毛膜細胞性栄養膜細胞：chorion membrane cytotrophoblast），融合して②となるか，脱落膜のらせん動脈に侵入して血管内皮細胞に置きかわりとどまる（血管内皮栄養膜細胞；endovascular trophoblast）．

本章では，これらの細胞をまとめて「栄養膜（trophoblast）細胞」と呼ぶが，特定したい場合は上記の記述に従う．なお，母体血に接触しないのは①のみである．

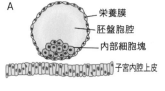

図 6.1　胚盤胞からの分化
A：胚盤胞で子宮内膜に着床する．
B：胚盤胞は子宮に着床して胎盤の完成へと成長する．

## 6.4 胎児を守る防護壁としての胎盤

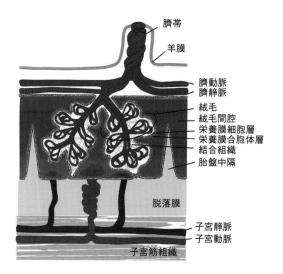

**図 6.2 胎盤の模式図**
完成された胎盤は，上下逆さにしたパラソルにたとえられる；傘の柄の部分に通っている臍帯血管が，傘の骨のように胎盤のなかで分枝していく．胎盤は傘のカバーと異なり厚く，その内部で臍帯血管は，細かく枝分かれして無数の毛細管領域を形成している．この毛細管を包んだ細かい絨毛が，パラソル外側の表面に無数に垂れている．このパラソルが，脱落膜で内面が覆われた絨毛膜間腔という風呂桶に浸かっている状態が，胎盤の状態にたとえられる．この風呂桶の底では，子宮らせん動脈から動脈血が直接噴出しており，この絨毛膜間腔の母体血と（絨毛内の毛細管を流れる）胎児血との間で物質交換が行われる；絨毛膜間腔の血液は，側面の子宮静脈からドレナージされている．脱落膜は母体の子宮内膜が妊娠で分化した組織である．（口絵Ⅶ-6 章と同じ）

さらに細胞膜上に固定されない可溶性 HLA-G アイソフォームは，Fas/FasL（リガンド）経路を介して活性化 T 細胞をアポトーシスさせる．また APC は，膜結合型 HLA-G を発現し，この経路を介して T 細胞の同種刺激による増殖を抑制する．可溶性 HLA-G は現在 HLA-G5 と呼ばれ，初めに母体血清中で同定されたが，妊娠のみならず心臓移植などにおいて好都合な免疫

抑制を生じている．絨毛外に侵入する栄養膜に加えて，母体の血液にさらされる胎盤絨毛の最外側層を形成する合胞体栄養膜（syncytiotrophoblast）は，HLA クラス Ia の mRNA（HLA-A や -B）および膜結合タンパク質を欠いており，そのかわりに HLA クラス Ib 抗原（HLA-E，HLA-F，HLA-G）と HLA-G5 mRNA を発現している[6-14]．

父系由来の外来 HLA クラスⅡである HLA-D 領域の分子をコードする遺伝子は，すべての栄養膜系細胞において抑制されている．これは，クラスⅡ遺伝子の転写に必須なクラスⅡトランスアクチベーター（classⅡtransactivator：CIITA）が，恒常的な発現経路においても，IFN-γ誘導性経路においても，サイレンシングされているためである[6-7]．

## 6.5　局所免疫調整因子を産生する胎盤

栄養膜は，上述の抗原性の変化のみでなく，免疫調整物質の産生により active に働いている．B7 ファミリーのメンバーはリンパ球刺激と抑制の両方に関与する分子であるが，これらはヒト胎盤における栄養膜上に発現している．とくにリンパ球抑制特性を有する B7H1 タンパク質は，合胞体栄養膜で発現されており，ちょうど母体血液を循環するリンパ球の活性化を妨害する最良の位置（＝絨毛間腔）に配置されている．同様に栄養膜は，トリプトファン（tryptophan）の異化を促進して枯渇させるインドールアミン 2,3-ジオキシゲナーゼ（indoleamine 2,3-dioxygenase：IDO）を産生する．これにより，トリプトファンが必須である T 細胞を不活性化すると信じられている[6-15]．

腫瘍壊死因子（tumor necrosis factor：TNF）スーパーファミリーは，Tc 細胞のアポトーシスを誘導する．TNF-α，FasL，TNF 関連アポトーシス誘導リガンド（TNF-related apoptosis-inducing ligand：TRAIL）は，ヒト胎盤に存在することが知られている．さらに B 細胞活性化因子（B cell activating factor：BAFF）は，母体の抗体産生を刺激することにより妊娠宿主防御の役を担っていると考えられている．既述した FasL については，栄養膜細胞が活性 FasL を分泌しており，眼や精巣などの他の臓器と同様に，白血球上の FAS 受容体を介して免疫細胞の攻撃を阻止している[6-16]．

母体の免疫抑制分子に関して，ヒト胎盤はプロスタグランジン $E_2$ や，IL-10，IL-4 などの抗炎症性サイトカインを産生する．P4 は，リンパ球で作用するのと同じように，胎児細胞でもこれらの抗炎症性サイトカインを産生し，IL-10 は HLA-G の産生を刺激する．胸腺ストローマ・リンフォポイエチン（thymic stromal lymphopoietin：TSLP）も栄養膜細胞によって分泌され，脱落膜の樹状細胞（decidual dendritic cells：dDC）を刺激して，IL-10 およびケモカインリガンド 17 を生成させる．これらの活性化 dDC は，脱落膜 T 細胞の Th2 分化を誘導する（後述）が，TSLP が低いと流産する[6-17]．

## 6.6 妊娠子宮内での免疫細胞集団の変化

妊娠により子宮内の白血球分画の割合は劇的に変化する．まず子宮内膜の NK 細胞は子宮 NK 細胞から脱落膜（d）NK 細胞（$CD56^{bright} CD16^-$）にシフトする．妊娠によって dNK 細胞，Mφ，DC が，それぞれ約 70，20，2% の構成率に，また子宮 T 細胞のうちの regulatory 細胞が占める割合は 10% から 20% に増加する．dNK 細胞は栄養膜の接着や浸潤，脱落膜と胎盤の血管新生，子宮の血管再構築において重要な役割を果たしている．妊娠中期までの dMφ は HLA クラス II 抗原を発現せず APC（コラム 6.4 参照）の機能を果たせない．dMφ は妊婦での子宮感染予防効果のみならず，栄養膜とのクロストークによる正常な胎盤形成を促進する．dMφ は，母体・胎児境界面において炎症反応を制限する免疫抑制因子を産生することによって免疫寛容を生じさせるとともに，dDC とともに血管リモデリングなど妊娠に対して建設的な多くの役割を担っている[6-3, 6-4, 6-18～22]．

妊娠子宮にはガンマ・デルタ（γδ）T 細胞およびダブルネガティブ T 細胞（CD4 - / CD8 - ）が存在する．前者は免疫抑制性に母体免疫を誘導しうる．かつては正常妊娠中は Tc 細胞が除去されているか，母胎接点への侵入が阻止されていると考えられていたが，その後の研究により，妊娠の脱落膜内には高度に分化したメモリー Tc 細胞の集団があることが示唆された（しかし，その機能はまだ十分に検討されていない）．さらに，脱落膜に存在し，妊娠中に増加する $CD4^+ CD25^+$ regulatory T 細胞（Treg）は，免疫寛容において

大きな役割を果たしていることが示唆されている．このTregほどではないが，（Th細胞集団のなかでIL-17を産生する）Th17も妊娠によって増加する．Th17は，母胎の感染予防のみでなく，これまでのTh1/Th2バランスの概念に新たなパラダイムシフトを提起しており，今後の研究の発展が待たれる[6-12, 6-23〜6-26]．

## 6章 参考書

Parham, P.（笹月健彦 監訳）（2010）『エッセンシャル免疫学』第2版，メディカルサイエンスインターナショナル．

## 6章 引用文献

6-1) Robertson, S. A. (2010) J. Reprod. Immunol., **85**: 51-57.

6-2) Medawar, P. B., Hunt, R. (1983) "Fetal Antigens and Cancer" Ciba Foundation Symposium 96: p.160-181.

6-3) Leber, A. *et al.* (2010) Am. J. Reprod. Immunol., **63**: 445-459.

6-4) Nagamatsu, T., Schust, D. J. (2010) Am. J. Reprod. Immunol., **63**: 460-471.

6-5) Tilburgs, T. *et al.* (2010) J. Reprod. Immunol., **85**: 58-62.

6-6) Denney, J. M. *et al.* (2011) Cytokine, **53**: 170-177.

6-7) Xu, C. *et al.* (2000) Science, **287**: 498-501.

6-8) Tafuri, A. *et al.* (1995) Science, **270**: 630-633.

6-9) Zenclussen, A. C. *et al.* (2005) Am. J. Pathol., **166**: 811-822.

6-10) Schumacher, A. *et al.* (2007) Obstet. Gynecol., **110**: 1137-1145.

6-11) Rolle, L. *et al.* (2013) Am. J. Reprod. Immunol., **70**: 448-453.

6-12) Szekeres-Bartho, J., Wegmann, T. G. (1996) J. Reprod. Immunol., **31**: 81-95.

6-13) Nancy, P. *et al.* (2012) Science, **336**: 1317-1321.

6-14) Gregori, S. *et al.* (2015) Front. Immunol., **6**: 128.

6-15) Petroff, M. G. *et al.* (2003) Biol. Reprod., **68**: 1496-1504.

6-16) Kshirsagar, S. K. *et al.* (2012) Placenta, **33**: 982-990.

6-17) Guo, P. F. *et al.* (2010) Blood, **116**: 2061-2069.

6-18) Tilburgs, T. *et al.* (2010) Placenta, **31** Suppl: S82-86.

6-19) Aldo, P. B. *et al.* (2014) Am. J. Reprod. Immunol., **72**: 270-284.

6-20) Young, O. M. *et al.* (2015) Am. J. Reprod. Immunol., **73**: 22-35.

6-21) Lash, G. E. *et al.* (2010) Placenta, **31** Suppl: S87-92.

6-22) Collins, M. K. *et al.* (2009) J. Clin. Invest., **119**: 2062-2073.

6-23) Mincheva-Nilsson, L. (2003) Reprod. Biol. Endocrinol., **1**: 120.

6-24) Zenclussen, A. C. (2013) Am. J. Reprod. Immunol., **69**: 291-303.

6-25) Tilburgs, T. *et al.* (2015) Proc. Natl. Acad. Sci. USA, **112**: 7219-7225.

6-26) Saito, S. *et al.* (2010) Am. J. Reprod. Immunol., **63**: 601-610.

# 7. 魚類における妊娠免疫

中村　修

　たとえ親子間であっても，臓器移植は免疫抑制剤を用いなければ成り立たない．自己非自己のマーカーとなる MHC（主要組織適合性遺伝子複合体）分子が一致しないと，拒絶反応が起こるからだ．それではなぜ，妊娠中，胎児は母体内で成長できるのであろうか．これは免疫学にとって大きな謎である．ヒトについては多くの研究から妊娠を可能にする免疫調節機構が次第に明らかになってきた．しかし，哺乳類以外の胎生脊椎動物では，妊娠と免疫系の関係は何もわかっていないに等しい．胎生魚のオキタナゴ（*Neoditrema ransonnetii*）を対象とした筆者らの研究を中心として，魚類における妊娠免疫について明らかになっていることを紹介する．

## 7.1　胎生は動物界に広く分布する

　胎生は体内受精と妊娠を特徴とする繁殖様式である．動物界のなかで胎生を行う動物は少数派ではあるものの，系統的には広く分布している．無脊椎動物ではカイメン，昆虫，貝類，尾索類などに，脊椎動物では鳥類と円口類を除くグループに胎生種が含まれる[7-1]．魚類では軟骨魚類の約半数，および硬骨魚類の約2〜3％が胎生魚である．
　このようにさまざまな分類群に胎生種が散在しているということは，胎生はそれぞれの系統において独立に生じたことを意味する．したがって，それぞれの種において胎生を可能にしたしくみはさまざまであろうと予想されるが，その分子的な基盤について，われわれは限られた知識しかもっていない．

## 7.2　自己 - 非自己認識の進化

　同種個体間の自己 - 非自己認識（allorecognition）は無脊椎動物にも存

在する．よく知られた例としては群体ボヤの拒絶反応がある．イタボヤ類（*Botryllus* 属）などの群体ボヤでは，同種の異なる群体が接触すると，溶血性の拒絶反応が起きる．これはテリトリーをめぐる戦いであると同時に，個体の同一性を保つためのしくみともいえる．ヒドラや群体ボヤなど，一部の動物で allorecognition に関わる遺伝子が同定されているが[7-2]，脊椎動物のMHC とはまったく異なる遺伝子である．

　円口類をのぞく脊椎動物の allorecognition は，T 細胞受容体（TCR）とMHC 分子間の相互作用に基づいている．TCR は T 細胞が膜上に発現する抗原認識分子であり，B 細胞がつくる抗体と同様に高度な多様性と特異性をもつ．MHC 分子にはクラス I とクラス II があり，クラス I 分子は，細胞内で産生されたタンパク質がプロテアソームによって断片化されて生じたペプチドと結合し，膜上に運ぶ．これを細胞傷害性 T 細胞（Tc 細胞）が TCRを介して認識する（図 7.1）．細胞にウイルスが感染した場合は合成された

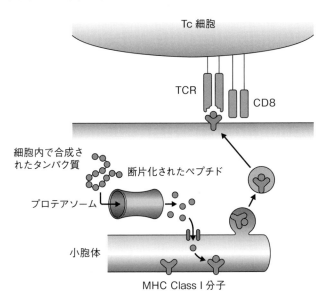

**図 7.1　MHC クラス I 分子と細胞傷害性 T 細胞**
　細胞内で合成されたタンパク質は断片化され，ペプチドは MHC クラス I 分子とともに Tc 細胞に提示される．

ウイルスタンパク質の断片がMHCとともに提示され，それに結合しうるTCRをもったTc細胞が反応し，その細胞を破壊する．自己と異なるMHCが発現されている場合もやはり標的になりうる．*MHC*遺伝子は高度に多型であり，相互優性で，しかもヒトの場合，複数の遺伝子座がある．他個体と*MHC*遺伝子が完全に一致する確率は非常に低いため，父親由来のMHC分子を発現する精子や胎児も標的となりうるのである．

　魚類においても同種他個体に対する移植片拒絶反応が起こることが古くから知られている．中西らはギンブナ（*Carassius auratus langsdorfii*）の異なるクローン間で細胞性免疫を誘導し，哺乳類同様のallorecognition機構の存在することを示した[7-3]．近年，やはり哺乳類と同じくCD8陽性リンパ球がTc細胞であることも明らかにされた[7-4]．したがって胎生魚においても，妊娠を成立させるためには拒絶反応を回避するしくみが必要と考えられる．

## 7.3　胎生魚の多様な繁殖様式

　卵胎生という言葉がある．『岩波生物学辞典（第5版）』では，卵胎生は「新個体は卵でなく幼生の形で産出されるが，母体内にある卵には栄養分としての卵黄が貯えられていて，胚は母体に栄養的に依存することなく，単に卵が母体中で発育・孵化するにすぎない場合」と定義されている．一方，栄養の形態に関わらず，卵ではなく子が生まれてくる場合はすべて胎生と呼ぶという立場があり，母親からの栄養に依存するものを母体依存型（matrotrophy），卵の栄養に依存するものを卵黄依存型（lecithotrophy）と呼んで区別する．もちろんこの両者には厳密な境界があるわけではないが，胎生魚ではたとえばグッピー（*Poecilia reticulata*）は典型的な卵黄依存型である．母体依存型の代表的なものとしてはカダヤシ目グッディア科魚やスズキ目ウミタナゴ科魚をあげることができる．グッディア科はメキシコや北米大陸に分布する小型の淡水魚である．胎仔魚は肛門からtrophotaeniaと呼ばれるリボン状の構造物を露出させている．薄い上皮の下に多数の血管が走っており，卵巣からの分泌物を吸収しやすい構造になっている[7-5]．

　そのほかの母体依存型の様式としては，サメの一部などに原始的な胎盤を

形成するものがある．またホホジロザメなどの一部のサメで，卵巣内で早く孵化した仔魚が残りの卵を食べてしまう例が知られているが，これも母体依存型の一種と見ることができる．

## 7.4　ウミタナゴ科魚の生殖サイクル

ウミタナゴ科はスズキ目ベラ亜目に属し，コイ目コイ科である淡水のタナゴとは類縁関係はない．シクリッド科やスズメダイ科などと近縁であるが，ベラ亜目内にはウミタナゴ科以外胎生種は存在しない．ウミナタゴ科の胎仔魚は，卵黄をおそらくまったくもっていない．卵黄タンパク質前駆体の産生を促すホルモン，エストラジオール17β（E2）が働いていないとされており，筆者の観察でも雌のオキタナゴ（*Neoditrema ransonnetii*）の血中 E2 濃度は妊娠期から次の妊娠開始までの間，まったく上昇しなかった．半年に及ぶ妊娠期間中，胎仔魚は卵巣薄板から分泌される液体（卵巣腔液）を口から飲んで成長する．胎仔魚は腹側に突出する巨大な腸と，長く伸長した不対鰭（背鰭，尾鰭，および尻鰭）が特徴的である（**図 7.2**）．腸は母親由来の栄養物を盛んに吸収しており，不対鰭の方はおそらくガス交換に使われている．このような形態的特徴は，出生時には消失している．

オキタナゴは北海道から九州まで広く分布しており，筆者らが研究を行っている三陸沿岸では初夏から夏にかけて沿岸に寄り付き，防波堤近くで群れ

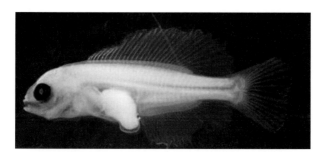

**図 7.2　妊娠 5 か月頃のオキタナゴ胎仔魚**
腹部から突出しているのは卵黄ではなく巨大な腸．
（口絵Ⅶ-7 章と同じ）

7章　魚類における妊娠免疫

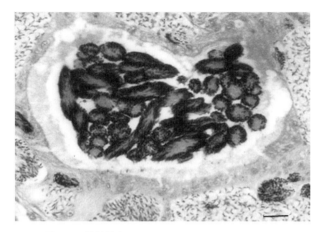

**図 7.3　輸精管内の sperm ball**
10月の雄精巣．ヘマトキシリン－エオシン染色．
スケールバーは 50 μm．

ているのを見ることができる．三陸でのオキタナゴの出産は7月下旬ごろで，体長4〜5 cm の稚魚が，数尾から30尾程度出産される．回復期を経て，9月ごろから交尾行動が見られるようになり，11月頃まで続く．雄は尻鰭にある交尾器を雌に接触させるように，体を傾けながら雌に接近する運動を盛んに行う．この間，雌はおそらく複数の雄と交尾する[7-6]．精子は数百個の精子が接着した sperm ball として送り出され（**図 7.3**），卵巣腔内でこの ball がほどける．精子は卵巣腔内に保持され，その後いっせいに活性化すると考えられている．受精は12〜1月ごろである．それまでの間，精子はどうして生存していられるのか，なにが引き金になって活性化するのか，そのしくみは不明である．

受精は排卵前の濾胞内で起こり，受精後，胚が卵巣腔内へ放出される．他の胎生魚と同じく左右の卵巣は癒合しており，内部は6枚の卵巣薄板によって仕切られている．胚は，この薄板に包まれるようにして成長する．

## 7.5　母親と胎仔魚は免疫学的に接触するか

原始的な胎盤を形成する一部のサメなどを除き，胎生魚では母仔間で直接

## 7.5 母親と胎仔魚は免疫学的に接触するか

組織がつながることはない．では，母親の免疫系の細胞は胎仔魚と遭遇することはないのだろうか．

オキタナゴの卵巣腔液を調べたところ，白血球が多数含まれていた[7-7]．卵巣腔内には受精前から白血球が存在しており，妊娠期間中，卵巣腔液が増加するにつれて細胞数も増加した．各種白血球マーカーに対する抗体がないために正確な分類はできないが，約8割をマクロファージが占めており，この割合は常にほぼ一定であった．ほかに，好中球様の細胞とリンパ球がそれぞれ数パーセントであった．つまり精子や胎仔魚は，母親の白血球に「見つけられている」ことがわかった．

交尾期から妊娠初期にかけては，盛んに精子を貪食するマクロファージ像が観察されることから，卵巣腔内マクロファージの役割の1つは精子の除去であると考えられる（**図7.4**）．また，卵巣腔内は生殖孔を通して外界とつながっているため，微生物の侵入に対して備えていることも予測される．さらに，後述するように，種々のサイトカインなどを分泌することによって卵巣腔内の免疫環境を調整している可能性が考えられる．

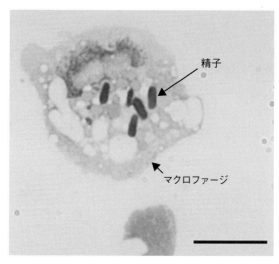

**図7.4 精子を貪食する卵巣腔内マクロファージ**
ギムザ染色．スケールバーは10 μm．

## 7.6 卵巣腔液の働き

上述のように，卵巣腔液中には多数の白血球が存在し，それらは精子や胎仔魚と接触しうる．それにもかかわらず拒絶反応が起きないのは，なんらかの免疫調節機構が存在するからではないか．だとすれば，卵巣腔液には免疫調節因子が含まれているのではないだろうか．

そこで，卵巣腔液が白血球の働きにどのような影響を与えるか，調べてみた[7-8]．まず貪食や活性酸素の発生といった，食細胞の基本的な防御能への影響を見てみると，卵巣腔液には血清と同程度のオプソニン作用があることがわかった．オプソニン作用とは，被貪食物になんらかの物質（たとえば抗体や補体）が付着すると，その物質に対する受容体を食細胞が持っているために貪食が促進される作用である．卵巣腔液には低濃度ながら抗体やレクチンが含まれており，それらがオプソニンとして働いているのであろう．また，食細胞の主要な殺菌因子である活性酸素の産生を測定したところ，卵巣腔液中と雄の血清中で差がなかった．これらのことから，卵巣腔液中でも，食細胞の貪食能と殺菌能は正常に保たれていることがわかった．

一方，卵巣腔液はリンパ球の増殖反応を抑制した．抑制因子の候補として，卵巣腔液中に高濃度で含まれるプロスタグランジン E2（PGE2）に注目した．PGE2 はヒトでは痛みや発熱にも関わる炎症性メディエーターであるが，リンパ球増殖反応や T 細胞活性化などを抑制する作用も知られている．そこでオキタナゴのリンパ球増殖反応への影響を調べたところ，PGE2 の濃度依存的に増殖反応が抑制され．卵巣腔液中の濃度でも抑制されたため，PGE2 が抑制因子の 1 つであることが示された．

妊娠の成立に最も直接的に影響すると思われる細胞傷害活性についてはどうであろうか．標的細胞としてオキタナゴ由来の均一な細胞が望ましいが，オキタナゴの培養細胞株を確立できていなかったため，ニジマス（*Oncorhynchus mykiss*）生殖腺由来の培養細胞 RTG-2 を標的として実験を行った．オキタナゴ白血球を RTG-2 と混合培養すると，RTG-2 細胞は破壊される（図 7.5）．しかし卵巣腔液中では RTG-2 細胞に対する傷害活性は有

意に抑制された[7-9]．ただし，ここでRTG-2細胞への傷害作用を示したのはおそらくTc細胞ではない．前感作なしに異種細胞を傷害するのは，ナチュラルキラー（NK）細胞の性質に近い．魚類のTc細胞以外の傷害性細胞には複数種類あると思われ，この細胞の正体はまだ不明である．この傷害活性はPGE2では阻害されなかったため，PGE2以外の抑制因子の存在が示唆された．

以上の結果から，卵巣腔液は食細胞の機能には影響しないが，リンパ球の増殖やNK様細胞傷害活性は抑制することがわかった．

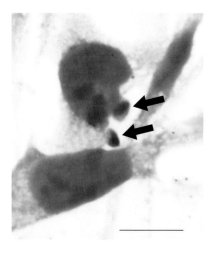

図 7.5 RTG-2を攻撃する白血球
RTG-2に小型のリンパ球様細胞が接着している（矢印）．ギムザ染色．スケールバーは20 μm．

## 7.7 卵巣に分布する白血球

ヒト子宮内膜や胎盤には多数の白血球が存在する．胎盤において最も数が多いのはNK細胞である．Tc細胞がウイルスに感染した自己細胞や非自己細胞を認識するのに対して，NK細胞はMHCを発現していない細胞を標的とする．しかし胎盤におけるNK細胞の役割は，胎盤の増殖や血管新生にあると考えられている[7-10]．

2番目に多い白血球はマクロファージである．マクロファージはPGE2や抑制性サイトカインIL-10の産生を通して，抑制的な環境をつくり出していると考えられている[7-11]．このように，ヒト胎盤の白血球は妊娠の成立と維持に重要な役割を果たしている．

一方，魚類の卵巣に分布する白血球については，胎生，卵生を問わず知見が乏しい．われわれはオキタナゴの卵巣におけるマクロファージの分布を調べた．魚類では厳密にマクロファージのみを識別できるマーカーは知られて

いないため，おもに単球/マクロファージに発現する受容体型チロシンキナーゼであるマクロファージコロニー刺激因子受容体（M-CSFR）の cDNA をクローニングし，その発現を調べた．*in situ* ハイブリダイゼーション法により発現細胞を検出したところ，妊娠期卵巣では薄板上皮下に多数の陽性細胞の分布を認めた．出産約1か月後の卵巣では，同部位には陽性細胞がまったく見えなくなっていた[7-12]．この結果はマクロファージが妊娠の維持に積極的な役割を果たしていることを示唆する．その役割が何であるのかはまだ不明だが，先に述べたように，卵巣腔液には高濃度のPGE2が含まれている．また，抑制性サイトカインであるTGFβが卵巣で発現していることも確認しており（未発表），マクロファージがこれらの供給源である可能性は高い．

## 7.8 母仔間免疫と胎仔魚の免疫機構の発達

哺乳類では，胎盤を通して，あるいは初乳や母乳を経て，母親由来の抗体が胎仔や新生仔に与えられる．

オキタナゴの胎仔魚は出生前から血中に抗体（免疫グロブリン）をもっているが，血中免疫グロブリン濃度は 40〜155 μg/mL と，成魚（3.4〜8.2 mg/mL）よりもはるかに低い．胎仔魚は免疫グロブリンH鎖遺伝子を発現しており，自分自身でも抗体を産生していると思われる．一方，卵巣腔液中には母親由来の免疫グロブリンも存在し，胎仔魚の腸から吸収されている[7-13]．母親由来と胎仔魚由来，どちらの抗体の寄与が大きいかは判然としない．

卵巣腔内は無菌的であり，したがってこれらの抗体は少なくとも健康な状態では生体防御には関わっていないと考えられる．しかし，母親が何らかの病原体に感染していた場合，垂直感染を防ぐ意味はあるかもしれない．出生後，血中免疫グロブリン濃度は2週間以内に約2 mg/mLまで上昇することから，出生時までに胎仔魚は十分な免疫応答能を獲得していると思われる．

## 7.9 結 び

ウミタナゴ科魚が胎生という繁殖様式を獲得したのは，哺乳類が胎生を選んだこととは進化的にまったく独立したイベントである．両者には胎盤の

有無などの大きな違いがある一方で，PGE2の働きや母子境界面へのマクロファージの集積など，妊娠に関わる共通のしくみが存在することがわかった．

しかし筆者らは，ウミタナゴ科胎生魚における妊娠成立のためのしくみの一端を明らかにしたにすぎない．他の胎生魚ではどうなのだろうか．さらに多くの胎生種をもつ軟骨魚の場合はどうなのか，ぜひ知りたいところであるが，残念ながら報告は限られている．サメの場合は，体サイズが大きく，まとまった個体数を飼育するのが難しいことや，繁殖サイクルが長いことなどが障壁となっていると推測されるが，今後の研究の進展を期待したい．

### コラム7.1
### 卵巣腔液には何が入っているのか

ウミタナゴ科やグッディア科の，母親が胎仔魚に与えている分泌液にはどのような成分が含まれているのであろうか．古い報告はいくつかあるのだが，成分が同定された例はあまりない．

オキタナゴでは出産約1か月前，6月から7月にかけて卵巣は急速に大きくなり，卵巣腔液の量も増大する．タンパク質濃度は1mg/mL以下で，血漿の数十分の1程度である．二次元電気泳動で血漿と比較すると，スポットパターンは類似しており，タンパク質の多くは血漿由来であると考えられるが，いくつかの違いもある．とくに顕著な違いは酸性側にある巨大なスポットである(**図7.6**)．このタンパク質nrF-AGPはリポカリンファミリーに属し，

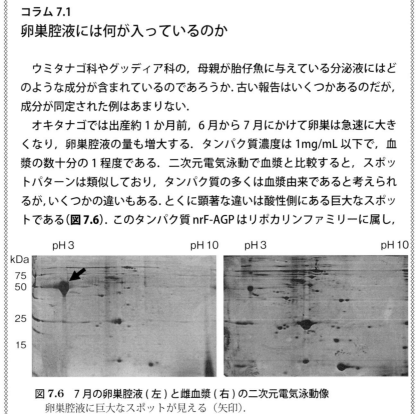

**図7.6** 7月の卵巣腔液(左)と雌血漿(右)の二次元電気泳動像
卵巣腔液に巨大なスポットが見える（矢印）．

哺乳類の酸性糖タンパク質 alpha1-acid glycoprotein（AGP）と，一次構造は似ていないものの，極端に低い等電点（3.0 以下）と高い糖含有量（nrF-AGPでは約 60％）という，リポカリンファミリーの他のメンバーにはない性質を共有している．一方，血中の主要なタンパク質であるアルブミンとアポリポプロテイン A1 は相対的に少ない．nrF-AGP は卵巣では産生されておらず，主要な産生部位は肝臓であるので，nrF-AGP が血中から選択的に卵巣腔内へ輸送されていると考えられる．nrF-AGP は胎仔魚の腸管から吸収され，そのまま血中へ移行する．

リポカリンは一般に疎水性低分子と結合する．哺乳類 AGP は多様なリガンドと結合する性質をもち，また，免疫抑制作用をもつことが知られている．nrF-AGP もおそらく何らかの疎水性物質を輸送していると考えられるが，リガンドはまだ同定されていない．

卵巣腔液中のタンパク質は分解されずに腸の上皮細胞から吸収され，少なくとも一部は血中へ移行する．したがってタンパク質は単に栄養として吸収されているだけでなく，機能をもった分子として利用されている可能性がある．

胎仔魚の腸の絨毛には粘液細胞は見られず，無防備に見える．卵巣腔内は無菌的であり，防御機構は未発達のまま，飲み込んだ物質をひたすら吸収することに特化しているようである．

タンパク質以外の，糖，脂質，アミノ酸などについてはこれからの課題である．

ちなみに 1 滴味見してみたが，まずくはなかった．

## 7 章 参考書

河本 宏（2011）『もっとよくわかる！免疫学』羊土社．

## 7 章 引用文献

7-1) Kalinka, A. T. (2015) Bioessays, **37**: 721-731.

7-2) Nicotra, M. L. *et al.* (2009) Current Biol., **19**: 583-589.

7-3) Hasegawa, S. *et al.* (1998) Fish Shellfish Immunol., **8**: 303-313.

7-4) Somamoto, T. *et al.* (2006) Virology, **348**: 370-377.

7-5) Lombardi, J., Wourms, J. P. (1985) J. Morph., **184**: 293-309.

7-6) Liu, J.-X., Avise, J.-C. (2011) Mar. Biol., **158**: 893-901.

7-7) Tazumi, Y. *et al.* (2004) Zool. Sci., **21**: 739-746.

7-8) Saito, E. *et al.* (2009) Fish Shellfish Immunol., **27**: 549-555.

7-9) Yokozawa, N. *et al.* (2015) J. Fish Biol., **86**: 139-147.

7-10) Moffett, A., Colucci, F. (2014) J. Clin. Invest., **124**: 1872-1879.

7-11) Nagamatsu, T., Schust, D. J. (2010) Am. J. Reprod. Immunol., **63**: 460-471.

7-12) Ueda, K. *et al.* (2016) Fish Shellfish Immunol., **50**: 223-230.

7-13) Nakamura, O. *et al.* (2006) Dev. Comp. Immunol., **30**: 493-502.

# 第2部　個としての攻防

　第2部では，生物が「個」対「個」として他者と対峙するときの，身を守る術について考える．視覚で獲物を認識する捕食者に対しては，身を守るために外見を利用することができる．別の生物になりすましたり，あざやかなパターンで警戒心を煽(あお)るような巧妙な擬態はとくに昆虫に多く見られる．また，哺乳類や鳥類は環境に溶け込むように毛色，羽色を変えることができる．魚類は体表の色素胞の働きによって，迅速に体色を変えることができる．以上のように，環境に体色のパターンや色合いを合わせるさまざまなしくみがある．その調節にはホルモンが深く関わる．内分泌だけでなく，外分泌も身を守る手段となる．体表の粘液中にはレクチンや生体防御ペプチドなど，さまざまな防御因子が存在する．これらの，他者を認識して相互作用する分子はどのようにして進化したのだろうか．同じ疑問は攻撃する側の使う分子についてもいえる．この部の締めくくりとして，多様な生理活性物質をもつ蛇毒を最後に紹介する．

# 8. 昆虫の擬態
## ―擬態進化の解明に向けて―

新美輝幸

　種数の多さで他の生物群を圧倒する昆虫には，多彩な擬態現象が観察される．ヒトは視覚が発達した生物であるが，われわれにも識別困難な洗練された擬態をする昆虫が数多く存在する．本章では昆虫のユニークな擬態現象を紹介し，擬態進化の謎を解き明かす糸口となる擬態斑紋形成の分子メカニズムに関する最新の研究について解説する．

## 8.1 擬態とは

**擬態**は騙しのシグナルを介した生物間相互作用により成立し，その背景には食う・食われるの関係が存在する．捕食者は騙される側であり，被食者が騙す側であることが多いが，その逆の場合もある．擬態にはさまざまなタイプがあるが，目立たないことによる擬態（**隠蔽的擬態**）と目立つことによる擬態（**標識的擬態**）に大別される．隠蔽的擬態は，背景に溶け込むことにより捕食者に見つからないようにして捕食を回避する戦略である．これとは逆

**図 8.1　警告色をもつ昆虫の例**
キイロスズメバチ（左），オオゴマダラの幼虫（中），ヒロヘリアオイラガの幼虫（右）．
（引用文献 8-22 より許諾を得て転載）

に，標識的擬態は派手な目立つ模様をもつことにより捕食を回避する．目立つのになぜ捕食を回避できるのか？　危険であったり，毒をもったり，味がまずかったりする生物は，そのような特徴をもつことを捕食者にアピールするため，目立つ色彩パターンからなる**警告色**を有している（図 8.1）．この警告色を利用したのが標識的擬態である．なお標識的擬態には，ベーツ型擬態とミュラー型擬態の 2 つのタイプがあるが，その詳細については後述する．

## 8.2　さまざまな擬態の事例

本節では代表的な擬態のタイプとして，隠蔽的擬態，標識的擬態，攻撃型擬態について述べる．驚異的な擬態の世界を堪能していただきたい．

### 8.2.1　隠蔽的擬態

自然の背景に溶け込む隠蔽的擬態のモデルとなるのは樹皮，枝，葉，枯れ葉などで，自然界にはありふれたものである（図 8.2）．このような擬態者を自然のなかで見つけることは，われわれヒトにとっても困難である．隠蔽的擬態をもたらした進化の分子基盤はまったく不明だ．

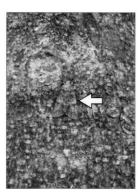

**図 8.2　隠蔽的擬態の例**
ナシケンモン（左），コノハムシ（中），コノハチョウ（右）．
（写真左と中は，引用文献 8-23 より許諾を得て転載．すべての写真は，引用文献 8-22 より許諾を得て転載）

隠蔽的擬態では，状況に応じて姿形を変える強者がいる．植物の芽の成長に合わせて幼虫の齢ごとに姿を変えるカギシロスジアオシャク（*Geometra dieckmanni*）や，幼虫の食性により姿を変えるシャクガの一種（*Nemoria arizonaria*）はその好例だ．前者の場合，幼虫の齢ごとに変化することから，脱皮変態を制御するホルモンが関与することは想像に難くないが，まったく研究されていないのは残念だ．後者については報告があり，孵化幼虫の形態は同じであっても，その後幼虫が摂食するエサに含まれる「鍵物質」に依存して幼虫の形態が変化することが明らかにされた[8-1]．この鍵物質は植物の二次代謝物である**タンニン**であった．春に孵化した幼虫は花房（タンニン含量が低い）を摂食し，花房にそっくりな形態となる．一方，夏に孵化した幼虫は葉（タンニン含量が高い）を食べて育ち，枝に擬態した形態となる．しかしながら，タンニンの摂取がどのように形態的差異を生みだすのかについては未だ不明である．

身近な昆虫では，ナミアゲハ（*Papilio xuthus*）の幼虫も齢によって姿を変える．ナミアゲハの幼虫は若齢期（1～4齢）では鳥の糞に擬態し，終齢（5齢）幼虫では葉に紛れるための緑色の保護色となる[8-2, 8-3]．

### 8.2.2　ベーツ型擬態

標識的擬態の1つである**ベーツ型擬態**は，この現象の発見者であるベーツ（Henry Walter Bates）にちなんで命名された用語である．この擬態は，無害な生物が警告色をもつ有害な生物に姿形を似せることにより成立する．鳥などの捕食者は，捕食を試みた生物が有害であることを経験によって，初めて認識する．警告色という派手な色彩パターンにより，有害生物に対する学習の成立が容易になること，およびその忌避効果の持続性が高まることが知られている．

ベーツ型擬態のモデルには，有害な生物が対象となる（図8.3）．その典型がハチやアリである．ハチには毒針があり，アリは蟻酸をもち攻撃的であるからだ．面白いことに，まったく系統の異なる分類群の昆虫がハチやアリに擬態する例が多数知られている．小型なアリへの擬態が有効なのは，小さ

**図 8.3 ベーツ型擬態の例**
(A) ヒメアトスカシバ，(B) クロオオアリ，(C) アリグモの一種，
(D) アフリカメダマカマキリの成虫と孵化幼虫（右上）

な幼虫期に限定される場合が多い（図 8.3D）．また，擬態をより完璧にするため，行動までアリに似せているのは，擬態の妙である．

　チョウのなかには，幼虫期に毒をもった植物を摂食することにより体に毒を蓄え，捕食を回避する種がいることが知られている．身近なチョウでは，無害なツマグロヒョウモン（*Argyreus hyperbius*）が味の悪いカバマダラ（*Danaus chrysippus*）やスジグロカバマダラ（*Danaus genutia*）に擬態していると考えられている（図 8.4）．興味深いことにツマグロヒョウモンの擬態は雌に限定される．さらに，アフリカに生息するオスジロアゲハ（*Papilio dardanus*）も擬態するのは雌だけで，モデルとなる複数のチョウに擬態した多型が存在する．この雌特異的な擬態型の少なくとも 11 種類は，たった 1 つの遺伝子座の複対立遺伝子（1 つの遺伝子座あたり 3 種類以上存在するよ

# 8章 昆虫の擬態

**図 8.4 チョウのベーツ型擬態とミュラー型擬態の例**
味のまずいモデルのカバマダラ（左）とスジグロカバマダラ（中）に擬態する雌のツマグロヒョウモン（右下）．カバマダラとスジグロカバマダラはミュラー型擬態の関係にある．上段は雄，下段は雌．（写真提供：伊藤彰紀氏）（引用文献 8-22 より許諾を得て転載）

うな対立遺伝子）によって創出されることが明らかにされた[8-4]．

### 8.2.3 ミュラー型擬態

**ミュラー型擬態**には，有害な生物同士が種を越えて互いに似ることにより，互いに捕食率を低下させる効果がある．この用語も発見者ミュラー（Fritz Müller）にちなんだものである．ミュラー型擬態は，ベーツ型に比べ理解し難いかもしれない．この擬態も鳥などの捕食者による学習に依存する．つまり，鳥が未経験の被食者に遭遇した場合，この被食者は有害であっても犠牲を払うことになる．したがって，他種であっても有害なもの同士互いに似ていれば，それぞれの種が払う犠牲を減らすことができるのである．

ミュラー型擬態の典型的な例が，中南米に生息するヘリコニウス属（*Heliconius*）のドクチョウである（**図 8.5**）．このドクチョウのなかで最も

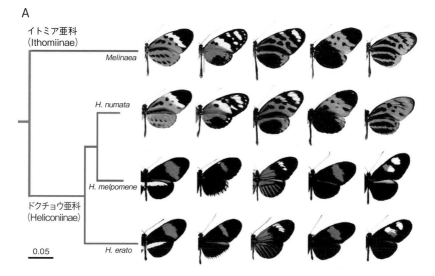
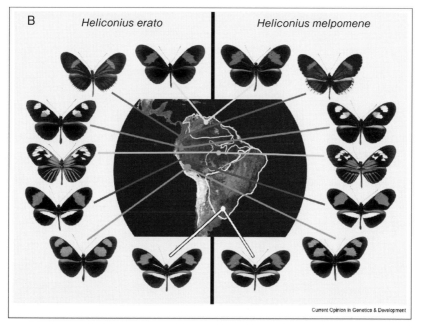

**図 8.5　ドクチョウのミュラー型擬態の例**
（A）擬態関係にある種間では系統的に遠縁であっても斑紋は類似する．
（B）種は異なっても地域ごとに斑紋は類似する．（Aは，引用文献 8-5 より許諾を得て転載．Bは，引用文献 8-6 より許諾を得て転載）

よく研究されているのが *H. erato* と *H. melpomene* である[8-5～8-7]．この2種は近縁ではないが，生息する地域ごとに異なる斑紋型がそれぞれ25以上もあり，各地域で互いに似た斑紋をもつことが知られている．

### 8.2.4 攻撃型擬態（ペッカム型擬態）

本項目では，これまでに紹介した擬態とは逆に捕食者が被食者を攻撃するために欺く**攻撃型擬態**について述べる．捕食性昆虫であるカマキリは，エサがやってくるのを待ち伏せて捕食する．その際，被食者に見つかることがなければ，より捕食効率が高まるであろう．したがって，カマキリでは体色が背景に溶け込むような，緑色の葉や草，枯葉などに擬態する場合が多く見られる．さらに巧妙なのは，ハナカマキリ（*Hymenopus coronatus*）である．ハナカマキリはランの花に擬態している．これは，捕食者に見つからないようにしているのではなく，エサの昆虫が花と間違えてやってくるのを待ち伏せしているのである．

## 8.3 擬態斑紋をもたらす分子メカニズム

擬態の進化メカニズムは，これまで謎に包まれてきた．隠蔽的擬態では，体全体を保護色にするため，体全体を統御するホルモンによって色彩パターンの発現が制御される場合が考えられる．一方，標識的擬態の根本的な問題は，系統的に遠い関係にあるにも関わらず，類似した**擬態斑紋**をいかに獲得したのかという点にある．類似した擬態斑紋は，異なる系統においてまったく独立に同じメカニズムが獲得されたのであろうか？　あるいは，異なるメカニズムがそれぞれ独立に獲得されても類似した擬態斑紋を作ることができるのであろうか？　この問題に答えるためには，まず擬態関係にある系統において擬態斑紋の形成メカニズムをそれぞれ解明することが必要となろう．本節では，擬態斑紋形成の分子メカニズムに関する最新の知見について紹介する．

## 8.3 擬態斑紋をもたらす分子メカニズム

### 8.3.1 ホルモンによる擬態斑紋の調節

擬態斑紋は遺伝的に決定されることが多いが，脱皮にともない体全体の斑紋を協調して変化させる場合にはホルモンの関与が考えられる．ここでは，ナミアゲハ（*Papilio xuthus*）に関して幼虫体色の切り替えと環境応答性の蛹の体色に関する研究について解説する[8-2, 8-3]．

ナミアゲハの幼虫期の鳥糞様の斑紋から，まったく異なる緑色の保護色への切り替えメカニズムは，内分泌学的に大変興味深い．昆虫の脱皮変態は幼若ホルモン（JH）と脱皮ホルモン（20-ヒドロキシエクジソン：20E）によって制御される．幼虫から幼虫への脱皮と蛹への脱皮の違いは 20E が作用する時の JH 濃度によって決定され，高濃度では幼虫へ，低濃度では蛹へと脱皮する．ところが，ナミアゲハの幼虫体色の切り替えは，4 齢幼虫から 5 齢幼虫への脱皮の際に生じるのである．これまでの内分泌学の常識では理解しがたい現象であるが，ナミアゲハでは 4 齢幼虫期に JH 濃度が徐々に低下することが明らかにされた[8-8]．つまり，1 齢から 3 齢までの脱皮時の JH 濃度は高いため糞模様になるが，4 齢から 5 齢への脱皮時は JH 濃度が低下したため緑色になるのである．

ナミアゲハの蛹体色には緑色，褐色，中間色などの色彩多型があり，隠蔽的な役割を担っている．この色彩多型は，蛹化直前の幼虫が受ける環境要因によって決定される．その主因は蛹化場所表面のざらつき具合であるが，蛹化場所の枝の太さ，食草の匂い，湿度，光なども影響する[8-9]．神経内分泌学的研究により，非休眠蛹（夏の時期の蛹）の体色の褐色化は，脳で合成され，前蛹後期に前胸神経節から分泌される蛹表皮褐色化ホルモンによって調節されることが明らかにされた[8-10]．このホルモンの構造決定により，環境応答性の色彩多型が創出されるメカニズムの理解が進むことが期待される．

### 8.3.2 チョウの擬態斑紋遺伝子の同定

ミュラー型擬態についてよく研究されているドクチョウの擬態斑紋の発現機構を解明するため，遺伝学的な解析が行われてきた．その結果，擬態斑紋を担う主要な遺伝子座は複数存在し，これらの遺伝子座は種が異なっても同

様のゲノム領域に位置することが明らかにされた[8-7]．

　タテハチョウ科ヘリコニウス属のドクチョウの擬態斑紋のなかで，赤色領域を担う遺伝子座の原因遺伝子として *optix* が初めて同定された[8-11]．*optix* mRNA の発現は，異なる擬態斑紋をもつ種々のドクチョウにおいて翅の赤色領域に一致する．このことから *optix* は赤色領域を決定する役割を担うことが示唆された．一方，同じタテハチョウ科のヒメアカタテハ（*Vanessa cardui*）などでは，*optix* の発現と斑紋の赤色領域との対応関係が認められなかった．したがって，*optix* の赤色斑紋形成における機能は，ドクチョウに至る系統で新たに獲得されたことが示唆された．元来 *optix* は，キイロショウジョウバエ（*Drosophila melanogaster*）で眼の形成において重要な役割を果たす遺伝子として同定されていた．*optix* が系統発生においてどのようにしてまったく異なる新しい機能を獲得したのかは興味深い問題である．

　次に，擬態斑紋の黒色領域の原因遺伝子として同定されたのが，**モルフォゲン**として機能しうる **WntA** をコードする遺伝子であった[8-12]．モルフォゲンとは，体内の特定の場所で発生し，その発生源からの濃度勾配によって体内各所の形態形成を支配するシグナル分子である．*WntA* mRNA の発現解析と薬理学的解析により，擬態斑紋の黒色領域形成を担うことが示された．

　*optix* と *WntA* の両方において，斑紋パターンに差異をもたらす要因は，遺伝子の**シス調節領域**にあることが示唆されたが，その詳細については今後の研究を待たなければならない．2012 年に *H. melpomene* の**ゲノム解読**の論文が発表された[8-13]．今後ドクチョウの擬態斑紋に関する分子レベルの研究は加速していくであろう．

　無害なシロオビアゲハ（*Papilio polytes*）は，擬態型の雌だけが有害なベニモンアゲハ（*Pachiliopta aristolochiae*）に擬態する（**図 8.6**）．この擬態斑紋はたった一つの遺伝子座により支配され，この原因遺伝子は進化的に保存された性決定遺伝子 **doublesex**（*dsx*）であることが明らかにされた[8-2, 8-3, 8-14, 8-15]．RNA 干渉（**RNAi**）という手法によって，擬態型の蛹において *dsx* の mRNA のみを選択的に分解した結果，擬態型の斑紋が非擬態型の斑紋に変化した[8-15]．たった 1 つの遺伝子が翅全体の擬態斑紋パターンを決

**図 8.6 シロオビアゲハのベーツ型擬態**
(A) 雄, 非擬態型の雌, (B) 擬態型の雌, (C) モデルのベニモンアゲハ.
(写真提供:藤原晴彦博士)

定するメカニズムは大変興味深い. 現在のところ, 擬態型と非擬態型の *dsx* のどのような差異により, 雌だけで異なる斑紋の違いがつくりだされるのかは不明である.

## 8.4 擬態研究のための新規モデル生物の開発

近年, RNAi 法により, 非モデル昆虫であっても遺伝子機能解析を容易に行うことが可能になった. とくに larval RNAi 法は, 幼虫の体内に二本鎖 RNA を注射することにより, 後胚発生期に発現する遺伝子の機能を容易にノックダウンすることが可能な優れた方法である[8-16,8-17]. この方法は, 鞘翅目昆虫ではきわめて有効であるが, 擬態研究が進展する鱗翅目昆虫では有効でないことが一般的である. したがって筆者らは, 鞘翅目昆虫を擬態研究の材料に用いれば, 擬態の分子メカニズムに関する研究を進展させることが可能であると考えた. 赤と黒の二色の単純なパターンからなる斑紋をもつテントウムシは, 擬態斑紋形成の分子メカニズムを解き明かす優れたモデルとなると大いに期待される.

### 8.4.1 テントウムシを巡る擬態

テントウムシの赤と黒からなる目立つ斑紋は, 警告色として機能する. テントウムシに触れると反射出血として肢の関節から黄色い体液を放出する. この苦く不味い体液によりテントウムシは補食から免れている. このため,

## 8章 昆虫の擬態

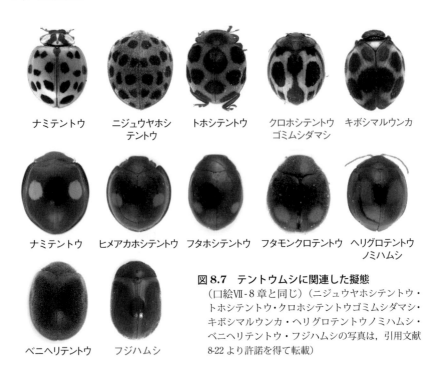

図 8.7 テントウムシに関連した擬態
（口絵Ⅶ-8章と同じ）（ニジュウヤホシテントウ・トホシテントウ・クロホシテントウゴミムシダマシ・キボシマルウンカ・ヘリグロテントウノミハムシ・ベニヘリテントウ・フジハムシの写真は，引用文献8-22 より許諾を得て転載）

異なる分類群の多くの昆虫がテントウムシに擬態する（図 8.7）．そのなかには，嫌われ者のゴキブリも含まれる．さらに，ツシマトリノフンダマシ（*Paraplectana tsushimensis*）というクモまでもがテントウムシに擬態する．また，テントウムシは赤と黒からなる類似したパターンの斑紋をもち，互いにミュラー型擬態の関係にあると考えられている．以上のように，テントウムシはベーツ型擬態とミュラー型擬態のいずれとも関連するため，擬態斑紋の進化メカニズムを解き明かすための格好の材料と考えられる．

### 8.4.2 ナミテントウの新規モデル化

テントウムシは日本に 180 種，世界では 5000 種ほどが記載されている．そのなかで研究材料に選んだのが，ナミテントウ（*Harmonia axyridis*）である．ナミテントウの世代期間は 25℃で約一か月と短く遺伝学の研究に適し

8.4 擬態研究のための新規モデル生物の開発

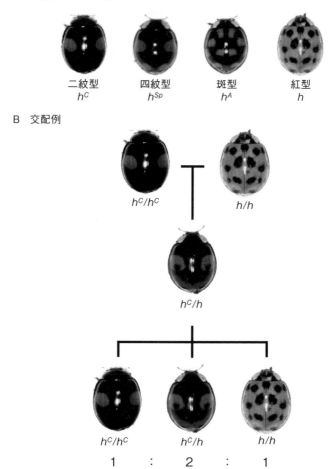

**図 8.8 ナミテントウの主要な斑紋型（A）と遺伝様式（B）**
（引用文献 8-23, 8-24 より許諾を得て転載）

ている．また，人工飼料が開発され飼育は容易である．ナミテントウの特筆すべき特徴は，鞘翅の斑紋に遺伝的多型が存在することであり，その遺伝様式はすでに解明されている（**図 8.8**）．

筆者らは，ナミテントウを**新規モデル生物**として利用するため，遺伝子機能解析に不可欠な形質転換体の作出法とRNAi法を確立した[8-17, 8-18]．さらに，非モデル昆虫において容易に遺伝子機能解析を行うため，独自に工夫した種々のベクターを開発した[8-19〜8-21]．近年，**次世代シークエンサーやゲノム編集技術**が飛躍的に発展し，さまざまな生物において遺伝子機能の解析が可能となった．昆虫における興味深い生命現象の分子レベルでの解明が進むことが大いに期待される．非モデル昆虫の時代がやってきたと言っても過言ではなかろう．擬態現象の解明には，非モデル昆虫を対象とした研究が必要不可欠である．これらの最先端技術を用いた擬態研究の今後の展開が楽しみである．

---

**コラム 8.1**
**虫の糞になりきったムシクソハムシ**

ムシクソハムシ（*Chlamisus spilotus*）は，その名のとおり虫の糞にそっくりなハムシである．典型的な昆虫の体型から逸脱し，ここまで精巧に虫の糞に似せることが可能とは，驚き以外のなにものでもない．虫の糞にここまでなりきっていれば，おそらく捕食者に気づかれることもなかろう．

この奇妙なムシクソハムシに最初に出会ったのは，意外にもごく身近な場所であった．なんと，自宅マンションのサツキの生け垣で発見したのである．一瞥（いちべつ）では虫の糞にしか見えないが（**図8.9AB**），じっくり観察すると複眼や翅や肢といった構造が見えてくる，やはり昆虫なのだ（**図8.9C**）．さらに驚いたことに，幼虫は自分の糞で作った殻をまとっている（**図8.9D**）．しかもこの糞の殻には模様があり，サツキの葉にそっくりなのである（**図8.9E**）．ここまで擬態の技を極めたムシクソハムシに，捕食者はいるのであろうか？ある日，小さな穴の空いた幼虫の糞の殻が枝にくっついていた．この幼虫は，寄生蜂の餌食になったのだ（**図8.9F**）．完璧と思える擬態であるが，食害された植物が放出する揮発性物質を手掛かりに宿主を見つける寄生蜂には通用しないようである．昆虫のような小さな生き物は，あらゆる捕食者に対し捕

8.4 擬態研究のための新規モデル生物の開発

食から完全に免れることは不可能である．ムシクソハムシとの出会いにより，自然界で生き抜いていくことは至難の業であることを実感した．

図8.9 ムシクソハムシ
(A) 成虫, (B) ハバチ幼虫の糞, (C) 成虫, (D) 幼虫, (E) 幼虫の糞(矢印)の模様によりサツキの葉に擬態?, (F) 寄生蜂の餌食になった幼虫.（ここではムシクソハムシと記述したが，写真で示した種の同定を行っておらず近縁種のツツジコブハムシである可能性もある）

## 8章 参考書

藤原晴彦（2007）『似せてだます擬態の不思議な世界』化学同人．

日高敏隆（1983）『動物の体色』東京大学出版会．

大崎直太（2009）『擬態の進化』海游舎．

佐々治寛之（1998）『テントウムシの自然史』東京大学出版会．

上田恵介 編著（1999）『擬態 だましあいの進化論1』築地書館．

海野和男（2007）『海野和男　昆虫擬態の観察日記』技術評論社．

Wickler, W.（羽田節子 訳）（1993）『擬態』平凡社．

8章　昆虫の擬態

## 8章 引用文献

8-1) Greene, E. (1989) Science, **243**: 643-646.

8-2) 藤原晴彦（2014）細胞工学, **33**: 1196-1200.

8-3) 藤原晴彦（2015）生体の科学, **66**: 267-271.

8-4) Nijhout, H. F. (2003) Evol. Dev., **5**: 579-592.

8-5) Joron, M. *et al.* (2006) PLoS Biol., **4**: e303.

8-6) Parchem, R. J. *et al.* (2007) Curr. Opin. Genet. Dev., **17**: 300-308.

8-7) Kronforst, M. R., Papa, R. (2015) Genetics, **200**: 1-19.

8-8) Futahashi, R., Fujiwara, H. (2008) Science, **319**: 1061.

8-9) 平賀壯太 (2006) 昆虫 DNA 研究会ニュースレター , **5**: 10-18.

8-10) 山中 明 (1998) 山口生物, **25**: 3-10.

8-11) Reed, R. D. *et al.* (2011) Science, **333**: 1137-1141.

8-12) Martin, A. *et al.* (2012) Proc. Natl. Acad. Sci. USA, **109**: 12632-12637.

8-13) The Heliconius Genome Consortium (2012) Nature, **487**: 94-98.

8-14) Kunte, K. *et al.* (2014) Nature, **507**: 229-232.

8-15) Nishikawa, H. *et al.* (2015) Nat. Genet., **47**: 405-409.

8-16) Tomoyasu, Y., Denell, R. E. (2004) Dev. Genes Evol., **214**: 575-578.

8-17) Niimi, T. *et al.* (2005) J. Insect Biotechnol. Sericol., **74**: 95-102.

8-18) Kuwayama, H. *et al.* (2006) Insect Mol. Biol., **15**: 507-512.

8-19) Hara, K. *et al.* (2009) Dev. Genes Evol., **219**: 103-110.

8-20) Masumoto, M. *et al.* (2012) PLoS ONE, **7**: e49323.

8-21) Kuwayama, H. *et al.* (2014) PLoS ONE, **9**: e100804.

8-22) 新美輝幸（2011）『地球からのおくりもの』名古屋大学大学院環境学研究科しんきん環境事業イノベーション寄附講座 編，風媒社，p.80-92.

8-23) 新美輝幸（2009）『虫たちが語る生物学の未来』財団法人 衣笠会，p.26-30.

8-24) 新美輝幸ら（2011）昆虫と自然, **46**(11): 5-9.

# 9. 鳥類と哺乳類の保護色

竹内　栄

　野生の哺乳類や鳥類の多くは背中側が暗く腹側が明るい．これは逆影と呼ばれる保護色パターンであり，ホルモン受容体とその内在性アンタゴニストの働きにより形成される．これらの遺伝子の変異は，体色の環境適応や，家畜・ペットの体色多様性創出に寄与している．黒毛和牛や黒豚，黒猫の「黒」も，ゴールデンレトリバーや栗毛馬の「黄」も，これらの遺伝子の変異によるものである．体色は性淘汰を含むさまざまな淘汰圧を受ける生態学的に重要な形質である．本章では，この形質発現におけるホルモン受容体シグナル系の役割について概説する．

## 9.1　哺乳類と鳥類の体色

　哺乳類は一般に，被食者であれ，捕食者であれ，相手に気付かれないような色や色パターン，模様をもつ毛皮を身にまとっている．その基本形は，背中側が濃く腹側が薄い**逆影**（ぎゃくえい）（countershading）とよばれる色パターンである．これは太陽光の照射による背腹軸の明暗グラジエント（明かりと影）を打ち消して立体感をなくし，形の把握を難しくするものだ（図 9.1A）．それぞれの種は，さらに色や模様に工夫を凝らすことで，隠蔽の効果を高めている．生息域の環境や背景に色を似せる**保護色**（crypsis），トラの縞や小鹿の白斑のように環境の明暗パターンに体色の明暗パターンをマッチさせる**パターンブレンディング**（pattern blending），シマウマの縞のように体の輪郭を壊す**分断色**（disruptive coloration）などがその例である．

　鳥類の体色は羽の集合として表現されるので**羽装**（plumage）と呼ばれる．羽装には，雌雄や成長段階で変化するものもあり多彩であるが，その基本は哺乳類と同じ逆影である．実際，クジャクやニワトリ（*Gallus gallus*）のように雄が派手な種でも，ヒナや雌は保護色の逆影を示す（図 9.1B）．

9章　鳥類と哺乳類の保護色

**図 9.1　哺乳類と鳥類の体色**
A：スナネズミの体色，B：ニワトリ（おかやま地どり）の成長にともなう羽装変化．孵化後1週齢のヒナ(左上)，孵化後4週齢の若鶏(右上)，および成鳥の雌（下右）と雄（下左）．

## 9.2　毛や羽の色

　哺乳類のほとんどは，夜行性で2色型色覚能しかもたない．したがって，多彩な色は意味をもたず，その反映として，体色は脊椎動物のなかで最も単純で地味である．体色の基礎となる毛色は，黒色〜褐色を呈する**ユーメラニン**（eumelanin）と赤褐色〜薄黄色の**フェオメラニン**（pheomelanin）によるもので，赤褐色，黄色，茶色，灰色，黒色，白色（メラニン不含）などの単色か，赤褐色〜黄色と茶色〜黒色のバンドが交互に並ぶ**アグチパターン**（agouti pattern）による黄土色である．

　一方，鳥類のほとんどは昼行性で，優れた4色型色覚能をもつ．環境からの情報収集や，同種異種間の識別・コミュニケーションも視覚情報が重要な役割を果たしており，その反映として，羽装も複雑で色彩に富む．羽装の基礎となる羽色は，おもにユーメラニンとフェオメラニンによるが，食餌から摂取されるカロテノイド（赤色や黄色）やポルフィリン（赤色や緑色）などの色，羽の微細構造による構造色（玉虫色や青色，緑色，紫色など）が組み

合わされて，多彩な色がつくり出されている．

　獣脚類恐竜から分岐し，色彩に富む太陽光の下で進化を遂げた鳥類と，色彩を欠く薄闇での適応を経て進化してきた哺乳類では，体色のもつ情報の質も量も大きく異なっていると考えられている．しかし，メラニンを用いた体色発現システムは基本的であり，両綱に共通して重要なものだ．そこで，比較生物学・進化を主題とする本書の趣旨に則り，以降はメラニンを用いた体色発現システムのみを扱う．

## 9.3　毛や羽の形成とメラニンによる着色

　哺乳類の毛は，皮膚付属器の毛包で周期的に形成される．毛包の上部にはバルジとよばれる領域があり，毛包や毛を構成する細胞を供給する幹細胞が位置している．毛がつくられる成長期，毛包下部（毛球部）は深く大きく成長する．バルジから移動し，**毛乳頭**（dermal papilla）に定着して分化した**メラノサイト**（melanocyte）は，**メラノソーム**（melanosome）という細胞小器官内で盛んにメラニンを産生するようになる．なお，メラノサイトは外温動物ではメラノフォアと呼ばれる（125ページ参照）．メラニンを蓄積したメラノソームは，毛乳頭の周囲で盛んに増殖する**ケラチノサイト**（keratinocyte）に移送される．この細胞が縦に連なって毛幹細胞となり，α-ケラチンを蓄積して死滅することで毛ができる．毛包はやがて退縮し（退行期），次の成長期までその状態を維持する（休止期）．この一連の過程は毛周期と呼ばれ，多くの哺乳類で一生繰り返される．

　鳥類の羽もケラチノサイトの死細胞で構成される．体表面を覆う羽（正羽）は，羽板と綿羽部からなり，羽板は羽軸と羽枝軸，小羽枝からなる階層的な分岐構造をもつ（図9.2A）．羽はチューブ状の皮膚付属器である羽包で形成される（図9.2B）．羽包は真皮性組織の羽髄と羽の実質細胞となる表皮性組織とからなり，その基部には幹細胞が位置する襟バルジと呼ばれる領域がある．羽の形成時，幹細胞は襟領域で盛んに増殖するTA細胞を供給する．増殖した細胞は順次，羽包先端方向に押し出され，**枝形成域**（ramogenic zone）に到達すると羽軸隆起や羽枝隆起の構成細胞へと分化する．羽形成

# 9章 鳥類と哺乳類の保護色

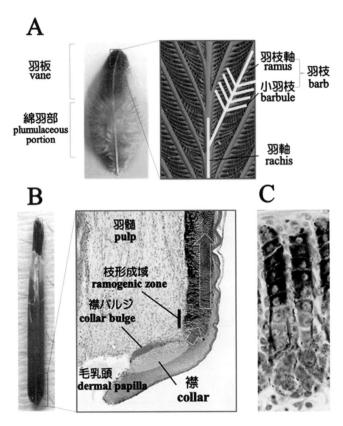

**図9.2 ニワトリ正羽の構造・発生とメラニンによる着色**
A：正羽の構造．右は走査電子顕微鏡像，B：羽包の内部構造．
右は羽包縦切切片の光学顕微鏡像，C：羽枝隆起の光学顕微鏡像．

の初期に襟バルジの色素幹細胞から供給されたメラノサイトは，羽軸隆起や羽枝隆起に沿って並び，細胞突起を長く伸ばしてメラノソームを一つ一つの細胞に移送する（図9.2C）．メラノソームで着色された細胞は，やがて$\beta$-ケラチンを産生・蓄積し，死滅することで羽となる．

哺乳類の毛は，増殖したケラチノサイトに毛乳頭先端に位置するメラノサイト群が順次メラノソームを移送することで着色される．これに対して羽で

は，個々の細胞がその位置に応じて異なるメラノサイト群によって着色される．これが，毛にはない精巧で複雑な二次元的色模様が羽でつくられるしくみだ．

## 9.4 メラノサイトによるメラニン産生とその制御

哺乳類と鳥類には，起源の異なる2種類のメラニン産生細胞が存在する．眼杯に由来する**網膜色素上皮細胞**（retinal pigment epithelial cell）と，神経冠（堤）に由来するメラノサイトである．虹彩や皮膚，毛や羽の色に関係するのはメラノサイトであり，この細胞の分化が不十分であったり，分化しなかったりすると，白斑になったり，全身が白色化したりする．ただし，眼（瞳）は網膜色素上皮細胞のメラニンにより黒い．この2種類の細胞では，チロシナーゼ（tyrosinase）を鍵酵素とする反応経路により，アミノ酸の一つであるチロシンからメラニンが産生される．この**チロシナーゼ**の機能欠損変異体は，全身が白色化するだけでなく，眼（瞳）も赤くなる．この現象を**アルビノ**（白子）という．

哺乳類や鳥類のメラノサイトは，細胞外からの情報に応じて2種類のメラノソームをつくり分けることで，ユーメラニンとフェオメラニンを産生できる（図9.3）．ユーメラニン産生には，繊維状の内部構造をもつ紡錘形の**ユーメラノソーム**（eumelanosome）が，フェオメラニン産生には，微小顆粒からなる内部構造をもつ類球形の**フェオメラノソーム**（pheomelanosome）がはたらく．

メラニン産生経路の振り分けは，メラノサイトの細胞膜上にある**メラノコルチン1型受容体**（melanocortin 1 receptor：MC1R）のシグナル系による．すなわち，MC1Rに α-黒色素胞刺激ホルモン

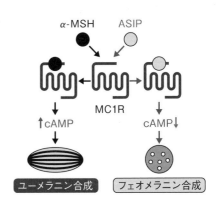

図9.3 メラノサイトにおけるメラニン産生経路振り分け機構

（α-melanocyte-stimulating hormone：α-MSH）が結合するとユーメラニン産生が促進され，アグチシグナリングタンパク質（agouti signaling protein：ASIP）が作用するとフェオメラニン産生が誘導される（図9.3）．α-MSHは下垂体中葉や皮膚，羽包で産生されるPOMC由来のペプチドホルモンであり，MC1Rのアゴニストとして作用し，メラノサイトの細胞内cAMP濃度を上昇させる．一方，ASIPは皮膚や羽包などで局所産生されるペプチドで，MC1Rの内在性**アンタゴニスト**，あるいはインバースアゴニストとして作用し，メラノサイトのcAMP濃度を低下させる．このcAMPの濃度変化が各メラニン産生に働く遺伝子群の発現を制御し，メラニン産生経路の振り分けが起こるのである．イヌ（*Canis lupus familiaris*）ではさらに，ASIPのMC1Rへの結合を抑えてユーメラニン産生を促進する因子として，β-defensin 103（CBD103）の変異タンパク（1アミノ酸欠失）が同定されている．

### コラム 9.1
### 青眼のネコの難聴

　ダーウィン（Charles Darwin）の名著「種の起源」に青眼のネコの難聴についての記載がある．眼（虹彩）色異常の動物が難聴であることは古くから知られていたようだ．これはメラノサイトの分化欠損による．個体発生においてメラノサイトは，神経管背部の神経冠（神経堤）からの長い道のりを経て皮膚，眼球の脈絡膜や虹彩，内耳の血管条などに定着し，分化する．内耳血管条は，蝸牛管中央階を満たす内リンパ液を分泌する組織で，メラノサイトはその構成細胞の一つの中間細胞である．メラノサイトの分化欠損個体では，中間細胞がないため内リンパ液の分泌がうまくいかなくなり，音を感じ取るコルチ器が変性して難聴になる．アルビノでは聴覚異常が起きないので，メラニン産生とは別の話のようだ．

> **コラム 9.2**
> ## 化石から蘇った恐竜の体色
>
> 　恐竜の体色は想像の産物，永久にわからないと考えられてきた．2010年早春，2つの研究がこの考えを覆した．一つは，白亜紀前期の羽毛恐竜シノサウロプテリクスの研究だ．シノサウロプテリクスの化石には明暗の領域がある．ブリストル大学と中国科学院の共同研究チームは，それぞれの領域の羽毛化石を走査電子顕微鏡で観察し，暗い領域にはフェオメラノソームのみがあり，明るい領域にはメラノソームがまったく含まれていないことを発見した．このことから，シノサウロプテリクスは全身が黄色羽毛で覆われ，尾が黄色と白色の縞になっていたと推定された[9-1]．
> 　もう一つは，同様な走査電子顕微鏡観察からジュラ紀後期の羽毛恐竜アンキオルニスの全身の体色を推定したというものだ[9-2]．北京自然博物館，イェール大学などの共同研究チームはまず，現生鳥類の羽毛に含まれるメラノソームの形や密度と羽色との関係を解析した．この結果を基に，羽毛化石の各部位の色を推定した．アンキオルニスは全身が黒く，翼羽は黒縁の白色羽で，頭頂部には赤い飾り羽毛をもっていたようだ．雄が羽を広げて雌に求愛していたのかもしれない．

## 9.5　逆影と保護色をつくるしくみ

　哺乳類や鳥類の体色は2つの因子で決まる．からだ全体の「色」の空間配置と，個々の毛や羽でつくられる「色」のタイプである．哺乳類では，これらはともに *Asip* 遺伝子によって決定されていることが，マウス（*Mus musculus*）の研究から明らかになっている（図 9.4）．すなわち，腹側が淡色の逆影は，腹側特異的プロモーターの働きにより，ASIP が腹側皮膚でつくられることで形成される．また，保護色であるアグチパターンの毛は，毛周期特異的プロモーターが一本一本の毛の形成時に，一時的な ASIP 発現を引き起こすことで形成される．

# 9章 鳥類と哺乳類の保護色

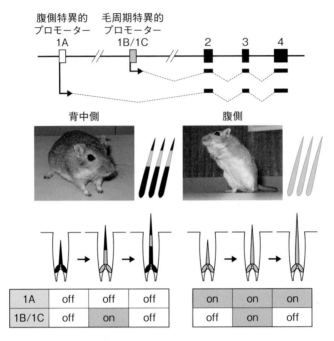

**図 9.4 マウス Asip 遺伝子の構造と毛色の背腹差をつくるしくみ**
最下段は，2つのプロモーターのオンオフを示している．写真はスナネズミ．

多様な体色の原因となる Agouti 遺伝子座のアレルは，これら2つのプロモーターの機能欠損遺伝子である（図 9.5）．なお，優性黄色遺伝子の $A^y$ アレルは，上流の Raly 遺伝子の部分的欠失により Asip mRNA が不偏的，恒常的に発現するようになった遺伝子であり，古くから知られる劣性致死遺伝子である．

最近，筆者らの研究により，ニワトリのヒナや雌が示す逆影の羽装も，雄の派手な婚姻色も，哺乳類の腹側特異的プロモーターに相当するクラス1プロモーターの働きでつくられることが判明した（図 9.6）．クラス1プロモーターは，個体成長にともなって腹側特異的プロモーターから雄型羽装形成プロモーターに変化する．このプロモーターの活性は雌性ホルモンによる制御を受け，雌では腹側特異的プロモーターとして機能する．実際，雄に**エスト**

## 9.5 逆影と保護色をつくるしくみ

| アレル | 表現型 | 毛の表現型 | | Asip mRNAのタイプ | | |
|---|---|---|---|---|---|---|
| | | 背中側 | 腹側 | 腹側 | 毛周側 | その他 |
| $A^v$ | 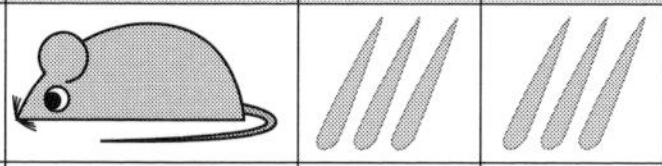 | | | × | ○ | ○ |
| $A^w$ | 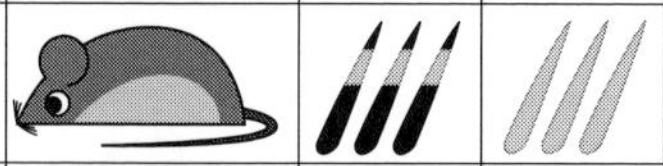 | | | ○ | ○ | × |
| $A$ | 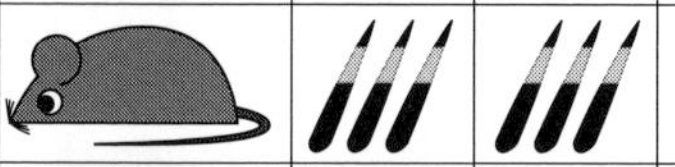 | | | × | ○ | × |
| $a^t$ | 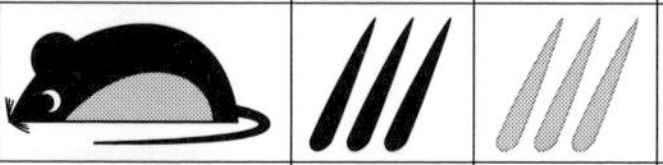 | | | ○ | × | × |
| $a$ | 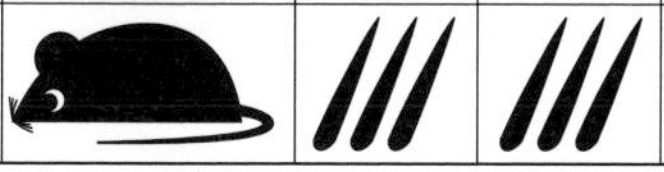 | | | × | × | × |

図 9.5　マウス Agouti 遺伝子座アレルの表現型と Asip mRNA の発現

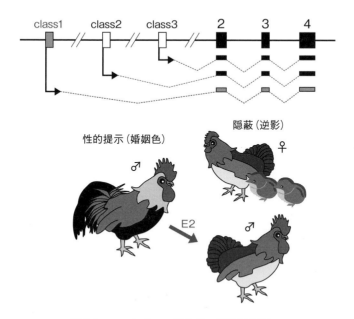

図 9.6　ニワトリ Asip 遺伝子の構造と羽装色

ラジオール17β（E2）を投与すると，雌のような逆影の羽装に変化する（図9.6）．鳥類は，*Asip*遺伝子が雌性ホルモン感受性を獲得することで，体色の雌雄差を獲得したのかもしれない．

### コラム 9.3
### 黄色マウスは摂食増進ペプチドの発見のアドバイザー

*Agouti*遺伝子座の優性アレル$A^y$をもつ個体は，ASIPが体のあらゆるところに発現するため，全身が黄色毛になる．興味深いことに，この黄色マウスは常に食欲旺盛で，過食による肥満やインスリン非依存性糖尿病を発症する．この多面発現がヒントとなって，1997年，ASIPとの配列の類似性を基に，摂食行動制御に働いているアグチ関連タンパク質（agouti-related protein：AgRP）の遺伝子がクローニングされた[9-3]．現在では，視床下部のAgRPとニューロペプチドY（neuropeptide Y：NPY）を共発現するニューロンが摂食を促進し，α-MSHとコカイン・アンフェタミン調節転写産物（cocaine- and amphetamine-regulated transcript：CART）を共発現するニューロンが抑制することで，摂食が制御されていることが明らかになっている（図9.7）．

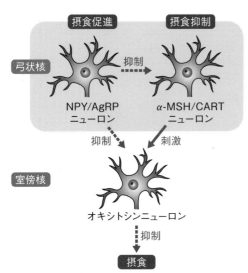

図9.7 視床下部の摂食制御神経ネットワーク

## コラム 9.4
## 雌の羽装が雄型に

2010年の夏，インターネットで興味深いニュースを見かけた．滋賀県大津市の個人宅で飼育されていた天然記念物「東天紅(とうてんこう)」の高齢雌（約15歳）が雄型羽装に変化したという記事だ．通常，雌の羽は全身が茶色であるのに対し，雄は首と背中が赤褐色，長い尾は黒色だ．ところが秋から約1か月かけて，茶色から首と背中は赤褐色に，尾も黒色に生え替ったという．同じように，2014年の秋，京都市動物園で飼育されていた高齢雌（16歳以上）のクジャクに，雄特有の目玉模様をもつ羽が生えたことが報じられた．いずれの場合も卵巣機能が低下し，雌性ホルモンが分泌されなくなったことが原因と考えられる．実際，大津の高齢雌が天寿を全うした後に解剖したところ，卵巣は2cm足らずに萎縮していた（**図9.8**）．東天紅もクジャクもキジ科．派手な雄型羽装がデフォルトで，子育てに適した雌の地味な羽装は卵巣のおかげなのだ．

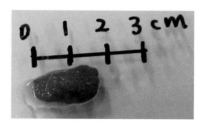

**図9.8　大津の東天紅の卵巣**
（写真提供：吉原千尋博士）

## 9.6 体色多様化の分子機構

　種内や種間の体色バリエーションは，おもにユーメラニンとフェオメラニンの量比や分布の違いによる．MC1Rシグナル系がメラノサイトにおけるメラニン産生経路を振り分ける重要な役割を担っていることを考えると，*Mc1r*遺伝子と*Asip*遺伝子が体色のバリエーションを生み出すしくみに

## 9章 鳥類と哺乳類の保護色

関与することは容易に想像できる．ハーバード大学のフックストラ（Hopi Hoekstra）らは，ビーチマウス（*Peromyscus polionotus*）やシカネズミ（*P. maniculatus*）などの研究から，両遺伝子が環境適応に働くことを実証した．砂丘や砂浜に生息するマウスは，フクロウやタカの餌食となるため，本土に生息する仲間と異なった明るい体色を示す．この体色明化の原因を調べたところ，*Mc1r*遺伝子のミスセンス変異によるユーメラニン産生能の低下，または*Asip*遺伝子の発現制御領域の変異によるASIPの発現亢進であることが

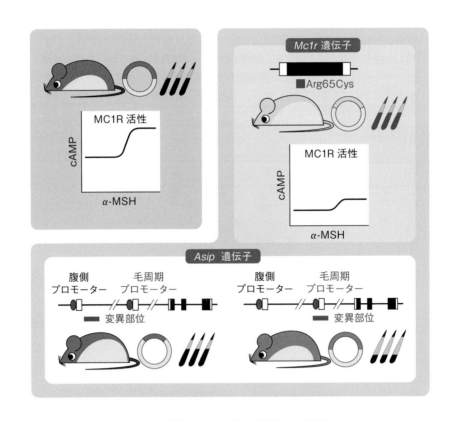

**図9.9 野生マウスの砂地（明所）適応機構**
二重円は背中側と腹側の境界を示す．

判明したのだ．ASIP の発現亢進には，メラノサイトの分化抑制により腹側淡色領域を拡張する場合と，アグチパターンの黄色バンドが拡張する場合がある（図 9.9）．

*Mc1r* 遺伝子の変異による体色多様性は，ウシ（*Bos taurus*），ブタ（*Sus scrofa*），ヒツジ（*Ovis aries*），イヌ，ニワトリ，ウズラ（*Coturnix japonica*）など，家畜動物一般にみられ，ビーチマウスやロックポケットマウス（*Chaetodipus intermedius*）などの野生動物や，マミジロミツドリ（*Coereba flaveola*），ハクガン（*Anser c. caerulescens*），トウゾクカモメ（*Stercorarius parasiticus*）などの野鳥でも確認されている．一方，*Asip* 遺伝子の変異による体色多様性は，ネコ（*Felis catus*）やウマ（*Equus caballus*），ウズラなどで報告されている．これらの事実は，*Mc1r* 遺伝子と *Asip* 遺伝子が，哺乳類や鳥類一般の体色バリエーション形成に重要な役割を果たしていることを示唆している．

最後に，MC1R シグナル系のアゴニスト α-MSH について触れる．α-MSH は，ほとんどの脊椎動物では**下垂体中葉**から分泌される．しかし，鳥類には下垂体中葉がなく，α-MSH は羽包内で産生される．体色はすべての生物の生存戦略の一つであり，現生生物は適応した体色を獲得した生物の末裔であることを考えると，羽色発現には，下垂体中葉による制御より羽包内の局所 MC1R シグナル系による制御の方が適していたのかもしれない．鳥類と同様に発達した下垂体中葉をもたないヒトでは，体色はおもに皮膚でつくられる α-MSH によって制御されている．ケラチノサイトにおける α-MSH 産生は紫外線照射により高められ，ユーメラニン合成を促進する．紫外線があたった部位だけメラニン合成を促進するという効率的な制御は，下垂体中葉による制御では成し得ないことだ．鳥類の羽包内局所 MC1R シグナル系と羽色制御の詳細な解明が待たれる．

メラニンを用いた体色発現システムの比較生物学的研究は，生物進化と遺伝子進化を考える上で，貴重な知見をもたらしてくれるものと信じる．

9章　鳥類と哺乳類の保護色

### コラム 9.5
### 化石の DNA から蘇った絶滅種の体色

　4万3千年前（更新世）のシベリアマンモスの骨の DNA 解析から，マンモスに体色多型が存在したことが，ライプツィヒ大学，マックス・プランク進化人類学研究所らの共同研究により明らかにされた[9-4]．マンモス *Mc1r* 遺伝子の塩基配列を決定したところ，3か所のアミノ酸が異なる2つの対立遺伝子が存在したことがわかった．機能解析の結果，一方は正常な受容体活性をもつが，他方は活性の低い受容体であった．マンモスには明暗の体色多型が存在したと推定された．

　同様に，ネアンデルタール人の *Mc1r* 遺伝子解析から，彼らが赤毛の白人であったことが判明した．バルセロナ大学やマックス・プランク進化人類学研究所らの研究チームによる[9-5]．紫外線照射は日焼けや皮膚がんを引き起こす一方で，ビタミン D の合成に重要な働きをもつ．ネアンデルタール人の青白い体色は，紫外線が弱くビタミン D が欠乏しやすい高緯度地域で生き残るための適応だったのだろう．ちなみに，現生ヨーロッパ人の白い肌の原因は，おもに別の遺伝子の変異に起因するとされている．

### 9章 引用文献

9-1) Zhang, F. *et al.* (2010) Nature, **463**: 1075-1078.

9-2) Li, Q. *et al.* (2010) Science, **327**: 1369-1372.

9-3) Ollmann, M. M. *et al.* (1997) Science, **278**: 135-138.

9-4) Römpler, H. *et al.* (2006) Science, **313**: 62-62.

9-5) Lalueza-Fox, C. *et al.* (2007) Science, **318**: 1453-1455.

# 10. 光があやつる魚類の体色とホルモン

高橋明義・水澤寛太

　外敵から身を守るための有効な手段は，ひっそりと自然界に埋没することだ．魚類は隠蔽色を体に施してこれを実現している．体色は不変のものではなく，生息域に応じて変えることもできる．色調や明るさ，模様までも変化させる．この能力はさまざまな光波長を識別可能な眼の機能，体色を周囲に調和させる皮膚の機能，そして眼と皮膚をつなぐ神経系と内分泌系のみごとな協働作用によって成し遂げられる．本章では筆者らの研究成果を交えながら，生体防御の方法としてとらえた魚類体色の意義および光波長と魚類生理の関連について考えてみる．

## 10.1　生きのびるための体色

　自然界に生息する魚類の体色は，まわりの色と模様に埋没して目立たない．これは隠蔽色であり，捕食者などの外敵から自らを守るための生体防御法だ．川を泳ぐ魚の色は川底の色に同調していて見わけにくい．海底の魚も同じだ．カレイの有眼側（いわゆる表）の色と模様は，海底の砂や砂礫にみごとに調和する．口絵Ⅶ-10章のババガレイ（*Microstomus achne*）は，目を凝らさないと魚体の輪郭がわかりにくいほどである．

　普通，魚類の体色は背側部が濃く腹側部は薄い．マグロ類はその典型的な例である．光が当たる側が黒っぽく反対側が白っぽい配色は逆影と呼ばれる．冬の東シナ海でクロマグロ（*Thunnus thynnus*）は，昼は50〜100 mの深度を遊泳する．この深さでは見下ろすと漆黒の背景だが，見上げる背景には空からの光が残っている．魚体は上から見れば黒い闇に沈み，下から見れば海面からのほのかな光の背景に溶け込む明暗消去型の隠蔽が起こる．マグロ類が遊泳する中層では，上下に加えて側面にも対処するカモフラージュが必要

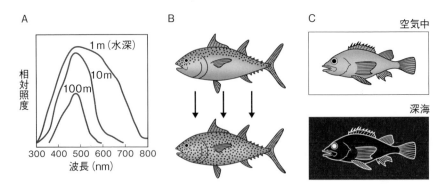

**図 10.1 水中での光の減衰と魚類の色**
(A)蒸留水中での太陽光の減衰．菫，紫外，赤などの波長は水に吸収されやすい．青の光は吸収されにくく，比較的水深の深いところまで届く．海水中ではピークは緑よりにややシフトする．沿岸水ではさらにシフトし，反射される光の色はエメラルド色になる（引用文献10-10）．(B)逆影による隠蔽の例．マグロの背側は黒っぽい．上から届いた太陽光は紡錘形の魚体の腹部には影となる．横から見ると上下とも黒っぽくなり，コントラストが低下して隠蔽色となる（日高，1983にもとづく）．(C)魚体の赤い魚の隠蔽．キチジの魚体が赤いのは皮膚の色素が赤い光を反射し，その他の色の光を吸収するからである．高深度では，そもそも反射できる赤の光が存在しない．到達できる青の光は赤の色素に吸収されてしまう．結局赤い色の魚体は見えない．

だ．魚体を横から見ると，上から光が当たる背側は黒っぽく，影が落ちる腹側も黒っぽくなり，全体が見えにくくなる（図10.1）．これも逆影の効果による隠蔽である．

光は電磁波の一種である．ヒトにとっての**可視光領域**は380 nmから800 nmあたりとされる．「虹の七色」にたとえると長波長側から短波長側へ「赤・橙・黄・緑・青・藍・菫」に変わる．光は水中では吸収される．その割合は一様ではなく，可視光領域では赤や菫の光が吸収されやすい．深くなるにつれてこれらの光は急速に減少する．青の光ももちろん吸収されるが，その割合が低いためにクロマグロが遊泳するあたりでは相対的に優勢になる（図10.1）．200 m以深に生息する魚類には，陸上での体色が赤いものが多い．キチジ（*Sebastolobus macrochir*）はその例である．その生息深度では赤の光の割合は小さい．比較的優勢な青の光は体表に含まれる赤の色素に吸収され

る．結局深海では，陸上では赤く見える魚体は暗闇のなかに埋没する．

　光が届かないところに生息する魚には，光と無縁な形態を示すものがある．ブラインドケーブカラシン（*Astyanax jordani*）は，洞窟に移り住んだメキシカンテトラ（*A. mexicanus*）が光の届かない環境での生息に適応した結果分岐した種であり，眼が退化し皮膚からは色素が消失した．暗闇の世界で光を受容して活用するための機能が不要になったことを物語る．別の視点から見れば，当然ながら，光が存在する環境では眼と脳が連携して光を感知して識別する機能が重要であり，皮膚では眼で受容した情報を表現して捕食者などに対応する機能が不可欠となる．

---

**コラム 10.1**
**体色のいろいろ**

　隠蔽色（cryptic coloration）は，個体を背景に色彩的に調和させて目立たなくさせる体色．派手な斑点や帯模様により輪郭をぼやかす分断色（disruptive coloration）や逆影（countershading）もその例である．分断色はサンゴ礁に棲むツノダシ（*Zanclus cornutus*）に見られる．その色模様はヒトにとっては派手だが，水面近くの水中では，複雑な背景とも連動して保護色（protective coloration）としての役割が大きい．これらとは別に，被食者から捕食者に対する警告色，被食者にある目玉みたいな奇妙な模様の威嚇色（threatening coloration），同種個体間の社会行動に関わる認識色（recognition coloration）があり，まとめて標識色（signal coloration）と呼ばれる．（日高，1983 にもとづく）

図 10.2　分断色の例となるツノダシの体色

## 10.2　魚類の高機能色彩感覚

眼は，現生動物のほとんどの門が出そろったカンブリア紀に備わったと言われている．眼の誕生は捕食者と被食者の接近行動や逃避行動に関わる情報の獲得に重大な役割を担い，動物のその後の進化に大きく影響した．

魚類の眼の基本構造と機能は他の脊椎動物と同様である．角膜，水晶体，ガラス体を通過した光が**網膜**に達する．網膜には**光受容細胞**があり，ここに含まれる**視物質**が光波長を感知する．視物質は，ビタミンAに類似する物質（レチナール）が**オプシン**と呼ばれるタンパク質と会合した複合体である．

網膜の光受容細胞は**桿体**と**錐体**に大別される．桿体の視物質は桿体オプシン（ロドプシン）と呼ばれる．感度が高い桿体は色を感じることができず，たとえば満月より暗い夜に作用する．光の色，すなわち波長の識別は錐体細胞で行われる．これらには感知できる光の波長が異なるオプシンがそれぞれ含まれる．

**表10.1**に脊椎動物でのオプシンの分布を示した．オプシンの種類が多いほど光波長の識別能が高い．非哺乳類の色彩感覚が優れていることが遺伝子情報から推察できる．魚類の光波長識別能力は深海魚を除いて高い．

錐体オプシン遺伝子はメダカ（*Oryzias latipes*）で8種，マツカワ（*Verasper moseri*，カレイ目）で6種，ヒトでは3種である．メダカは淡水魚であり浅いところに棲む．海産魚のマツカワは，稚魚期にはくるぶしが浸かる程度の浅い砂底にもいる．水面近くの水中に入射する太陽光は波の影響を受ける．視界のなかで明暗が激しくちらつくので光の強弱はあてにならない．浅瀬に棲む魚類に錐体オプシンが多数存在するのは，このような複雑な光環境に対応するためだとされる．

光がほとんど届かない深海では，体色は保護色としての意味をなさない．したがって色彩感覚は不要であり，深海魚の網膜に存在する光受容細胞はほとんどが薄明視に関わる桿体細胞である．

表 10.1　脊椎動物オプシンの多様性と最大吸収波長

| 動物 | | 桿体オプシン | 錐体オプシン | | | |
|---|---|---|---|---|---|---|
| | | | 紫外線感受性 | 青感受性 | 緑感受性 | 赤感受性 |
| 魚類 | キンギョ | 492 | 360 | 441 | 504, 511 | 524 |
| 魚類 | メダカ | 502 | 356 | 405, 439 | 452, 492, 516 | 561, 562 |
| 魚類 | ゼブラフィッシュ | 501 | 355 | 416 | 467, 476, 488, 505 | 548, 558 |
| 魚類 | マツカワ | 494 | 367 | 416, 482 | 496, 506 | 552 |
| 魚類 | エソ（深海魚） | 484 | なし | なし | なし | なし |
| 両生類 | ツメガエル | 500 | 425 | 440 | なし | 575 |
| 爬虫類 | ヤモリ・トカゲ | 506 | 367 | 437 | 466 | 521 |
| 鳥類 | ニワトリ | 503 | 415 | 455 | 508 | 571 |
| 哺乳類 | マウス | 498 | 358 | なし | なし | 508 |
| 哺乳類 | ヒト | 497 | 428 | なし | なし | 531, 558 |
| 哺乳類 | ロリス，ガラゴ（夜行性原猿） | 502 | なし | なし | なし | 539 |

それぞれに含まれるオプシンを最大吸収波長 (nm) で示した．桿体オプシンは感度が高く薄明視に関わる．感度が低い錐体オプシンは，昼間視に関わり色弁別を行う．分類は分子系統にもとづく．たとえば，マツカワには青感受性オプシンが2種類存在し，それぞれの最大吸収波長は416 nm と 482 nm である．後者はアミノ酸配列では青感受性オプシンに分類されるが，吸収する光波長は緑色光寄りである．（引用文献 10.1 〜 10.5 より作成）

## 10.3　眼から鱗への光情報伝達

　魚類の体色は，背地色などに起因する周囲の光環境に応じて変化する．水中の白っぽい色の岩場に調和した体色の魚が黒っぽい岩場へ移ると目立ってしまい，容易に鳥などに見つかることを考えれば，体色を周囲に同調させる**背地適応**は進化の過程で備わった絶妙な生体防御機構といえる．体色は，皮膚や鱗に含まれる**色素胞**の増減や，そのなかの色素の拡散や凝集によって変化する．光の情報は眼から鱗へ伝わる．ちなみに解剖学的には真骨類の鱗は真皮の一部が骨化した形態である．

　網膜の光受容器で感知された光の情報は脳へ伝わり，神経系や内分泌系を

10章 光があやつる魚類の体色とホルモン

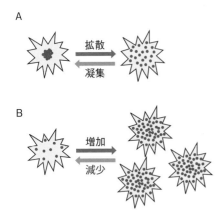

**図10.3 体色変化の概略**
(A) 生理学的体色変化では色素胞中の凝集や拡散による色素運動により体色が調節される．(B) 形態学的体色変化では色素胞の数と色素含量が増減する．

経由して皮膚で表現される．体色変化には短時間で起こる**生理学的体色変化**と，長時間を要する**形態学的体色変化**がある（図10.3）．白背地に馴致して体色が明るくなったニジマス（*Oncorhynchus mykiss*）やマツカワを黒背地に移すと，すぐに黒くなり始め，数分の間に黒背地に同化する．上から魚影を見つけるのは難しい．みごとな隠蔽である．これは生理学的体色変化の例であり，おもに神経系の作用による．黒背地での飼育を継続すると色素合成が進み，やがて色素胞の数も増加する．これは形態学的体色変化の例である．実験魚を黒背地から白背地へ移すと逆の現象が起こる．ゼブラフィッシュ（*Danio rerio*）での実験によれば，アポトーシスが色素胞減少の一因である[10-6]．

神経系と内分泌系の作用を白背地と黒背地で比べてみよう．白背地では**交感神経**が活発になり神経終末から**ノルアドレナリン**（noradrenalin）の放出が増える．その結果，色素胞内で色素が収縮して体色が明るくなる．内分泌系では**視床下部**と**下垂体中葉**で体色変化に関わるペプチドホルモンが産生される．視床下部では，外側隆起核で産生される**メラニン凝集ホルモン**（melanin-concentrating hormone：MCH）が白背地で増加する．MCHは色素胞に作用し，色素を凝集して体色を明るくする．下垂体中葉ではMCHと逆の作用を発揮する**黒色素胞刺激ホルモン**（melanophore-stimulating hormone：MSH）が産生される．皮膚から剥離した鱗を*in vitro*で処理すると，MCHとMSHは相異なる活性を示す．その作用は用量依存的である．しかし，魚体そのものにこれらを注射などにより投与した場合，すなわち*in vivo*で

> **コラム 10.2**
> **色素細胞のいろいろ**
>
> 　魚類など外温脊椎動物の色素細胞は「色素胞（chromatophore）」と呼ばれる．光吸収性の黒色素胞（melanophore），赤色素胞（erythrophore），黄色素胞（xanthophore），白色素胞（leucophore），青色素胞（cyanophore）では細胞内での色素顆粒の拡散や凝集により，色調が変化する．色素の運動は上から眺めた路上の雨傘をイメージすればよい．開けばカラフルな傘で埋め尽くされ，たためば地面が見える．虹色素胞（iridophore）は光反射性であり，反射層板の移動により反射光の色調が変わる．

はこの限りではない．MCH を投与すると色素が凝集して体色が明るくなる．だが MSH の場合は大量に投与しても体色は変化しない[10-7]．これは交感神経の支配が強く，MSH がそれに拮抗しないためである．

## 10.4　魚類の体色変化におけるホルモンの相互作用

　真骨類の MCH は 17 個のアミノ酸残基でできている．視床下部で産生されたのち下垂体神経葉に蓄えられ，そこから血液中に分泌される[10-7]．全身を巡る MCH は色素胞の MCH 受容体に結合して色素凝集活性を表す．マツカワでの実験によれば，白背地では脳内で *mch* 遺伝子発現量が増加し MCH 含量も増える．血液中の MCH 濃度も上昇する．このような個体の体色は明るい．MCH の場合は遺伝子発現量と血中濃度の高低が直線的に色素凝集の程度に結びついている．ただし白背地では交感神経の活動も高くなっているので，色素の凝集は MCH とノルアドレナリンの協働作用の結果である．

　MCH は脊椎動物に共通して存在する神経ペプチドである．しかし軸索が下垂体神経葉に投射して**神経内分泌**の形態を示すことは真骨類に特有の形態学的特徴である[10-8]．他の脊椎動物では MCH はほとんど脳内で作用する．ちなみにサメ類では皮膚に MCH 受容体遺伝子の発現が認められない．した

# 10章 光があやつる魚類の体色とホルモン

がって in vitro で MCH を皮膚に添加しても色素が凝集しない．カエルの皮膚では MCH は色素を凝集させず，逆に拡散させる．

MSH にはいくつかの種類がある．真骨類には α-MSH と β-MSH があり，ハイギョ類にはさらに γ-MSH がある．軟骨魚類にはこれらに加えて δ-MSH が存在する．これらは共通前駆体の**プロオピオメラノコルチン**（proopiomelanocortin：POMC）から翻訳後プロセッシングにより生じる．脊椎動物に共通して存在する α-MSH の作用がよく調べられている．POMC には**副腎皮質刺激ホルモン**（adrenocorticotropic hormone：ACTH）と**エンドルフィン**（endorphin：END）も含まれる．そのため，*pomc* 遺伝子の発現動態が α-MSH の機能にのみ対応するとは限らない．α-MSH は下垂体中葉の MSH 細胞で産生される，13 個のアミノ酸残基でつくられているペプチ

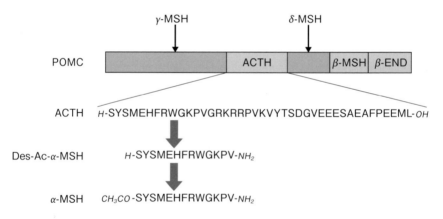

### 図 10.4 黒色素胞刺激ホルモンの構造

黒色素胞刺激ホルモン（MSH）は副腎皮質刺激ホルモン（ACTH）やエンドルフィン（END）とともに共通前駆体のプロオピオメラノコルチン（POMC）に含まれている．MSH には複数の分子が存在する．キンギョ，サケ，マツカワなどの真骨類では α-MSH と β-MSH だが，チョウザメなどの原始的条鰭類，ハイギョとシーラカンス（肉鰭類）および四肢動物には γ-MSH も存在する．サメ，エイ，ギンザメなどの軟骨魚類にはさらに δ-MSH もある．図は真骨類 POMC の模式図を表し，それに γ-MSH と δ-MSH の挿入部位を示した．ACTH は POMC の中央部から翻訳後プロセッシングにより切り出される．α-MSH は ACTH のアミノ末端部から切り出されたペプチドであり，Des-Ac-α-MSH を経てアミノ末端にはアセチル基（$CH_3CO$-）が付加する．これらのカルボキシル末端はアミド化（$-NH_2$）している．

## 10.4 魚類の体色変化におけるホルモンの相互作用

ドである．分子の両端は修飾されている．先頭（アミノ末端）のアミノ酸はアセチル化され，最尾部（カルボキシル末端）のアミノ酸はアミド化されている（図10.4）．α-MSHには分子の先頭に酢酸分子が1分子付加（アセチル化）している分子と，付加していない分子がある．アセチル化している前者がα-MSHであり，アミノ末端遊離の分子はDes-Ac-α-MSHと略称される．

背地色と $pomc$ 遺伝子発現などの関係は魚種によりまちまちである．黒背地において，キンギョ（$Carassius\ auratus$）では $pomc$ 遺伝子発現は高まるが，マツカワでは白背地と黒背地でそれぞれ長期間飼育しても下垂体中葉の $pomc$ 遺伝子発現に差は認められない．下垂体中の α-MSH 含量はサケ類では黒背地で高く白背地で低い．ヒラメ（$Paralichthys\ olivaceus$）では逆に黒背地で低いことから，下垂体に留まることなく分泌が活発に行われていることが推測される．α-MSHの血中濃度はサケ科魚類では黒背地で高いが，マツカワやヒラメでは必ずしも高くはない．むしろストレスが血中濃度に影響する可能性がある．このようにα-MSHと背地色の関係は，MCHほど明瞭ではない．魚類では種によってα-MSHの産生と分泌は背地色に必ずしも依存しないことが示唆される．

α-MSHの形態学的体色変化への関与を示す事例がいくつかある．サケ科魚類の体色は黒背地で黒くなる．この飼育を長期間続けると下垂体のα-MSH含量が増え，血中濃度も高くなる．キンギョでも黒背地で $pomc$ 遺伝子発現が上昇し，色素胞数が増える．マツカワでもDes-Ac-α-MSHの濃度を高めてやると黒色素胞数が増加する．

生理学的体色変化についてはマツカワをモデルとしてα-MSH，ならびにMCHにまつわる現象を整理しよう．内分泌系ではMCHの分泌は背地色に応じて容易に変動するが，α-MSHの分泌は背地色になかなか応答しない．一方，神経系では交感神経の作用は白背地で強い．これらに基づくと以下のように一応の推察ができる（図10.5）．α-MSH類は常に一定の濃度で色素拡散を刺激している．これに対してMCHと交感神経からのノルアドレナリンの作用は白背地で強く黒背地で弱い．しかも背地色に依存してすばやく変化する．ようするに，定常的に存在するα-MSHの作用は白背地では相対的

10章　光があやつる魚類の体色とホルモン

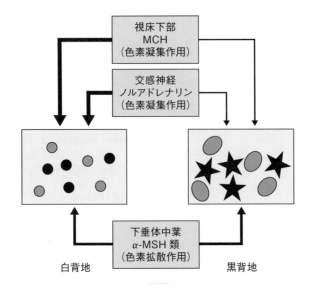

**図10.5　内分泌系と神経系による魚類体色調節のモデル**
下垂体中葉からのα-MSH類を介する色素拡散作用は定常的であり，背地色に応答する作用の変化はない．MCHとノルアドレナリンをそれぞれ介する視床下部と交感神経の色素凝集作用は背地色に応じて変動し，白背地で強く黒背地で弱い．α-MSH類の活性の強度は相対的なものであり，白背地で弱く，黒背地で強い．このモデルに従うとマツカワの体色調節はMCHとノルアドレナリンに支配されている．α-MSH類はつねに色素胞を維持する「縁の下の力持ち」にたとえられる．

に弱くなるが，黒背地では抑制的作用から解放されて相対的に強くなる．マツカワでは背地色に応じて作用が変動するのはMCHとノルアドレナリンであり，α-MSHは縁の下の力持ちとして定常的な役割を担っているのであろう[10-7]．

　以上のように，内分泌系と神経系の協働により眼で得られた光環境の情報が皮膚に現れる．α-MSHの分泌が背地色に対応する魚種もあることなどから，マツカワが真骨類の代表とはいえないが，他の魚種でも作用の基本は同様であろう．

## 10.5 α-MSH の意外な作用

α-MSH は体色調節のみならず，全身でさまざまな生命現象に関与していることが，受容体の分布から推測される．マツカワでは調べた限りすべての組織で受容体が検出される．哺乳類の**副腎皮質**に相同な**間腎腺**での作用に注目してみよう．

頭腎に含まれる間腎腺はストレス応答に関与し，**コルチゾル**を分泌する．その分泌は下垂体前葉からの ACTH により促進される．マツカワやニジマスなどでの実験によれば，ACTH に加えて Des-Ac-α-MSH にもコルチゾル分泌活性がある．α-MSH の活性はきわめて弱い．**アセチル基**（acetyl group），つまり酢酸 1 分子の有無が活性に大きな影響を及ぼしていることがわかる．キンギョではどちらにも活性が認められない．このような活性の

表 10.2　α-MSH 類の魚類における多様な作用

| 作用 | 魚種 | 細胞・組織 | Des-Ac-α-MSH | α-MSH | 発現受容体 |
| --- | --- | --- | --- | --- | --- |
| 色素拡散 | マツカワ | 黒色素胞 | ○ | × | MC1R (MSH 受容体), MC5R |
|  | マツカワ | 黄色素胞 | ○ | ○ | MC5R |
|  | ヒラメ | 黒色素胞 | ○ | × | MC1R (MSH 受容体), MC5R |
|  | ヒラメ | 黄色素胞 | ○ | ○ | MC5R |
|  | キンギョ | 同 | ○ | ○ | MC1R (MSH 受容体), MC5R ? |
| コルチゾル分泌促進 | ティラピア | 頭腎（間腎腺） | ○ | × | 報告なし |
|  | マツカワ | 同 | ○ | × | MC2R (ACTH 受容体), MC5R |
|  | キンギョ | 同 | × | × | MC2R (ACTH 受容体) |
|  | コイ | 同 | 報告なし | × | MC2R (ACTH 受容体), MC5R |
|  | ニジマス | 同 | ○ | × | 報告なし |
| 脂質分解 | ニジマス | 肝臓 | ○ | × | 報告なし |

活性が認められている場合を○で示し，活性がきわめて弱いか認められていない場合（検出限界以下を含む）を×で示す．キンギョ黄色素胞では *mc5r* mRNA が検出されることもある．MSH 受容体と ACTH 受容体はまとめてメラノコルチン受容体（MC 受容体）と呼ばれ，5 種類のサブタイプが存在する．MC 受容体が 2 種類存在するとき，多くの場合，α-MSH の活性は認められない．（主として引用文献 10-7 にもとづいて作成）

差異が受容体分子に依存する可能性が示されている（**表 10.2**）.

ACTH は ACTH 受容体と MSH 受容体の両方と相互作用できる. α-MSH と Des-Ac-α-MSH は MSH 受容体とは相互作用するが, ACTH 受容体とはしない. ACTH 受容体は存在するが MSH 受容体は認められないキンギョの頭腎では, ACTH はコルチゾル分泌を刺激するが, α-MSH と Des-Ac-α-MSH に活性は認められない. ACTH 受容体と MSH 受容体の両方が存在するマツカワの頭腎では Des-Ac-α-MSH には活性が認められるが, α-MSH にはほとんど認められない. この差異は受容体の高次構造に起因するらしい. ACTH 受容体と MSH 受容体が同一細胞に共存するとき, 両者は会合してヘテロマーを形成しており, その親和性は Des-Ac-α-MSH に対して高く, α-MSH には低いとする説が提唱されている. これを支持する現象がカレイ目魚類の色素胞で得られている.

マツカワとヒラメの鱗には**黒色素胞**と**黄色素胞**が豊富に存在する. 黄色素胞には MSH 受容体が 1 種類のみ認められるが, 黒色素胞には 2 種類のタイプが存在する. これらにおける MSH 類の作用は異なる. 黄色素胞では α-MSH と Des-Ac-α-MSH がともに有効である. 黒色素胞では Des-Ac-α-MSH は有効であるが, α-MSH はほとんど無効である. 2 種類の MSH 受容体が会合している状態に対して Des-Ac-α-MSH は結合できるが, α-MSH は結合できない, あるいは結合したとしても細胞内の信号伝達系に効果を及ぼすことができないと考えられている. 培養細胞を用いる薬理学的実験では受容体ヘテロマーの作用はよく調べられているが, 生体でその作用が如実に認められた例は少ない. 魚の鱗という身近な実験材料から, ホルモンが関わる新しい現象が光学顕微鏡レベルで見つけられた好例である.

光と内分泌現象の関連を α-MSH に焦点を絞って考察するには, サケ科魚類がよい. *pomc* 遺伝子の発現や血中 α-MSH 濃度が光環境, 少なくとも背地色に応じて変動するからだ. 黒背地のニジマスは白背地よりも血中コルチゾル濃度が高い. これは黒背地で MSH 類の分泌量が高くなっているためだと推定される. Des-Ac-α-MSH はニジマスの肝臓では**脂質分解作用**を促進する. これらにもとづくと, サケ科魚類においては, ストレス応答と代謝に

影響を及ぼす環境因子として，光環境が浮上する．

## 10.6 光があやつる生命現象

真骨類以外の脊椎動物では，MCH の役割の多くは脳内での機能に限定される．その代表は**食欲亢進**である．一方，真骨類では MCH ニューロンが**下垂体神経葉**に投射しており，MCH が血中に分泌される．したがって，光環境の変化は MCH を介して中枢と末梢の両方に影響する．末梢でのおもな作用はもちろん皮膚での色素凝集だ．真骨類の中枢でも哺乳類と同様に MCH が食欲を亢進するならば，白背地で MCH 産生が高まった状態では摂餌量が増加するはずだ．この考えは，マツカワにおいて白背地で摂餌量が増え，成長も促進されたことから支持される[10-7]．これは光が魚類の生理に影響を及ぼすことを如実に示すものであり，化学物質である MCH が，物理的因子としての光を魚体内につなげる作用するインターフェースであることを想起させる．

自然光にはすべての可視光線が含まれる．これらの波長を受け取る網膜には特定の波長を感知するオプシンが存在する．食欲の亢進や *mch* 遺伝子発現の増加に可視光の波長がすべて必要なのであろうか．言い換えれば，すべてのオプシンを刺激する必要があるのだろうか．ヒントはまずマツカワで得られた．青，緑あるいは赤のフィルターを通過した蛍光灯の光を照射したところ，緑色光照射下での成長が優れていた[10-9]．自然光と天井からの蛍光灯の明かりが混じった環境光を光源とした場合でも同様の結果が得られた．**発光ダイオード**を光源とした場合でも，やはり緑色光が成長促進に有効との実験結果が得られている．マツカワでは研究中であるが，キンギョでは特定の光波長が *mch* 遺伝子の発現に影響することが知られている．

## 10.7 展望

眼の誕生が脊椎動物の多様性の原動力になったことは定説である．そのためには，そもそも光の存在が必要であることに異論はなかろう．光が魚類生理や内分泌に影響することは，光周期と成長や成熟の関係，明暗や背地色と

体色の関係などから示されてきた．近年進展した研究から，魚類の色覚が優れていることがわかってきた．そして筆者らの研究により，特定波長光が内分泌現象や行動と密接に関連していることが次第に明らかになってきた．光は体色を通じた生体防御のみならず，さまざまな現象に関わる．そのなかでも，成長や生存に有利な生命現象と光との結びつきは，はたして魚類にのみ存在するのか，それとも哺乳類のような他の脊椎動物にも認められるものなのか，興味はつきない．

**10章 参考書**

会田勝美・金子豊二 編 (2013)『改訂増補版 魚類生理学の基礎』恒星社厚生閣.

日高敏隆 (1983)『動物の体色』東京大学出版会.

日本比較生理生化学会 編 (2009)『見える光，見えない光』共立出版.

Norris, D. O., Carr, J. A. (2013) "Vertebrate Endocrinology, 5th ed." Academic Press.

Parker, A.（渡辺正隆・今西康子 訳）(2006)『眼の誕生』草思社.

Reinecke, M. *et al.* eds. (2006) "Fish Endocrinology, Vol. 1 & 2" Science Publishers.

Takei, Y. *et al.* eds. (2015) "Handbook of Hormones: Comparative Endocrinology for Basic and Clinical Research" Elsevier.

**10章 引用文献**

10-1) Chinen, A. *et al.* (2003) Genetics, **163**: 663-675.

10-2) Hope, A. J. *et al.* (1997) Proc. Natl. Acad. Sci. USA, **264**: 155-163.

10-3) Kasagi, S. *et al.* (2015) Gene, **556**: 182-191.

10-4) Kawamua, S., Kubotera, N. (2003) Gene, **321**: 131-135.

10-5) Kusnetzow, A. *et al.* (2001) Biochemistry, **40**: 7832-7844.

10-6) Sugimoto, M. *et al.* (2000) Cell Tissue Res., **301**: 205-216.

10-7) Takahashi, A. *et al.* (2014) Aqua-BioSci. Monogr., **7**: 1-46.

10-8) Baker, B. I. (1991) Int. Natl. Rev. Cytol., **126**: 1-47.

10-9) Yamanome, T. *et al.* (2009) J. Exp. Zool. A, **311**: 17-25.

10-10) 宝月欣二 (1971)『海の生態』共立出版.

# 11. 魚類の粘液

筒井繁行

　水という媒体は，多くの病原微生物の生存や増殖に都合の良い環境である．水中生活者である魚類の皮膚は，直接かつ恒常的にその水と接しているため，常に感染の危機に曝されている．そのため魚類はその皮膚に，粘液による独自の防御メカニズムを備えている．粘液中に分泌されるレクチンや抗体などのタンパク質，ペプチドは病原微生物に対する防御を担う．また，ストレスや成熟に関わるホルモンは粘液による生体防御能に影響を与える．本章では硬骨魚類を中心に，魚類の皮膚とそれを覆う粘液中の防御因子について解説する．

## 11.1 粘液のもつ意味とは？

　**粘液**は，生物が体外に分泌する粘性の高い液体とされ，一般的にそのヌメリ成分の正体は，巨大な糖タンパク質として知られるムチンである．この粘液は，**粘液細胞**と呼ばれる細胞や粘液腺で産生され，体外に分泌される．

　この粘液細胞や粘液腺は，ほとんどすべての多細胞生物に存在すると言われている．われわれヒトを始めとする哺乳類も，肺や消化管などの表面に粘液細胞を有しており，したがってその表面は粘液で覆われている．これらの組織は体の内側に埋没しているものの，じつは外部環境と直に接しており，さまざまな病原微生物が侵入しうる場所である．粘液は，これらの組織を保護するための物理的バリアとして機能している．加えて，哺乳類の粘液にはムチン以外にも，抗体やリゾチームなどの生体防御因子を始めとするさまざまな生理活性物質が含まれており，感染に対する化学的な防御も担っている（図 11.1）．

　多くの魚種の皮膚も粘液に覆われている．水との摩擦抵抗を軽減する潤滑剤として機能しているという説もあるが，魚類の皮膚粘液も哺乳類の消化管

# 11章　魚類の粘液

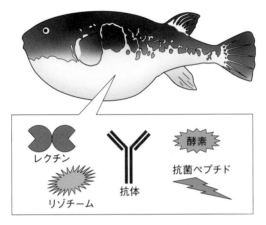

図 11.1　魚類の皮膚粘液中の防御因子

や肺の粘液と同様，防御壁として働いていることは想像に難くない．ではなぜ魚類の場合，皮膚が粘液で保護されているのだろうか？

哺乳類の皮膚はカサカサしている．これは最表面が角質層という，死細胞の層によって覆われているためである．この皮膚の角質化は，もともとは四肢動物の祖先が陸上に進出した際の，乾燥から身を守るための適応といわれているが，結果的にこれが病原微生物の侵入に対する丈夫なバリアとしても機能している．一方で魚類の皮膚は最表面も角質化されておらず，生きた細胞がむき出しの状態で外部環境に曝されている．そのため，この皮膚を守るために，魚類の皮膚は粘液に覆われているのである．

## 11.2　皮膚を構成する細胞

魚類の皮膚も基底膜を境にして表皮と真皮に分けられる．魚類の表皮は，重層で比較的小型の上皮細胞と粘液細胞から構成される．粘液細胞はやや大型で，ムチンを含む部分は PAS（periodic acid-schiff）陽性であるが，エオシン（Eosin）では染色されない．

これら2つの細胞はほぼすべての魚種の表皮において共通と考えられるが，これら以外の細胞もいくつかの魚種で確認されている．たとえば，ウナ

## 11.2 皮膚を構成する細胞

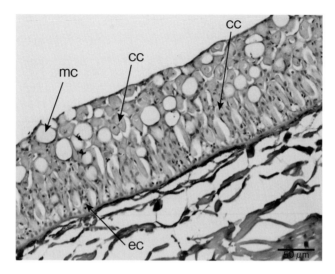

図 11.2 アナゴ（*Conger myriaster*）の皮膚の組織切片
ヘマトキシリン-エオシン染色．cc：棍棒細胞，mc：粘液細胞，ec：上皮細胞．スケールバーは 50 μm を示す．（口絵Ⅶ-11章と同じ）

ギ目，ナマズ目，コイ目などの表皮には，大型で棍棒状の形態が特徴的な**棍棒細胞**（こんぼう）が存在する（図11.2）．また，フグ目，カサゴ目などには，大型で PAS 陰性の嚢状細胞を表皮にもつ．これらの細胞の機能については不明な点が多いが，ウナギやアナゴの棍棒細胞には**レクチン**（11.6節参照）が，骨鱗（こつりん）上目のそれには仲間に危機を知らせる警戒物質が含まれていることから，分泌細胞としての機能ももつようである．フグ目の嚢状細胞については，フグ毒を蓄積しているとの見方もあるが，詳しいことはわかっていない．

それ以外にも，しばしば表皮の基底膜付近にリンパ球様の細胞が観察される．多くの魚類の皮膚粘液中に**抗体**（**IgM**）が存在することは古くから知られており，この事実から考察すると，これら表皮のリンパ球様細胞の一部は **B 細胞**であると考えられる．事実 *in situ* ハイブリダイゼーション法により，トラフグの表皮に IgM$^+$細胞，おそらく B 細胞が分布していることが示されている[11-1]．

## 11.3 粘液中の防御因子：①抗体

　抗体が魚種の粘液中に存在することは先に述べた．抗体は予防注射で血中に誘導される分子として有名である．そのため抗体は血中にのみ存在すると思っている読者も多いかもしれない．しかし，じつはわれわれヒトを始めとする哺乳類においても，外部環境と接する肺や消化管の粘液中に抗体が豊富に存在する．ただし哺乳類の粘液中の抗体は IgA というクラスであり，魚類の皮膚粘液中のそれは IgM である．魚類は IgA をもたない．

　哺乳類は IgM や IgA に加え，IgG, IgD, IgE の5クラスの抗体をもっている．一方，硬骨魚類では，長い間実質的な抗体は IgM のみと考えられてきた．しかし 2005 年に，ニジマスから硬骨魚類に特有の抗体が発見され，硬骨魚類を意味する英語 Teleost にちなみ，IgT と名づけられた[11-2]．IgT の皮膚粘液中での存在や機能はいまだ不明であるが，この抗体がニジマスにおいて腸管粘液中に存在し，寄生虫に対する防御を担っていることが示されている．

　抗体の産生は内分泌系の働きによる影響を受ける．ストレス時には副腎皮質ホルモン（おもにコルチゾル）の分泌が亢進する．コルチゾルはさまざまな作用をもつが，その1つに免疫系の抑制がある．ニジマス（*Oncorhynchus mykiss*）にコルチゾルを投与すると，リンパ球の減少，リンパ球における抗体産生能の低下，そして血中や体表粘液中の抗体量が減少する．また，性成熟に関連した内分泌系の作用も免疫系に影響する．サケ科魚類の多くは産卵後に死亡する．ニジマスのように産卵後も生き残る場合もあるが，カビ病のような体表面の疾患が生じやすくなる．産卵期に分泌される性ステロイドはリンパ球の抗体産生能を抑制する．加えて，産卵期にはコルチゾルも分泌されるため，内分泌系の複合的な作用により免疫能が低下する．

　ところで，魚類の表皮は重層構造をとっている．したがって，基底膜付近に分布するB細胞から，粘液中に直接 IgM を分泌することは不可能である．では，魚類のB細胞は，どうやって抗体を粘液中に放出しているのだろうか？その答えは，哺乳類の消化管が教えてくれそうだ．

## コラム 11.1
## 哺乳類消化管の IgA 分泌メカニズム

　哺乳類の消化管において，IgA を産生する B 細胞は粘膜固有層に分布し，粘液との間には粘膜上皮が存在する．この粘膜上皮を構成する円柱上皮細胞が，ポリ Ig レセプター（pIgR）と呼ばれる受容体を使って基底膜側に分泌された IgA をキャッチし，細胞内に IgA を引きずり込む．その後，小胞体輸送により粘液側に IgA を運び，pIgR ごと粘液中に IgA を露出させる．この時，pIgR の一部が切断され，IgA が粘液中に放出される．この IgA には，切断された pIgR の断片が結合したままになっており，この断片を Secretory Component（分泌成分，SC）と呼ぶ．ちなみに血漿中にも IgA は存在するが，こちらの IgA は血管中の B 細胞から直接分泌されるため，SC は付いていない．したがって SC は粘液 IgA の目印とも言える．

　じつはこの工程と同様のことが，魚類の皮膚でも起きているようだ．トラフグ（*Takifugu rubripes*）において，*pIgR* 遺伝子がクローニングされ，2 個の IgA 結合部位をもつこと（ただし哺乳類 pIgR のそれは 5 つ），およびこの遺伝子が皮膚で発現していることが示されている[11-1]．しかも免疫沈降法により，トラフグ皮膚粘液中の IgM に SC が結合していることも明らかにされている[11-1]．どうやら魚類の皮膚粘液 IgM も，上皮細胞の手助けを借りて分泌されるらしい．

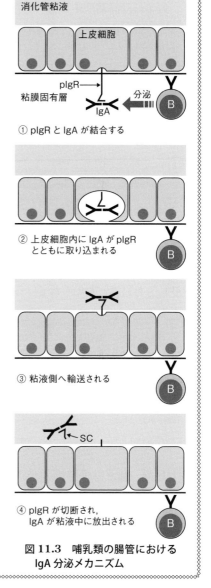

① pIgR と IgA が結合する

② 上皮細胞内に IgA が pIgR とともに取り込まれる

③ 粘液側へ輸送される

④ pIgR が切断され，IgA が粘液中に放出される

図 11.3　哺乳類の腸管における IgA 分泌メカニズム

## 11.4 粘液中の防御因子：②酵素

魚類の皮膚粘液中には，さまざまな抗菌性の酵素が存在している．細菌の細胞壁の構成成分であるペプチドグリカンは，N-アセチルグルコサミンとN-アセチルムラミン酸という2つの糖の繰り返し構造からなるが，この糖の間の結合を加水分解する**溶菌酵素（リゾチーム）**も，1980年にアメリカナマズ（*Ictalurus punctatus*）の皮膚粘液から活性が検出されて以来，さまざまな魚種の粘液において活性が認められている．2004年にはニジマスの皮膚粘液から2タイプのリゾチームが精製され，その一次構造が示された[11-3]．鳥類では卵白に，ヒトでは涙などに多く含まれていることで有名なこの酵素が，魚類では皮膚粘液に存在する点は興味深い．

カテプシンなどの**タンパク質分解酵素（プロテアーゼ）**も，おもにウナギ（*Anguilla japonica*）の粘液から見いだされており，病原微生物のタンパク質を分解することで防御にあたっている．逆にプロテアーゼインヒビターもウナギの粘液中に認められているが，これは細菌などが分泌する酵素に対抗する意味をもつと考えられている．

近年，新しいタイプの抗菌性酵素として，**L-アミノ酸オキシダーゼ**（LAO）がクロソイ（*Sebastes schlegeli*）の皮膚粘液から見出された[11-4]．LAOはフラビン酵素の1種であり，基質のL-アミノ酸を脱アミノし2-オキソ酸に変換する反応を触媒する．LAO自体に直接的な抗菌作用はないが，この反応において過酸化水素が産生され，これが細菌を攻撃する．トゲカジカ（*Myoxocephalus polyacanthocephalus*）やヌマガレイ（*Platichthys stellatus*）などの皮膚粘液からもこのような抗菌性LAOが見つかっている．

## 11.5 粘液中の防御因子：③抗菌ペプチド

**抗菌ペプチド**とは文字どおり抗菌作用をもつペプチドのことであり，現在までに，さまざまな動物のさまざまな組織から，数多くの抗菌ペプチドが発見されている．魚類の皮膚粘液からも多くの抗菌ペプチドが見いだされているが，これらの多くは**両親媒性ペプチド**または**ヒストン分解産物**に大別され

## 11.5 粘液中の防御因子：③抗菌ペプチド

る．これらの抗菌メカニズムはじつに巧妙である．

両親媒性ペプチドは10～数十アミノ酸残基からなるペプチドで，それらの間に保存されたアミノ酸配列などはとくに存在しないものの，その物理化学的性質にはいくつかの共通点がある．第一に，このペプチドは塩基性のアミノ酸を多く含んでおり，したがって正の電荷を帯びている．また，親水性のアミノ酸と疎水性のアミノ酸をバランスよく含んでおり，親水性領域と疎水性領域を併せもった立体構造をとっている．これが両親媒性と呼ばれる所以である．さらに，多くの場合，αヘリックス構造，すなわち，らせん型の構造を有している．

細菌の細胞膜は酸性のリン脂質に富んでおり，負に帯電している．この細胞膜はまたATP産生の場としても重要であるが，正に帯電している両親媒性ペプチドは細菌の細胞膜に強く結合し，細胞膜電位を消失させることで細菌にダメージを与える．また，両親媒性という特性を活かし，細菌の細胞膜に入り込む．さらに，らせん構造という特性を活かし，ドリルのように細胞膜を突き抜けて孔をあけ，内容物を流出させることで効果的に殺菌する．このタイプの粘液抗菌ペプチドはドジョウ（*Misgurnus anguillicaudatus*）から見つかっているほか，ミナミウシノシタ（*Pardachirus pavoninus*）やWinter flounder（*Pleuronectes americanus*）など，とくにカレイ目からの報告が多い[11-5]．硬骨魚類以外の魚種では，円口類であるヌタウナギの仲間（*Myxine glutinosa*）から両親媒性ペプチドが見つかっている[11-5]．

もう一方のヒストン分解産物もきわめてユニークなペプチドである．ヒストンといえば，真核生物の核内に存在し，DNAと結合してヌクレオソーム構造を維持する巨大なタンパク質として有名である．しかし意外なことに，これが分解されて生じたペプチド断片がナマズ類，マス類，オヒョウ・カレイ類の粘液中に存在し，強い抗菌作用を示すことが報告されている．軟骨魚類においても，コモンカスベ（*Raja kenojei*）の皮膚からこのタイプと思われるペプチドが単離されている[11-5]．

このヒストン分解産物の産生メカニズムや抗菌メカニズムについて，韓国のグループが優れた研究成果を報告しており，とくにナマズ（*Parasilurus*

11章　魚類の粘液

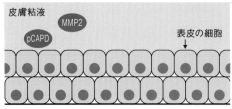

①粘液中には恒常的にマトリクスメタロプロテアーゼ2（MMP2）とプロカテプシンD（pCAPD）が存在する．

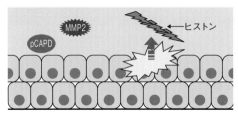

②受傷により，表皮の細胞からヒストンが流出するとともにMMP2が活性化する．

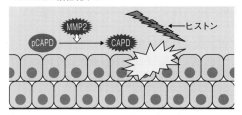

③MMP2がpCAPDを切断し，カテプシンD（CAPD）が産生される．

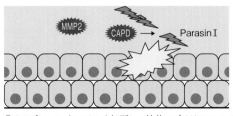

④カテプシンDがヒストンを切断し，抗菌ペプチドParasin Iが産生される．

**図11.4　ナマズ抗菌ペプチド産生メカニズム**

*asotus*）で詳細が明らかにされている[11-6]．ナマズの皮膚が損傷した際，ダメージを受けた細胞から粘液中にヒストンが流出する．このヒストンがカテプシンDによって切断され，N末端側の19残基からなる，Parasin Iと名づけられたペプチドが産生され，これが抗菌活性を示す．また，このカテプシンDの活性化カスケードも詳細が明らかにされており，そのみごとなしくみに驚愕する．すなわち，粘液中にはマトリクスメタロプロテアーゼ2と呼ばれる酵素が常に存在するが，この酵素は受傷により活性化され，カテプシンDの前駆体プロカテプシンDを切断し，活性型カテプシンDが生じるのである（図11.4）．

他の抗菌ペプチドの多くがおもに細菌の細胞膜にダメージを与えるのに対し，ヒストン由来抗菌ペプチドは細菌の細胞膜を傷つけることなくすり抜け，細胞質内に侵入することができる．細菌は原核生

物であり，核膜がない．したがってヒストン由来抗菌ペプチドが侵入した細胞質内には，細菌のDNAが染色糸として存在している．この抗菌ペプチドはもともとDNA結合タンパクであるヒストンの一部であるため，細菌内でもその特性を遺憾なく発揮し，細菌のDNAに結合する．その結果，細菌の遺伝子の複製や転写が阻害される．

## 11.6 粘液中の防御因子：④レクチン

レクチンは「糖との結合能を有するタンパク質の総称」として定義される．レクチンの機能は多岐にわたっているが，病原微生物の表面にはさまざまな糖鎖が存在しており，これを特異的に認識することで，生体防御の一役をも担っている．実際，哺乳類の血漿中のマンノース結合レクチン（MBL）と呼ばれるレクチンが補体系を活性化させたり，無脊椎動物の多くのレクチンが白血球の貪食能を増加させたりすることが知られている．

魚類の粘液レクチンも免疫に関与しているとされており，その機能のうちの1つに，細菌に対する凝集がある（図11.5）．一般にレクチンには糖鎖結合部位が2か所以上あるとされており，したがってレクチンが細菌を架橋し，凝集を起こしうるのである．しかしレクチンにも得意不得意があるよう

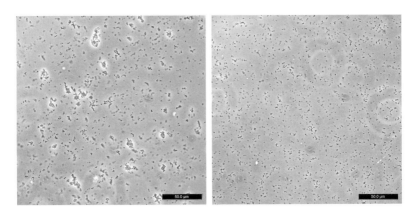

図11.5 ナマズ粘液レクチンによって凝集した魚病細菌（*Aeromonas salmonicida*）
スケールバーは50 μmを示す．

で，すべての細菌を凝集するわけではないらしい．たとえばウナギ粘液中のAJL-1 というレクチンは，グラム陽性菌 *Streptococcus difficile* を凝集するが，4種のグラム陰性細菌に対しては凝集活性を示さない[11-7]．トラフグ粘液レクチンはさらに好き嫌いが激しく，飼育水と皮膚から単離した細菌株 120 株のうち，わずか 11 株しか凝集しない[11-8]．自身を攻撃しうる細菌にのみ凝集効果を示すのかもしれないが，詳細は明らかにされていない．

ところで，この凝集が，生体防御上どのような効果をもたらすのだろうか？1つには，病原細菌の動きを封じる，というのがあるだろう．もう1つ，細菌を凝集塊にして，粘液の流れに乗じて丸ごと体外へ排出する効果があるのかもしれない．その可能性を示すデータが，トラフグにおいて報告されている．トラフグ粘液レクチンがわずかな細菌株しか凝集しないことは先に述べた．しかし興味深いことに，飼育水由来株と皮膚由来株に対する凝集率を比較すると，皮膚から直接単離した細菌株に対する凝集率がわずかに 5％であるのに対し，飼育水由来の細菌株に対するそれは 32％と高い[11-8]．

ウナギの AJL-2 と呼ばれる粘液レクチンは大腸菌を凝集するばかりでなく，大腸菌の増殖を抑制する静菌作用ももっている[11-9]．しかし直接細菌を殺す，すなわち殺菌作用をもつ魚類粘液レクチンは，今のところ見つかっていない．また，細菌以外の病原微生物に対する粘液レクチンの機能もほとんど明らかにされていない．唯一，トラフグ粘液レクチンが単生類寄生虫 *Heterobothrium okamotoi* に結合することが示されているが，その効果は不明である[11-10]．

もう1つ，粘液レクチンの注目すべき機能として，アナゴ粘液レクチンの**オプソニン効果**（白血球の食能を高める効果）を紹介したい．中村らは，アナゴの粘液レクチンを非共有結合させた蛍光ビーズをアナゴの白血球に添加したところ，未処理の蛍光ビーズよりも有意に貪食率が高かったことを報告している[11-11]．かつ，このレクチンの特異糖であるラクトースにより，レクチン標識ビーズの被貪食率は低下した．これらの結果は，アナゴ粘液レクチンが，2つ以上ある糖鎖結合部位の一方で異物に結合し，さらにもう一方の部位で白血球表面のリガンド（おそらくラクトースを含む糖タンパク質あ

るいは糖鎖)と結合し,貪食活性を高めていることを示唆している.すなわち,粘液レクチンと結合した異物が皮膚の傷口などから体内に侵入した際,白血球によって効率良く処理されるのではないだろうか？

## 11.7 粘液レクチンの多様性

　上記のように，レクチンは糖鎖結合タンパク質の総称と定義される．すなわち，これは機能面からの定義であり，簡単に言うと糖と結合する機能さえあれば，どんなタンパク質でもレクチンの称号を得られるのである．したがって，じつは分子進化学的に無関係な，さまざまなタイプのレクチンファミリーが存在しており，しかもウイルスや細菌から動植物まで，生物界に広く存在している．

　レクチンは 17 世紀にマメ科植物から見つかった．したがって初期の研究は植物を対象としたものが主体であったが，1970 年代にマウスの肝レクチンが発見されて以来，これまでに数多くの動物レクチンが報告されている．これら動物レクチンも，C 型レクチンやガレクチンなど，さまざまなファミリーに分類される．魚類においても，血漿や卵などから，じつにさまざまなレクチンが見いだされている．

　伝統的に，レクチン活性はウサギなどの動物の赤血球に対する凝集活性を測定することで評価される．動物の赤血球の表面にはさまざまな糖鎖が存在しており，しかも赤いため肉眼によって簡単に凝集の有無を判別できるからである．さまざまな魚種の皮膚粘液抽出液が赤血球を凝集することが古くから知られており，多くの魚類の皮膚粘液中にレクチンが存在しているものと長い間考えられてきた．ここで，粘液レクチンの研究には日本人研究者の貢献が大きいことを強調しておきたい．まず，1980 年に神谷らにより，Windowpane flounder（*Lophopsetta maculata*）から初めて粘液レクチンが精製されている[11-12]．以後，アナゴ粘液レクチンのアミノ酸配列が 1992 年に村本と神谷によって明らかにされたことを皮切りに[11-13]，現在のところ，少なくとも 6 目 8 種から 7 タイプの皮膚粘液レクチンの一次構造が報告されている（表 11.1）．

## 11章　魚類の粘液

**表11.1　魚類皮膚粘液レクチンの構造**

| 目 | 種 | レクチン名 | タイプ |
|---|---|---|---|
| ガンギエイ目 | コモンカスベ | csPTX | ペントラキシン |
| ウナギ目 | アナゴ | congerin I | ガレクチン |
|  |  | congerin II | ガレクチン |
|  |  | conCL-s | C型レクチン |
| ウナギ目 | ウナギ | AJL-1 | ガレクチン |
|  |  | AJL-2 | C型レクチン |
| ナマズ目 | ナマズ | saIntL | インテレクチン |
| カサゴ目 | マゴチ | FHL | カリクレクチン |
| カサゴ目 | Scorpaena plumieri | Plumieribetin | ユリ型レクチン |
| スズキ目 | ヒイラギ | PFL | ラムノース結合レクチン |
| フグ目 | トラフグ | Pufflectin | ユリ型レクチン |

　これほどまでに魚類皮膚粘液レクチンが多様化していることについて，現在のところ明確な答えは得られていないが，おそらく生息環境ごとに異なる病原微生物叢への適応ではないかと筆者は考えている．また，ほとんどレクチン活性が粘液中に認められない魚種も多い．たとえばサケ目やカレイ目からの粘液レクチンの情報は現在のところない．一方で，これらの目の魚種からは，粘液抗菌ペプチドが数多く報告されている．レクチンに乏しい魚種は，抗菌ペプチドなどの他の防御因子に体表の防御をゆだねているのかもしれない．

## コラム 11.2
## 魚類の皮膚粘液から発見された新奇レクチン

　魚類粘液レクチンのうち，パフレクチン[11-10]とカリクレクチン[11-14]は新奇の動物レクチンである．前者はトラフグから発見されたレクチンで，マンノースを特異的に認識する．このレクチンの発見以前は，植物と動物のレクチンはさすがに似ても似つかないだろうと考えられていたが，驚いたことにパフレクチンは，ユリ目植物のレクチンに類似していた．さらに興味深いことに，ただ構造が似ているだけでなく，その糖鎖結合部位はユリ目レクチンのそれと完全に一致している（図11.6）．後者はマゴチ粘液由来のレクチンで，同じくマンノースを特異的に認識するが，本レクチンは既知のレクチンとはまったく似ていない．その代わり，このレクチンは哺乳類の2つのセリンプロテアーゼ，すなわち血漿カリクレイン（PKL）と血液凝固因子XI（CAFXI）に類似する．しかしカリクレクチンは酵素領域を欠くため，プロテアーゼとしては機能しない（図11.7）．ゲノムデータベースを利用した研究から，魚類はカリクレクチンをもつがPKLとCAFXIをもたず，逆に哺乳類はPKLとCAFXIをもつがこのレクチンをもたないことが示唆された．カリクレクチンはPKLやCAFXIのプロトタイプなのかもしれず，分子進化を語る上でも興味深い．

```
マツユキソウ    ENILYSGETLPTGGFLSSGS--FVFIMQEDCNLVLYNVDKPIWATNTGGLS-SDCSLS
スイセン        DNILYSGETLSPGQSLNYGS--YVFIMQEDCNLVLYNVDKPIWATNTGGLS-SDCHLS
タマネギ        RNLLTNGEGLYAGQSLVVEQ--YTFIMQDDCNLVLYEYSTPIWASNTGVTGKNGCRAV
ニンニク        RNLLTNGEGLYAGQSLDVEQ--YKFIMQDDCNLVLYEYSTPIWASNTGVTGKNGCRAV
トラフグ        MSINVLEKGSELKRGDSVLSKNSKWIALFQHDGNFVVYRT-EPVVWASDTSGMD--PTRLC
               *:*  .*. *   *   :     ::*.* *:*:*.   *:**:*.  .

マツユキソウ    MQNDGNLVVYTPSNKPIWASNTDGQNGNYVCILQKDRNVVIYGTNRWATGTYTGAVGIP
スイセン        MQTDGNLVVYSPQNKAIWASNTDGENGHFVCVLQKDRNVVIYGTDRWATGTYTGAVGIP
タマネギ        MQADGNFVVYDVNGRPVWASNSRRGNGNYILVLQKDRNVVIYGSDIWFYWTY
ニンニク        MQRDGNFVVYDVNGRPVWASNSVRGNGNYILVLQEDRNVVIYGSDIWSAGTYRRSVGGA
トラフグ        MQGDCNLVMYNDEDKPRWHTNTSKGGCKTCVLSLTDEGKLVLEKDGHQLWNSDRDHGMK
               **  * *:*  ..:.*  :*:  .:    ..  ..  .:.
```

**図11.6　トラフグパフレクチンとユリ目植物レクチンのアミノ酸配列**
　*は共通のアミノ酸，:は良く似たアミノ酸，.は似たアミノ酸を表す．
　糖鎖結合部位（QDNVY配列）を網掛けで示した．

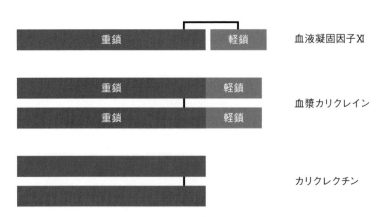

**図 11.7 マゴチカリクレクチンと哺乳類の PK・CAFXI の模式図**
PK と CAFXI は重鎖と軽鎖からなり，SS 結合（線）で図のように繋がっている．カリクレクチンはこれらの重鎖とのみ類似しており，酵素活性をもつ軽鎖を欠く．

レクチンは生体内において防御因子として重要なだけでなく，その特定の糖鎖を認識する特性から，医学，薬学，生命科学など，多くの分野において重要な研究ツールとしても活用されている．最も多様化した脊椎動物群である魚類から，今後も新奇のレクチンが発見される可能性は高いと思われる．応用面からも，今後ますます魚類レクチンの研究が発展することが期待される．

### 11 章 参考書

会田勝美・金子豊二 編（2013）『増補改訂版 魚類生理学の基礎』恒星社厚生閣．

新蔵礼子（2015）『医学のあゆみ 粘膜免疫 Update』大野博司 編，医歯薬出版，p. 375-380．

Sharon, N., Lis, H.（山本一夫・小浪悠紀子 訳）（2012）『レクチン』丸善出版．

### 11 章 引用文献

11-1) Hamuro, K. *et al.* (2007) J. Immunol., **178**: 5682-5689.

11-2) Hansen, J. D. *et al.* (2005) Proc. Natl. Acad. Sci. USA, **102**: 6919-6924.

11-3) Fernandes, J. M. O. *et al.* (2004) Comp. Biochem. Physiol., **138B**: 53-64.

11-4) Kitani, Y. *et al.* (2007) FEBS J., **274**: 125-136.

11-5) Conlon, J. M. (2015) Peptides, **67**: 29-38.

11-6) Park, I. Y. *et al.* (1998) FEBS Letters, **437**: 258-262.

11-7) Tasumi, S. *et al.* (2004) Dev. Comp. Immunol., **28**: 325-335.

11-8) Tsutsui, S. *et al.* (2006) Fish. Sci., **72**: 455-457.

11-9) Tasumi, S. *et al.* (2002) J. Biol. Chem., **277**: 27305-27311.

11-10) Tsutsui, S. *et al.* (2003) J. Biol. Chem., **278**: 20882-20889.

11-11) Nakamura, O. *et al.* (2006) Fish Shellfish Immunol., **20**: 433-435.

11-12) Kamiya, H., Shimizu, Y. (1980) Biochim. Biophys. Acta, **622**: 171-178.

11-13) Muramoto, K., Kamiya, H. (1992) Biochim. Biophys. Acta, **1116**: 129-136.

11-14) Tsutsui, S. *et al.* (2011) Glycobiology, **21**: 1580-1587.

# 12. 生体防御ペプチドによる両生類の先天的防御機構

岩室祥一・小林哲也

　両生類，とくにカエルは世界中に分布し，非常に多様な環境のなかで非常に多様な種分化を遂げている．当然，その生息環境中にすむ病原性微生物も多岐にわたることとなり，両者の間では生存を巡る戦いが展開されている．なかでも皮膚は微生物からの侵襲を最も受けやすい位置にあることから，構造的にも機能的にも強固な防衛システムを備えている．**抗菌ペプチド**（antimicrobial peptide）はその代表的な存在である．抗菌ペプチドは，細菌から動物・植物にわたる広い生物種において進化的によく保存された**先天的生体防御機構**の一つであり，細菌，真菌，ウイルスなど，さまざまな微生物に対し増殖抑制効果や殺効果などを示す．さらに近年の研究から，抗菌ペプチドには抗菌作用に加え，生体防御に関わるさまざまな作用が存在することが明らかになっており，その名称も**生体防御ペプチド**（host defense peptide）に変わりつつある．本章では抗菌ペプチドに焦点をあてながら，両生類の先天的生体防御機構について紹介する．

## 12.1　抗菌ペプチドとは

　抗菌ペプチドはほとんどすべての生物に存在するが，ペプチドが抗菌活性を発揮するための特有のアミノ酸配列があるわけではない．しかし，いずれの場合も，①10～50アミノ酸残基程度で構成される，②塩基性アミノ酸であるリシン，アルギニンを多く含んでいるため生理的な条件下で正に荷電する，③αヘリックス構造やβシート構造をとり，疎水性アミノ酸と親水性アミノ酸がそれぞれ空間的に分離した**両親媒性構造**を形成する，などの共通する化学的特徴をもつ．さらに，抗菌ペプチドの活性の強弱はその構成アミ

ノ酸の組成や配列に依存しており，アミノ酸残基のわずかな置換が抗菌活性に大きく影響を与える．また，逆に，このような化学的特徴をもつペプチドには抗菌活性の存在を期待することもできる．たとえば黒色素胞刺激ホルモン（α-melanocyte-stimulating hormone：α-MSH）やヒストンは，既知の作用に加え，抗菌物質としても機能することがわかっている．

抗菌ペプチドの代表的な存在として**ディフェンシン（defensin）**と**カセリシジン（cathelicidin）**が知られている．ディフェンシンはシステイン（Cys）残基に富んだペプチドで，脊椎動物のみならず昆虫や植物にも存在しており，動物系では6つの，植物系では8つのCys残基によるジスルフィド結合を形成し，安定したβシート構造となる．一方，カセリシジンは直鎖状αヘリックスを基調としたペプチドで，ヒトを始め多くの脊椎動物において発見されており，おもに好中球や白血球などの免疫系細胞や気管，小腸などの上皮細胞において発現している．このように広範囲の生物種に保存されているディフェンシンとカセリシジンではあるが，両生類ではむしろ脇役的な存在であり，非常にわずかの種においてようやく検出されているに過ぎない．両生類は他の脊椎動物とは一線を画し，独自の路線で抗菌ペプチドを発達させているのである．

## 12.2 アカガエル科抗菌ペプチドの特徴

動物における皮膚は外界との境界を形成して生物体を保護するきわめて重要な器官であり，体内・体外間での物質交換や熱交換を行うほか，感覚器としての役割や，紫外線や放射線などの物理的な要素，さらには環境中の化学的・生物学的要素に対する防御の機能も有している．とくに両生類は水圏から陸圏にまたがる環境域に生息するため，遭遇する病原性微生物もそれだけ多岐にわたる．しかし獲得免疫系があまり機能していないこともあり，両生類では皮膚抗菌ペプチドによる先天的防御機構が他の動物に比して圧倒的に発達している．とくに**アカガエル科**（Ranidae）は世界各地に分布し多様な種分化を遂げており，それぞれの種が独自のアミノ酸配列をもつ抗菌ペプチドを有することとも相まって，その配列のバリエーションは非常に豊富であ

る．実際，すでに 2,000 に近い配列がデータベースに登録されているほどである（しかも両生類に特化した抗菌ペプチドのデータベースさえも存在する！）．

このように多種多様なアカガエル科の抗菌ペプチドではあるが，構造的特徴から 2 つのグループに大別することができる．一方は 10 ～ 25 アミノ酸残基程度で構成される直鎖状ペプチドのグループで，その多くはカルボキシル末端がアミド化している．もう一方はやや長く 25 ～ 40 アミノ酸残基程度で構成され，カルボキシル末端側に存在する 2 つのシステイン残基間のジスルフィド結合により，ループを形成しているグループである．前者にはテンポリン（temporin），後者にはブレビニン（brevinin），ジャポニシン（japonicin），パルストリン（palustrin），ラナチュエリン（ranatuerin）などのファミリーがある．さらに各ファミリーには，アミノ酸配列の変異に基づく多様なサブタイプが存在する．

両生類の抗菌ペプチドは，一般的な生理活性ペプチドと同様，前駆体タンパク質からプロセッシングを経て生じる．アカガエル科の場合，前駆体タンパク質はアミノ末端側からシグナルペプチド領域，介在配列領域，抗菌ペプチド領域の順に並んだ 3 つのドメインから構成されている（図 12.1）．シグナルペプチド領域のアミノ酸配列は異なる抗菌ペプチドファミリー間のみならず，種の異なるアカガエル間でも相同性が非常に高い．つまり，この部分についてはどのカエル種から見つかったどの抗菌ペプチドでも，ほぼ同じ配列であるということを示す．これに対して，介在配列領域は同一抗菌ペプチドファミリー内では種を越えてもそれなりに高い相同性を維持しているが，異なる抗菌ペプチドのファミリー間では激しい変異が見られる．そのため，cDNA クローニングにより新しい抗菌ペプチドの配列が得られた場合の分類に，介在配列領域が役立っている．ところが抗菌ペプチドコード領域におけるアミノ酸配列は，同一抗菌ペプチドファミリー内でさえも激しく変異しているため，種の異なるカエル間で同じ配列の抗菌ペプチドが見つかることは稀有である．抗菌ペプチド領域の激しいアミノ酸配列の変異のメカニズムはまったくわかっていないが，この変異こそが常に変化する環境中の微生物叢

## 12.2 アカガエル科抗菌ペプチドの特徴

への対抗手段として両生類が進化の過程で編み出した最大の戦略であろう．

アカガエル科抗菌ペプチド前駆体タンパク質のアミノ酸配列における相同性の特徴は，当然のことながら，それをコードするmRNAの塩基配列に起因している．したがって，シグナルペプチド領域の高い相同性をフォワードプライマーとして利用したPCR法（3′-RACE法やショットガンRT-PCR法）により，効率的にアカガエル科の抗菌ペプチド前駆体タンパク質cDNAを増幅することができる．なお，抗菌ペプチドのなかには活性が不明であったり検出されなかったりするものもたくさんあるが，そのアミノ酸配列の相同性をもって，「抗菌ペプチド」にひとくくりにされている．

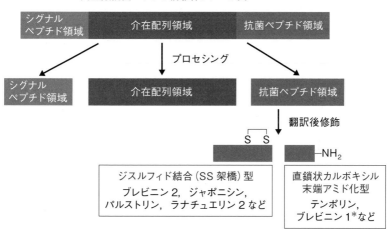

**図 12.1　両生類抗菌ペプチドができるまで**
両生類の抗菌ペプチドは，前駆体タンパク質からプロセッシングにより切り出された後，カルボキシル末端のアミド化やSS結合を形成して，成熟型となる．前駆体タンパク質ではアミノ末端側からシグナルペプチド領域，介在配列領域，抗菌ペプチド領域が順に配置している．＊ブレビニン1にはSS架橋型と直鎖型がある．

## 12章 生体防御ペプチドによる両生類の先天的防御機構

**コラム 12.1**
## マガイニンの話：カエルの皮から医薬品は生まれるか？

　歴史的に最も古い抗菌ペプチドの発見の報告は，1939年の土壌細菌（*Bacillus brevis*）の培養上清から得られたグラミシジンについてであるといわれている．その後，植物（1970年代）や昆虫（1980年代）からも抗菌ペプチドが見つかるようになった．脊椎動物では，1970年代後半から1980年代の前半にヒトやウサギの白血球やマクロファージから抗菌ペプチドが得られており，そのなかにはいまや高等学校生物基礎の教科書にも名前が登場するディフェンシンも含まれる．両生類では，アメリカのザスロフ（Michael Zasloff）が1987年にアフリカツメガエル（*Xenopus laevis*）の皮膚（口絵Ⅶ-12章，**図12.2**）から単離した**マガイニン**（magainin）が非常に有名であるが，歴史をたどっていくと，両生類の皮膚に抗菌作用がある物質が含まれていること自体はすでに1950年代に報じられている（日本ではもっとずっと昔，それこそ江戸時代の初期には，傷薬としてガマの油が売られていた！）．マガイニン発見の発端は，「腹部を切開したアフリカツメガエルを，簡単な縫合だけで飼育水中に戻しても細菌感染しないことを不思議に思い，きっとアフリカツメガエルの皮膚では抗生物質のようなものがつくられているに違いない」と考えたことであったとザスロフは論文中[12-1]で述懐している．ちなみにマガイニンという名称はヘブライ語に由来し，shield（盾）を意味する．この発見の経緯とネーミングの妙も手伝い，これを契機に抗菌ペプチドの単離ブームが巻き起こり，カエルの皮膚を中心に多くの生物材料からたくさんの抗菌ペプチドの存在が報告されるようになった．

　その後，ザスロフはその名も「マガイニン」という製薬会社の社長に就任し，マガイニンを基本にした糖尿病性潰瘍治療薬であるペキシガナン（Pexiganan）を世に送り出そうとした．しかし1999年，アメリカの医薬品食品局（FDA）による臨床試験の第3段階を実施したところで却下されてしまったのであった．ザスロフは大学に戻り，会社も消滅したため，マガイニンの医薬品への応用の夢は破れたかに見えた．ところがその十数年後，激増する薬剤耐性菌への対策が急務となったFDAは，新たな抗菌薬の開発を目指すこととなり，抗菌ペプチドもその対象となった．マガイニンは再び表舞

台に登場し，ロシレックス（Locilex）と名づけられたペキシガナンクリームが，ディペクシウムという製薬会社から改めて臨床試験に供されることとなったのであった．そして2016年3月には日本での特許が許可され，また5月には臨床試験第3段階の1ステップを完了した，との報告がディペクシウムから発表されたところである．カエルの皮からついに本物の医薬品が生まれるのか，推移を見守りたい．

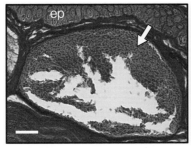
顆粒腺

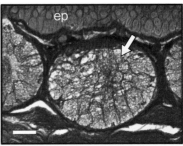
粘液腺

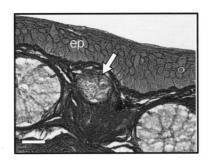
小顆粒腺

**図12.2 アフリカツメガエル背側皮膚腺切片の顕微鏡像（アザン染色）**
皮膚腺の種類や形状，数などはカエルの種によって大きく異なっている．アフリカツメガエルでは，抗菌ペプチドはおもに顆粒腺で合成される．矢印は各分泌腺，ep は表皮，スケールバーは 30 μm を示している．（写真提供：丸橋佳織氏）（口絵Ⅶ-12章と同じ）

### 12.3　抗菌ペプチドの作用機序

　抗菌ペプチドが「抗菌」であるためには，微生物細胞に対して特異的であること，すなわち宿主自身の細胞には無害あるいは低毒性であることが重要である．つまり，抗菌ペプチドにも原核細胞と真核細胞とを識別する性質が求められるということであり，これにはペプチド分子の強い塩基性が鍵となっている．細菌の構造をみると，外膜や細胞壁にはリポ多糖（グラム陰性菌）やリポテイコ酸（グラム陽性菌）などの酸性物質が多量に存在し，さらに細胞膜も酸性脂質に富んでいるため，いずれも表面が負に荷電した状態となっている．抗菌ペプチドはその強い塩基性をもって負に荷電する微生物細胞の表層に集まり，さらに細胞膜中のリン脂質と静電的に相互作用する．これに対し，宿主細胞の細胞膜は電気的に中性なリン脂質を多く含むため，抗菌ペプチドとの電気的親和性が低くなっている．この膜表面の電荷の違いが，抗菌ペプチドに選択性を付与しているのである．このようにして標的となる微生物細胞の膜にたどり着いた抗菌ペプチドは外膜・細胞壁や細胞膜を覆う，穿孔する，電位を不安定化する，などによってその安定性を奪い，破壊することで，細胞内外への物質透過性を亢進させたり細胞構造そのものを壊したりすることにより，抗菌作用を示す．このときの作用機序として**樽型**

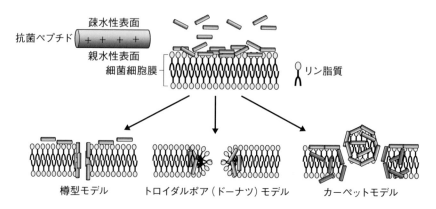

図12.3　αヘリックス型抗菌ペプチドの作用機構モデル

モデル（barrel-stave model），**トロイダルポア（ドーナツ）モデル**（toroidal pore model），**カーペットモデル**（carpet model）などが提唱されている（**図12.3**）．樽型モデルでは複数分子の抗菌ペプチドがそのαヘリックスを介して細菌細胞膜のリン脂質を貫通させ，穴をあける．トロイダルポアモデルではペプチドが外側・内側の各リン脂質膜と作用してそれぞれをねじ曲げ，ちょうどドーナツの穴のような形状をつくり出す．カーペットモデルではペプチドが界面活性剤のような作用で脂質を取り囲み，穴をあける．これら抗菌ペプチドの作用機構の解析には，マガイニンやテンポリンなど両生類由来のペプチドが大きく貢献している．そのほか，外膜や細胞壁をターゲットにするペプチドや，これらの膜を傷つけることなく細胞内まで到達し核酸などとの結合を介して抗菌性を発揮するペプチドも存在する．

抗菌ペプチドは，抗生物質に比べて耐性菌を生じにくいことや作用する菌種の範囲が広いことなどの特徴から，治療薬への応用に高い期待が込められている．実際，天然の抗菌ペプチドを基盤にアミノ酸の置換を行い，高活性・低毒性のアナログペプチドの創出や，既知の抗生物質との併用による薬剤耐性菌に対する相乗効果の研究などが活発に行われている．また，一部の膜透過型抗菌ペプチドは真核細胞の細胞膜も透過することから，細胞内へのドラッグデリバリーやRNA干渉のベクターとしても注目されている．

---

### コラム 12.2
### 抗菌物質としてのヒストンの不思議

両生類由来の抗菌ペプチドのなかでその存在ならびに作用機序の両面において異彩を放つのが，**ブフォリン**（**Buforin**）である．ブフォリンはアジアヒキガエル（*Bufo bufo gargarizans*）の胃粘膜分泌細胞から分泌されたヒストンH2Aが内因性のペプシンで切断されて生じたペプチドである．ブフォリンは大腸菌に対してその細胞膜を傷つけることなく細胞内部まで透過し，菌のDNAやRNAに結合することで抗菌作用を発揮する．**ヒストンは真核**

生物に共通して存在する強塩基性タンパク質で，ヌクレオソーム構造の形成と遺伝子の転写制御に重要な役割を果たしている．ヒストンにはH1，H2A，H2B，H3，H4の5種類のサブタイプが存在するが，そのすべてが抗菌活性を有する．いずれのサブタイプのアミノ酸配列も生物種を越えて保存性が高いことから，どの真核生物のいずれのヒストンにも普遍的に抗菌活性が存在すると予測できる．抗菌ペプチドを単離する過程においてヒストンが得られたという報告は魚類からヒトまでなされてはいるが，その例数は非常に少ない．数多くある両生類の抗菌ペプチドのなかでさえも，いまのところヒストンに関連するものは，前述のブフォリンとシュレーゲルアオガエル (*Rhacophorus schlegelii*) の皮膚から得られた完全長のヒストンH2Bだけである．このような，いわゆる外分泌型の抗菌性ヒストンがヌクレオソームヒストンと同様の複製依存型のものであるのか，それともそれとは独立して合成されているものであるのかは，まだ明らかになっていない．

## 12.4 抗菌ペプチドの発現と内分泌系

　両生類において，抗菌ペプチドと内分泌系，とくに**甲状腺ホルモン**とは密接な関係がある．抗菌ペプチドを合成・分泌する皮膚腺は幼生期にはなく，**変態**の進行にともない形成される．このとき変態ホルモンである甲状腺ホルモンは皮膚上皮細胞を幼生型から成体型へ置き換えるとともに，顆粒腺や粘液腺を含む真皮を発達させる．これに呼応して皮膚における抗菌ペプチドの発現が増加する（図12.4）．さらに成体においても，甲状腺ホルモン処理により皮膚抗菌ペプチドの発現が増加することが確認されている（図12.5）．もちろん，変態始動期以前から発現しているものや皮膚以外で発現しているものもあることから，両生類は複数の抗菌ペプチドを状況に応じて使い分けていると考えられる．

　両生類以外の脊椎動物，とくに哺乳類にも目を向けたとき，抗菌ペプチドと関係のあるホルモンとして忘れてはならないのが，抗炎症性作用をもつ**副腎皮質ホルモン（グルココルチコイド）**の存在である．ディフェンシンやカ

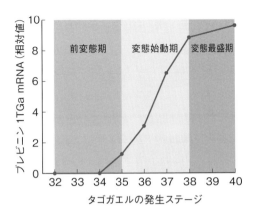

図12.4 タゴガエル（*Rana tagoi*）抗菌ペプチド（ブレビニン1TGa）の変態依存的な遺伝子発現

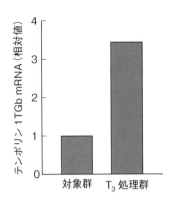

図12.5 甲状腺ホルモン（トリヨードチロニン：$T_3$）による抗菌ペプチド（テンポリン1TGb）遺伝子発現の促進

$T_3$（$10^{-8}$ M）を含む飼育水中で72時間飼育したタゴガエル成体の皮膚では，テンポリン1TGbのmRNA発現が促進された．

セリシジンの発現は微生物の感染やその後に起こる炎症反応と深く関係しており，炎症に関連する転写因子群の影響を受ける．たとえばこれら抗菌ペプチドの遺伝子発現は炎症応答反応性の転写因子の作用を介して誘導されるが，この作用はグルココルチコイドにより抑制されるため，結果として抗菌ペプチドの遺伝子発現も抑制される．なお両生類においても，哺乳類同様，グルココルチコイドが抗菌ペプチドの発現に対して抑制的に働いていることを示す報告がなされている．

## 12.5 抗菌ペプチドから多機能性生体防御ペプチドへ

脊椎動物の抗菌ペプチドは，その性質上，皮膚や消化管上皮など外界との境界面をなす器官の外分泌腺や，白血球・マクロファージなど免疫系の遊走細胞などで活発に合成・分泌される．これらに加え，非分泌性の器官や細胞においても発現しており，両生類も例外ではない．複数のカエル種において，皮膚に比べるとはるかに微弱ではあるものの，脳，心臓，腎臓，肝臓，肺，

12章　生体防御ペプチドによる両生類の先天的防御機構

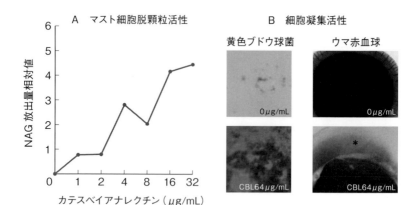

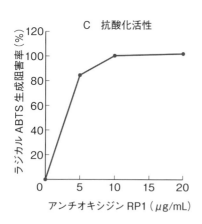

**図12.6　両生類由来抗菌ペプチドのさまざまな生理活性**
ウシガエル（*Rana catesbeiana*, または *Lithobates catesbeianus*）由来の抗菌ペプチド（カテスベイアナレクチン：CBL）は，培養マスト細胞に脱顆粒を起こさせその内容物であるNAG（*N*-アセチルグルコサミニダーゼ）を放出させたり（A），黄色ブドウ球菌（*Staphylococcus aureus*）や赤血球の表面物質と結合し，細胞の凝集を引き起こしたりする（B）（＊印は赤血球の凝集により生じた透明帯）．ミドリオニオイガエル（*Odorrana livida*）のアンチオキシジンRP1は抗酸化作用をもち，フリーラジカルを捕捉してラジカルABTS [2, 2'-azinobis (3-ethylbenzothiazoline- 6-sulfonic acid)] の生成を阻害する（C）．（写真提供：内山愛里氏）

大腿部骨格筋，精巣などでも皮膚と同じ抗菌ペプチド遺伝子が複数種類，発現している．しかし，これらの器官の多くは外界と直接接しているわけではないことから，抗菌作用のために存在するというよりも，別のなんらかの機能をもっていると考えた方がよいであろう．実際，両生類も含めた脊椎動物の抗菌ペプチドには抗炎症作用，マスト細胞誘引・脱顆粒促進作用，細菌細胞や赤血球の凝集作用，抗酸化作用，抗腫瘍細胞作用など生体防御に関わる種々の活性があることが次々と明らかにされている（**図12.6**）．さらに，抗菌ペプチドは抗菌活性による微生物への一次防御の役割に留まらず，免疫系細胞による感染部位での微生物の排除や炎症の抑制，傷口の物理的防御，さらにはフリーラジカルの除去などの役割も担っており，二次的，三次的な生体防御にも寄与している．多様な機能と役割を有することから，抗菌ペプチドはいつしか**多機能性生体防御ペプチド**（multi-functional host defense peptides）とも呼ばれるまでになり，いまやその名称も定着してきている．

　このように両生類は，多機能性のペプチドを，同時に，多種類にわたって合成・分泌し，多元的な生体防御を行うことにより，世界各地への生息分布域の拡大と多様な種分化を遂げてきたのであろう．

### 12章 参考書

京都大学大学院薬学研究科 編（2007）『新しい薬をどう創るか』講談社．

Iwamuro, S., Kobayashi, T. (2010) "Peptidomics" Soloviev, M., ed., Humana Press, New York, p. 159-176.

### 12章 引用文献

12-1) Zasloff, M. (1987) Proc. Natl. Acad. Sci. USA, **84**: 5449-5453.

# 13. 蛇毒成分の多様な生理機能と分子進化・遺伝子発現

上田直子

　毒蛇の毒は，何のためにあるのか？　毒蛇は，獲物の捕獲のために，締め付けのような手間をかけず，一瞬のうちにエレガントに獲物を倒す．毒は唾液腺から派生した毒腺で産生されるが，消化以外の主たる目的は，捕獲・攻撃にあると考えられる．本章では，おもに日本の有毒蛇ハブについて，ユニークかつきわめて高い特異性をもつ生理活性成分の宝庫として知られる毒の代表的な成分の構造・機能を紹介するとともに，毒成分遺伝子の分子進化・発現などに関する筆者らの研究成果について述べる．

## 13.1　はじめに

　毒蛇は，古くからその毒成分や毒の作用機序から，神経毒を中心とするコブラ科（ウミヘビも含む）と，出血毒を中心とするハブやマムシなどのクサリヘビ科の大きく2つに分類されてきた（実際は，研究の進展とともに毒成分の組成は単純でないことが明らかとなっている）．蛇の種類にもよるが，コブラ科の毒成分に比べ，クサリヘビ科の毒成分の種類は多く複雑である．蛇毒は，古くから生理活性成分の宝庫として注目され，歴史的にも生体分子の発見や医薬品の創製に大いに寄与してきた．たとえば，最初に発見された増殖因子である神経成長因子は，アメリカヌママムシ（*Agkistrodon piscivorus*）毒液中に神経繊維を伸長させる因子が存在することがきっかけとなり，哺乳類からの同定に至った．また，イオンチャネルの発見については，タイワンアマガサヘビ（*Bungarus multicinctus*）毒中の活動電流を強力に阻害するペプチドを用いた固定化カラムを利用したことで，微量成分の分析で難航していた研究がいっきに進展した．また，南米ハブ毒中のブラジキニン

増強ペプチド〔ブラジキニン（bradykinin）は，ヒト血漿に蛇毒を加えると，摘出平滑筋をゆっくり（brady）と収縮する（kinos）活性が生じることから命名された〕は，強力な降圧作用を示すことから高血圧治療薬カプトプリルのシード化合物となり，高血圧治療薬の創製に結びついた．いずれの分野の研究も，蛇毒成分なくしては進展しなかった[13-1]．

## 13.2　ハブ毒成分の構造・機能

さて，日本最大の毒蛇ハブ（*Protobothrops flavoviridis*）に注目してみよう．クサリヘビ科マムシ亜科に属し，南西諸島（奄美大島，徳之島，沖縄など）に生息し，体長が1～2 mにも達する（図 13.1A）．この大蛇ハブを捕食する天敵はいないといわれている（一時期ハブ駆除の目的でマングースが持ち込まれたが，マングース，ハブいずれの食性調査でも互いを捕食しないことがわかっている）．ハブを始めとするマムシ亜科ヘビの特徴は，鼻孔と眼の中間に頬窩とよばれる赤外線を感じ取るくぼみ（ピット）があることである．このピットで生きた動物の体の熱を精度よく感じ，その位置と距離を知り，獲物を探知する（図 13.1B）．これは視覚にかわる貴重な感覚器であり，このおかげで地中の動物を食することもできるし，夜間に行動することもできる．

ハブに咬まれると，毒腺（図 13.1B）でつくられた毒により，出血，筋壊

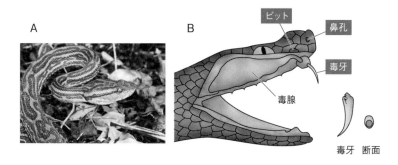

**図 13.1　毒蛇ハブ (A) とハブの毒腺，ピットと毒牙 (B)**
Aの写真提供：服部正策博士（口絵VII-13章と同じ）．Bの図で毒牙の断面図の中央の濃い色の部分は，毒液が通る中空構造を示す．

死，浮腫など多様な症状が起こり，重篤な時は死に至ることも稀にある．しかし，意外にも毒の主要な成分は毒性の強い低分子化合物ではなく，多様な生理活性タンパク質（酵素）・ペプチドであり，ホスホリパーゼ$A_2$（$PLA_2$），金属プロテアーゼなどユビキタスな（至るところに存在する）タンパク質が多い（**表 13.1**）．毒としての病理的な作用は，咬傷時にそれらの成分が，筋肉，血管などに毒牙を通じて局所に大量に注入され，生体組織の恒常性が破壊されたり，各成分が相乗的に作用することなどにより引き起こされると考えられる．ハブ毒成分の大きな特徴は，主要な成分が，アイソザイム（酵素としては，同じ触媒作用をもつが，アミノ酸配列が一部異なっているタンパク質）を形成し，各アイソザイムがそれぞれ固有な機能を示すことである（**表 13.1**）．

表 13.1 ハブ毒の代表的な酵素および生理活性成分の一例

| 酵素および生理活性成分 | 分子名 | 主要な作用・性質（分子の大きさ） |
|---|---|---|
| ホスホリパーゼ$A_2$ | PLA2 | 溶血,筋収縮活性,高 $PLA_2$活性 |
|  | PLA-B | 浮腫誘導活性 |
|  | PLA-N | 神経毒活性 （～14 kDa） |
|  | BP I | 筋壊死活性（筋収縮活性） |
|  | BP II | 筋壊死活性,筋収縮活性 |
| 金属プロテアーゼ | HR1a, HR1b | 出血活性（～47 kDa） |
|  | HR2a, HR2b | 出血活性（～23 kDa） |
|  | H2-プロテアーゼ | 非出血性（～23 kDa） |
|  | HV1 | アポトーシス誘導活性，ホモ二量体（～110 kDa） |
| セリンプロテアーゼ | ハブトビン | 血液凝固活性（～65 kDa） |
|  | フラボキソビン | 血液凝固活性，補体活性化（～26 kDa） |
| C型レクチン様タンパク質 | IX / X bp | ヘテロ二量体，抗凝固因子（～29 kDa） |
|  | IX bp | ヘテロ二量体，抗凝固因子（～28 kDa） |
|  | フラボセチン A | テトラダイマー，血小板凝集阻害（～149 kDa） |
| その他 |  |  |
|  | L-アミノ酸オキシダーゼ | 細胞傷害活性 |
|  | ヒアルロニダーゼ | 拡散因子 |
|  | NGF様タンパク質 | 神経成長因子 |
|  | VEGF様タンパク質 | 血管透過性亢進作用 |
|  | ディスインテグリン | 血小板凝集阻害（～70アミノ酸残基ペプチド） |
|  | BPP-CNP | ブラジキニン増強ペプチド／C型ナトリウム利尿ペプチド |

## 13.2 ハブ毒成分の構造・機能

ハブによる咬傷では,咬傷組織が直接損傷を受けることもあるが,おもに血液,血管系が標的となる.蛇毒は,獲物の血管を通じて全身に拡散,浸透し,その恒常性を撹乱,破壊する.

まず,出血について考えてみよう.出血には,内皮細胞を破壊する場合と,血管壁の基底膜が破壊され内皮細胞間隙が広がり赤血球が血管外に漏出する場合が考えられる.いずれの作用にも,亜鉛イオンを必要とする金属プロテアーゼ群が関与する.これまでにハブ毒では,金属プロテアーゼドメインのみをもつⅠ型と,金属プロテアーゼドメインのC末端側にディスインテグリン様ドメインとシステインリッチドメインを並列にもつⅢ型がみつけられており(図13.2),それぞれⅠ型はHR2a, HR2b, Ⅲ型は,HR1a, HR1b, HV1などと命名されている(表13.1)[13-2].出血活性は,Ⅲ型酵素の方が,Ⅰ型酵素より強いとされている.ちなみにディスインテグリンとは,蛇毒から単離された血小板凝集阻害因子の総称であり,ディスインテグリンに共通に存在するRGD配列により,血小板膜上のインテグリンに結合して阻害を起こすことが知られている.Ⅲ型酵素のディスインテグリン様ドメインは,

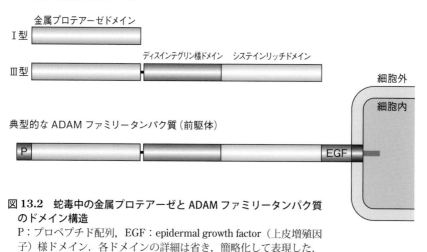

**図13.2 蛇毒中の金属プロテアーゼとADAMファミリータンパク質のドメイン構造**
P:プロペプチド配列,EGF:epidermal growth factor(上皮増殖因子)様ドメイン.各ドメインの詳細は省き,簡略化して表現した.
(引用文献13-3を参考に作図)

## 13章 蛇毒成分の多様な生理機能と分子進化・遺伝子発現

このディスインテグリンと高い相同性を示すものの，RGD 配列はなく，その機能については，他のドメインも含め，明らかとなっていない．驚くべきことに，私たちヒトの体のなかには，この蛇毒のⅢ型酵素と相同性の高い（類似した）構造をもつ，ADAM（a disintegrin and metalloprotease）ファミリーと呼ばれているタンパク質が存在する（図 13.2）．ADAM は当初，受精の膜融合に関わる酵素として見いだされ，細胞表層タンパク質の切断を行うシェディング酵素として注目された[13-3]．今では，炎症反応，細胞増殖や分化，細胞の移動，細胞間認識などに関与することが明らかとなってきた．これら ADAM ファミリータンパク質の構造学的研究は，ADAM の組換えタンパク質の大量発現が困難なため遅れていたが，類似構造をもつ蛇毒Ⅲ型酵素の X 線構造解析をもとに考察がなされ，進展している．これも蛇毒酵素が役立っている一例といえるであろう．どうして，このような ADAM ファミリータンパク質が，蛇毒の酵素と相同性を示すのかとても興味深い．

　血管損傷の際は，血液凝固を促進して血栓ができるが，その血液凝固系にもハブ毒タンパク質が関与し，いろいろなユニークな性質を示している．そのいくつかを紹介しよう．血漿中や血小板のさまざまな凝固因子は，止血が必要になると次々に活性化され，最終的にトロンビンによりフィブリノーゲンを加水分解してフィブリンをつくる（図 13.3）．ハブ毒中には，このトロンビンに類似した作用をもつトロンビン様酵素（セリンプロテアーゼ）も発現している（表 13.1）．フィブリノーゲンの α 鎖を分解するトロンビン様酵素として見出されたフラボキソビンは，当初からその作用が弱いため別の機能があると予想されていたが，後に筆者らは，免疫系に関わる補体 C3 を単独で C3a と C3b に特異的に切断する補体活性化に関わる因子であることを明らかにした[13-4]．また，ハブ毒中には，血液凝固系の Ⅸ 因子，X 因子と結合し，強力な抗血液凝固活性を示す血液凝固因子結合タンパク質（Ⅸ/X-bp，Ⅸ-bp）も存在する（図 13.3，表 13.1）[13-1]．いずれも糖鎖結合タンパク質である C 型レクチンと類似の構造をもっているため，C 型レクチン様タンパク質（表 13.1）といわれているが，レクチン活性は示さない[13-1]．他にもフラボセチン A という血小板凝集を阻害する活性をもつものなども

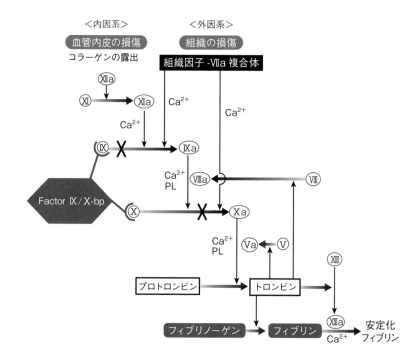

**図 13.3　ハブ毒成分による血液凝固阻害の一例**
PL：リン脂質．Ⅴ，Ⅷ，Ⅸ，Ⅹ，Ⅺ，ⅩⅢは，凝固因子を示し，Ⅴa，Ⅶa，Ⅷa，Ⅸa，Ⅹa，Ⅺa，Ⅻa，ⅩⅢa は活性型の凝固因子を表す．（引用文献 13-5 より改変）

見つかっており，C 型レクチン様タンパク質もタンパク質ごとに異なった性質をもつ興味深いタンパク質である．

　以上，出血および血液凝固系に関わる代表的な成分を紹介したが，これらは，出血と血液凝固阻止という独立した機能を巧みに連携して，獲物の血管を破り，血が止まらないようにして，獲物を捕獲しているように思われる．これらの他にも，L-アミノ酸オキシダーゼ，ヒアルロニダーゼや神経成長因子（NGF）・血管内皮細胞増殖因子（VEGF）様タンパク質やブラジキニン増強ペプチド/C 型ナトリウム利尿ペプチドなど，多くの生理活性成分が次々と見いだされている（**表 13.1**）．

　さて，これ以降は，ハブ毒の主要な成分であるホスホリパーゼ $A_2$（$PLA_2$）

に注目してみよう．$PLA_2$ は蛇毒中に普遍的に多量に含まれているが，これも多くのアイソザイムが存在し，筋壊死，浮腫，溶血，神経毒性など多様な生理機能をもつ．これらアイソザイムはどのような構造や特徴をもち，どのように進化してきたのだろう．

## 13.3　ハブ毒 $PLA_2$ アイソザイムの構造と機能

$PLA_2$ は，生体膜の主要な構成成分の 1 つでもあるグリセロリン脂質のグリセロール骨格 *sn*-2 位のエステル結合を切断し，脂肪酸とリゾリン脂質を生成する酵素群の総称である．哺乳類動物のゲノムにも 30 種類以上の $PLA_2$ 遺伝子がコードされ，幅広く分布しており，細胞質 $PLA_2$（$cPLA_2$），$Ca^{2+}$ 非依存性 $PLA_2$（$iPLA_2$），分泌性 $PLA_2$（$sPLA_2$）などに大きく分類されている．蛇毒中にはこのうち分泌型の $sPLA_2$ が存在する．$sPLA_2$ は，アミノ酸配列の特徴やジスルフィド結合の位置の違いにより，さらに多くのグループに分けられている．そのうち，I 型 $PLA_2$ は，コブラ科ヘビの毒腺のほか，哺乳類の膵臓などに存在する．一方，II 型 $PLA_2$ は，ハブやマムシなどのマムシ亜科ヘビを含むクサリヘビ科の毒腺に発現するが，これも意外なことに同様な構造をもつ酵素が，ヒトを含む多くの動物の免疫系組織や小腸などさまざまな組織に存在する．これらの蛇毒酵素は哺乳類由来 $PLA_2$ とは一次構造だけでなく高次構造も似ており，毒由来の $PLA_2$ がどのようにして毒タンパク質になったのか，上記の他の毒成分と同様，毒タンパク質の起源，分子進化を考察するうえでもとても興味深い．

蛇毒 $PLA_2$ の触媒活性基として His-48 が同定されており，セリンプロテアーゼにならった触媒反応メカニズムが提唱されている（アミノ酸番号は最初に決定されたウシ膵臓由来の $PLA_2$ のアミノ酸配列に基づいている）．酵素活性には $Ca^{2+}$ が必須であり，49 位のアスパラギン酸の側鎖のカルボキシル基に配位する．この Asp が Lys に置換した酵素も存在しており，$[Asp^{49}]PLA_2$ と $[Lys^{49}]PLA_2$ に分類されることもある．

ハブ毒 $PLA_2$ アイソザイムについて，筆者らは徳之島ハブの毒から $[Asp^{49}]PLA_2$ である PLA2，塩基性 $[Asp^{49}]PLA_2$ である PLA-B，神経毒 $[Asp^{49}]PLA_2$

であるPLA-N，[Lys$^{49}$]PLA$_2$であるBPⅠとBPⅡを単離した．それぞれのアイソザイムの主要な生理機能は異なっており，溶血，浮腫，筋壊死など固有の生理機能を有する（表13.1）．これらは，いずれも122アミノ酸残基からなる比較的小さいタンパク質であり，配列は互いに類似しており，高次構造もほぼ同様と考えられる．PLA2は，リン脂質を分解する酵素活性は強いが，BPⅠおよびBPⅡの酵素活性は，PLA2の1～2%と著しく弱い．逆に，BPⅠおよびBPⅡの骨格筋に対する筋壊死活性はPLA2より数倍高い[13-2]．BPⅠとBPⅡは，構造的には122残基中67位がAspかAsnかという違いのみをもつが，筋収縮活性についてBPⅡはBPⅠの10倍以上の活性を示した[13-6]．さらに不思議なことに，酵素活性の弱いBPⅡは，がん細胞（白血球系）に対してただちに細胞膜損傷を起こし，がん細胞全体を収縮させるというユニークな（ネクローシスともアポトーシスともいいがたい）細胞死を誘導するが，高活性型のPLA2は調べたかぎりのがん細胞にはほとんど細胞毒性を示さなかった[13-7]．そもそも一般的なPLA$_2$の基質は細胞膜上に豊富に存在するため，当初は，酵素活性の強いPLA2が細胞膜を損傷し，がん細胞を死滅させると予想していたが，まったく逆の結果であった．このように，両者は，ほぼ同様の立体構造を有しているにもかかわらず，それぞれに固有の性質を示しており，興味深い．

## 13.4　ハブ毒PLA$_2$アイソザイムの加速進化

筆者らがハブ毒腺のPLA$_2$アイソザイムのcDNAをクローニングし，塩基配列を比較したところ，翻訳領域が5'および3'非翻訳領域に比べて相同性が低く，通常（非毒腺）のアイソザイムとはまったく逆の関係であることを見いだした（図13.4）[13-8, 13-9]．その後，ハブ毒腺と肝臓染色体DNAを用いた解析から，ハブ毒PLA$_2$アイソザイム遺伝子は，免疫グロブリンや主要組織適合抗原複合体（MHC）遺伝子のように，遺伝子重複によって生じた多重遺伝子ファミリーを形成していることがわかった（ただし，遺伝子の再編成は起きていない）[13-10]．さらに，毒腺PLA$_2$アイソザイムおよび毒成分以外の通常の遺伝子（TATA-box結合タンパク質遺伝子）を対象に詳細な数

13章　蛇毒成分の多様な生理機能と分子進化・遺伝子発現

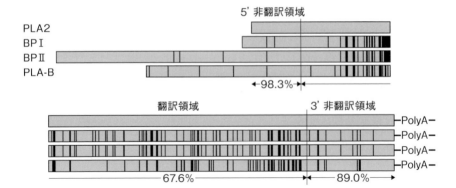

**図 13.4　ハブ毒中の PLA₂ アイソザイムの cDNA 配列比較の模式図**
　　PLA₂ アイソザイム間のヌクレオチド置換：最上列の PLA₂ を基準に，ヌクレオチドの置換のあった箇所を棒線で示す．％の数値は，アイソザイム塩基配列の同一性を示す．（引用文献 13-9 より改変）

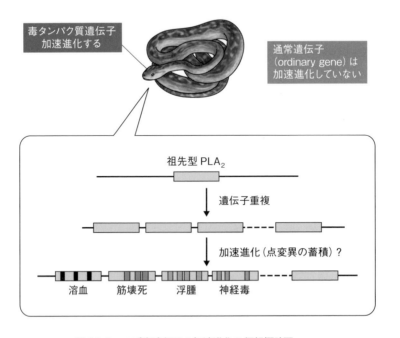

**図 13.5　ハブ毒遺伝子の加速進化の仮想概略図**

168　■ ホルモンから見た生命現象と進化シリーズ

## 13.4 ハブ毒 PLA₂ アイソザイムの加速進化

理解析を行った結果，タンパク質をコードしていない非翻訳領域やイントロン領域での進化速度に比べ，タンパク質情報をコードする遺伝子領域の進化速度が速く，しかもアミノ酸変異を伴うような塩基置換が多いことがわかった[13-11]．これらは，毒腺の $PLA_2$ アイソザイム遺伝子のタンパク質翻訳領域が**加速進化**していることを表している（**図 13.5**）[13-2, 13-6, 13-10〜13-13]．一方，哺乳類の組織由来の $PLA_2$ アイソザイム遺伝子のタンパク質翻訳領域は中立的進化であった[13-13]．このように毒蛇ハブが毒中に多様化したアイソザイムをもつことは，ハブが獲物を捕獲したり，時には外的から身を守るために，多大な有利さをもたらしたと考えられる．今では，この加速進化は，ウイルスから哺乳類まで，免疫，生体防御や攻撃（毒）あるいは生殖関連遺伝子など，種間，個体間で分子認識に関与する遺伝子に普遍的にみられる現象であることが明らかとなっている[13-14]．この現象は，一般の機能タンパク質や構造タンパク質をコードする遺伝子とはまったく異なった進化様式であり，あたかも周囲の環境あるいは標的分子の変化に応じて，遺伝子を変化させているかのように思わせる．

---

**コラム 13.1**
**分子進化：中立説だけでは説明できない，分子レベルの適応進化**[13-12]

　多くの分子進化は，分子進化の中立説で合理的に説明されている．これによると，同義座位（塩基を置換してもアミノ酸置換が起こらないような座位）における塩基置換は，非同義座位（塩基を置換するとアミノ酸置換が起こるような座位）における塩基置換よりも多くの突然変異を蓄積している．平たくいえば，遺伝子の発現を狂わせたり，タンパク質の重要な機能を破壊する有害な塩基置換は集団内から消え去り，そのような影響を与えない中立的な変異が多く集団に広まっていると考えるものである．けれども，この中立説だけでは説明のつかない現象が見つかってきた．たとえば，多重遺伝子族の MHC クラス I 遺伝子の抗原認識部位では，非同義座位における塩基置換の方が同義座位における塩基置換より多く起こっており，これはその個体に

13章 蛇毒成分の多様な生理機能と分子進化・遺伝子発現

とって有利なアミノ酸置換が起こるように自然淘汰によって適応的にこの遺伝子が進化してきたことを示す．さらに，ヘモグロビン，リゾチームなどでは遺伝子重複後，ある一定の期間，正の淘汰圧によってアミノ酸置換が加速的におこり，それぞれの遺伝子が適応的にうまく多様化すると，その後はその機能を壊さないようにアミノ酸置換の速度を遅くしたという例もある．ハブ毒 $PLA_2$ アイソザイム遺伝子も多重遺伝子族を形成しており，これらアイソザイムは種々の生理機能を獲得するために加速的かつ適応的に進化したと考えられるが，シグナル配列をのぞくタンパク質翻訳領域のみに，しかも全体的に置換が広がっている点でほかの例とは異なっている．エクソン特異的に遺伝子置換を起こすような分子進化の機構があるのかもしれない．

## 13.5　ハブ毒 $PLA_2$ アイソザイムの地域特異的な分子進化と遺伝子発現

奄美大島と徳之島ハブ毒にかなり多量に含まれる BPⅠと BPⅡ（筋壊死成分）は沖縄ハブ毒には発現しない（**図 13.6A**）．遺伝子解析の結果，沖縄ハブでは，BPⅠと BPⅡ両遺伝子の融合により偽遺伝子化していることが明らかとなった（**図 13.6B**）[13-15]．およそ100万年前の海面の上昇期に，沖縄古陸の水没していなかった高い部分が奄美大島，徳之島，沖縄などの島になり，島々に分かれたハブは長期にわたり孤立してきた．ハブの食性は生息地域ごとにさまざまであり，たとえば，奄美大島ではネズミが86％で，その他の14％がトカゲや鳥類，両生類など雑多な種類であるが，太古の沖縄の環境を残すと考えられている沖縄山原のハブの食餌の90％以上はホルストガエル（*Babina holsti*）であるといわれている．沖縄ハブはカエルを餌としてきたため，強力な筋壊死因子である BPⅠや BPⅡを毒成分として必要とせず，両遺伝子を適応的に偽遺伝子にしてしまったのではないかと考えている[13-15]．

さらに，筆者らは BPⅡと1アミノ酸残基のみ異なる BPⅢを奄美大島ハブ毒から見いだしたが，これは徳之島ハブ毒には発現していなかった（**図 13.6A**）[13-16]．そこで奄美大島，徳之島，沖縄三島のハブ毒成分を網羅的に調

13.5 ハブ毒 PLA$_2$ アイソザイムの地域特異的な分子進化と遺伝子発現

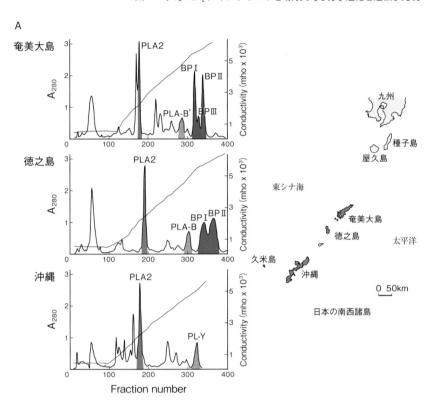

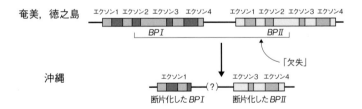

**図 13.6 地域特異的分子進化**
A：奄美大島，徳之島，沖縄三島のハブ毒成分のゲル濾過中分子量画分（分子量 約1万〜3万）の陽イオン交換クロマトグラフィーの比較．PLA-B（徳之島），PLA-B'（奄美大島），PL-Y（沖縄）は，互いに数か所程度のアミノ酸置換があるものの類似した酵素である．
B：沖縄ハブゲノムにおける BP I，BP II 遺伝子からの偽遺伝子の構造．
（引用文献 13-2 より一部改変）

13章　蛇毒成分の多様な生理機能と分子進化・遺伝子発現

べることとした．その結果，やはり全体的に奄美大島ハブ毒成分の数が一番多いこと，また，奄美群島（奄美大島，徳之島）のハブ毒成分と沖縄のハブ毒成分の差異は，奄美群島内のハブ毒成分組成の差よりもかなり大きいことがわかった．ただ詳細に見ると，島ごとに毒成分の発現パターンは異なっており，生息地の（食餌）環境の微妙な違いが，各島のハブ毒成分の発現様式に影響を与えていると考えられた．一方，最近，成蛇と幼蛇（3歳未満）の食餌が異なることにも注目し，幼蛇と成蛇の毒成分組成の比較解析を行った．奄美群島のハブの成蛇はおもにネズミ類を中心とした温血動物を，幼蛇は小型爬虫類を中心とした冷血動物を主要食物としているとの報告に基づく[13-17]．解析の結果，幼蛇毒にのみ顕著に発現している毒成分を見いだした．その成分を同定したところ，驚いたことにこれまで成蛇毒で発現していないため偽遺伝子とみなされてきた$PLA_2$アイソザイム遺伝子に由来するものであることがわかった．しかもそれは，0歳，1歳と年齢があがるにつれて発現量が減少し，3歳以上の成蛇毒ではもはや発現していないことが明らかとなった（未発表）．どうして，幼蛇毒はそのような$PLA_2$アイソザイムを特別に発現しているのか，また，どのようにして発現を制御しているのかなど，興味は尽きない．

### 13.6　今後の展望

当初，ハブ毒研究の主眼は，興味深い生理活性成分を見つけ，その構造と機能を明らかにすることであった．しかし，タンパク質工学を意識して$PLA_2$アイソザイムのcDNAクローニングを始めた結果，思いもかけず，加速進化や地域特異的な遺伝子発現などを見いだすこととなり，研究分野が広がった[13-2]．

毒（venom）は毒腺（venom gland）で産生されるが，毒動物には無毒動物にはない，何か共通した事象があるのではないかという壮大な構想のもと，Venomicsという造語が提唱された．これは，昨今のオミクス〔生体中に存在する分子全体を網羅的に研究する学問で，遺伝子（gene）であればゲノミクス（genomics），タンパク質であればプロテオミクス（proteomics）など〕

## 13.6 今後の展望

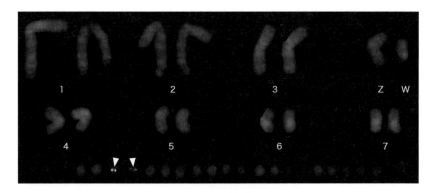

**図 13.7 ハブ毒 PLA₂ 遺伝子の染色体マッピング**
蛍光 *in situ* ハイブリダイゼーション解析結果. 矢尻（▽）は, 毒 PLA₂ アイソザイム遺伝子がコードされているマイクロ染色体領域を示す.
常染色体 17 対（内 マクロ染色体 7 対, マイクロ染色体 10 対）,
性染色体（ZW）1 対.

により, 毒生物から創薬につながる生理活性成分を網羅的に探索するとともに, ゲノム解読を通して分子進化の謎解きに迫ろうとするものである. 現在, 日本の多くの研究グループとの共同研究により, ハブゲノミクス（全ゲノム解読）を行っている. 染色体マッピングについて, まずハブ毒 PLA₂ アイソザイム遺伝子について解析を行ったが[13-18], その後, 他のハブ毒成分遺伝子についても解析を進めた結果, 主要な毒腺アイソザイム遺伝子は, マイクロ染色体上にコードされていることが明らかとなってきた（ただし, 一部の毒成分遺伝子はマクロ染色体のテロメア付近に位置しているものもある）（図 13.7）. マイクロ染色体は, 長い年月の間に, マクロ染色体とくっついたり離れたりしてきたとも考えられており, 進化的にも興味深いことが次々に明らかになりつつある. 今後, 膨大な情報を統合して, どのように, ハブが進化的に毒成分遺伝子を獲得してきたのか, また, 毒成分遺伝子がどのように発現制御されているのかなど, さまざまな生命現象や分子進化の機構の一端を垣間見ることができるのではないかと大いに期待している.

13 章　蛇毒成分の多様な生理機能と分子進化・遺伝子発現

> **コラム 13.2**
> **ヘビは，どう進化してきたの？：毒蛇の出現と巧妙な進化**
>
> 　現在，ヘビの仲間は 3 千種を超えるとされ，進化の絶頂にあるというが，ヘビの誕生がいつなのかは，ヘビの化石が稀にしか発見されないこともあり，はっきりしていない．一般的には白亜紀の初めの頃，同じ爬虫類のトカゲから分かれたと考えられている．
> 　ヘビは獲物をねらうために自らのからだつきを変えた．まず，獲物のにおいを嗅ぐためにちょろちょろ出す舌，つまり嗅覚を発達させた．次に，獲物を締め付ける胴体を得た．ニシキヘビは英語でしめつけヘビと呼ばれる大蛇であるが，脚の痕跡をもっていることからヘビの進化の初期段階のものと考えられている．それから中新世のナミヘビ科の時代を経て，ついに毒蛇が出現した．小型の哺乳類や小鳥が栄えた中新世になると，しめつけは非効率的であるため，獲物を殺すための毒液を獲得したのであろう．さらに，ハブやマムシなどマムシ亜科ヘビの毒蛇は，異物を探知するためのピットを発達させた．一説によると，ハブやマムシなどマムシ亜科ヘビはヘビの進化の最後の段階にあるとされ，効率よく獲物を捕獲できるようになったと考えられている．

### 13 章 参考書

疋田 努（2002）『爬虫類の進化』東京大学出版会.

星野通平（1992）『毒蛇の来た道』東海大学出版会.

二改俊章ら（2014）『毒ヘビのやさしいサイエンス』化学同人.

### 13 章 引用文献

13-1) 山崎泰男・森田隆司（2009）蛋白質 核酸 酵素, **54**: 628-634.

13-2) 上田直子ら（2004）化学と生物, **42**: 687-693.

13-3) 武田壮一（2009）蛋白質 核酸 酵素, **54**: 1754-1759.

13-4) Yamamoto, C. *et al.* (2002) Immunology, **107**: 111-117.

13-5) 野口正人・五十嵐和彦 編（林 典夫・廣野治子 監修）（2014）『シンプル生化学 改訂

第 6 版』南江堂, p. 295.

13-6) Ohno, M. *et al.* (2002) "Perspectives in Molecular Toxinology" Ménez, A. ed., John Wiley & Sons, Ltd., p. 387-400.

13-7) Murakami, T. *et al.* (2011) Biosci. Biotechnol. Biochem., **75**: 864-870.

13-8) Ogawa, T. *et al.* (1992) Proc. Natl. Acad. Sci. USA, **89**: 8557-8561.

13-9) Nakashima, K. *et al.* (1994) Pure Appl. Chem., **66**: 715-720.

13-10) Nakashima, K. *et al.* (1993) Proc. Natl. Acad. Sci. USA, **90**: 5964-5968.

13-11) Nakashima, K. *et al.* (1995) Proc. Natl. Acad. Sci. USA, **92**: 5605-5609.

13-12) 中島欽一ら（1994）化学と生物, **32**: 702-711.

13-13) Ogawa, T. *et al.* (1995) J. Mol. Evol., **41**: 867-877.

13-14) 白井 剛ら（2003）蛋白質 核酸 酵素, **48**: 1913-1919.

13-15) Chijiwa, T. *et al.* (2000) Biochem. J., **347**: 491-499.

13-16) Murakami, T. *et al.* (2009) Toxicon, **54**: 399-407.

13-17) 三島章義（1966）熱帯医学会報, **7**: 8-17.

13-18) Ikeda, N. *et al.* (2010) Gene, **461**: 15-25.

# 第3部　集団による攻防

　群れは外敵の排除を容易にし，個体の生存率を高める．「集団」対「集団」，「個」対「個」といった他者との関係において，内分泌系はどのような働きをしているのだろうか．第3部では動物の社会性に関わるホルモンに焦点を当てる．群れを構成する個体は，必ずしも恩恵だけを受けているわけではない．群れの内部では順位をめぐる争いがあり，高い順位を保つためにはエネルギーが必要となる．群れの形成と維持に必要な，個体レベルのコストとベネフィットのバランスは内分泌系によって支えられている．その一方で，内分泌系は社会行動の発現そのものにも影響を及ぼす．雄と雌の関係，同じ空間・同じ場所で活動するための「同調」やなわばり形成，集団レベルの回遊など，多様な社会行動において内分泌系が果たす役割を紹介する．

# 14. 動物はなぜ群れを形成するのか

沓掛展之・加藤貴大

　動物を眺めていると，多くの素朴な疑問が生じる．なぜ，このような姿をしているのだろうか．どのように暮らしているのだろうか．この行動にはどんな意味があるのだろうか．これらの疑問を解く鍵は「**適応進化**」にある．この章では，群れて暮らす哺乳類や鳥類が直面する生態的・社会的・生理的な問題，それらの問題への対処法を紹介する．例を通じて，生理・内分泌を理解する際，適応進化・生態学的背景をあわせて考えることの重要性を紹介したい．

## 14.1　動物行動と適応進化

　なぜ，動物は群れるのか？　この疑問に答えるためには，**進化**（evolution）のしくみ，とくに**自然淘汰**（自然選択：natural selection）の概念を理解することが必要である．自然淘汰は，**変異**（variation）・**遺伝**（heredity）・**選択**（selection）という三要素が存在することにより，自動的に働く進化プロセスである．形態や行動などのさまざまな形質には，種内変異がみられる．これらの表現型形質は，その個体がもつ遺伝子型によって規定されており，親と子の形質は類似することが多い．生息環境に適した表現型形質をもつ個体は高い確率で生存・繁殖する．そのような表現型形質は，他の形質と比較して**適応度**（fitness）が高く，遺伝子を次世代に多く残す．この自然淘汰のプロセスによって，世代間で遺伝的構成が変化し，適応的な形質をもつ個体が増えていく．

　一例として，被捕食者の体色を取り上げる（**図14.1**）．周囲の環境と類似した地味な体色をもつ個体は，派手な個体よりも目立たない．捕食者が被捕食者の目立ちやすさによって獲物を見つけている場合，地味な個体が高確率で生存できるだろう．その結果，世代を経るごとに，地味な体色をもつ個体

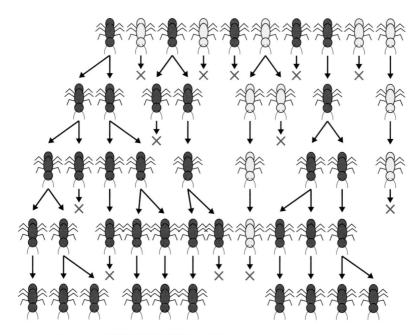

**図 14.1 自然淘汰（自然選択）の例**
白い形質の個体が，黒い形質の個体よりも捕食者に食べられやすい（×にて表示）場合，世代を重ねるごとに，黒い形質の頻度が増加し，最終的には集団中に固定する．黒い形質の個体のなかにも捕食者に食べられている個体がいるが，形質間で比較すると黒い形質のほうが白い形質よりも適応度（fitness）が高い．

の割合が多くなる．つまり，世代を重ねるにつれて生息環境に「選択された」表現型形質が集団内に固定されていく．

　自然淘汰の基本的な概念は 1859 年にチャールズ・ダーウィンによって提唱され，数多くの実証的研究によって支持されている．進化に関する理論・仮説は，進化「論」と呼ばれることが多いが，豊富な実証的研究に支えられて，現在では進化「学」として成立している（コラム 14.1 も参照）．自然淘汰を含む適応進化の観点から，動物の行動・生態の理解を目指す分野は**行動生態学**（behavioural ecology）と呼ばれて，さまざまな現象を理解することに成功している[14-1, 14-2]．

## 14章 動物はなぜ群れを形成するのか

### コラム 14.1
### ダーウィンを悩ませたクジャクとアリ：性淘汰と血縁淘汰

　自然淘汰の概念は，数多くの動物行動を説明することに成功している．しかし，一見すると，自然淘汰では説明することが難しいように見える形質も存在する．たとえば，雄のクジャクがもつ長く派手な上尾筒（尾羽ではないことに注意）は，生存に不利であるように見える．真社会性昆虫のワーカーのように，みずから繁殖せず他個体のために自己犠牲的に振る舞う**利他行動**（altruism）も，自然淘汰で理解することは難しい．これらの現象は，自然淘汰とは異なる，別の適応進化の理論によって説明することが可能である．

　クジャクの装飾のように，雄の派手な装飾は，雌との配偶確率を上げる（「もてる」）役割がある場合が多い．次世代に遺伝子を残すもっとも効率的な方法は，自ら繁殖することである．このため，繁殖に有利な形質は進化すると予測される．この淘汰圧はダーウィンによって**性淘汰**（sexual selection）と命名され，その存在は，以後の多くの研究によって支持されている．

　利他行動の存在に関しては，1964年にウィリアム・ハミルトンが提唱した**血縁淘汰**（kin selection，または**包括適応度理論** inclusive fitness theory）により理解することが可能になった．個体が次世代に遺伝子を残す方法には，自分自身が繁殖する方法に加えて，自分と遺伝子を共有している確率が高い個体（たとえば，血縁個体）の生存・繁殖を助けて，その個体を介して間接的に次世代に遺伝子を残す方法がある．この間接的な利益が大きい場合，血縁個体に対する利他行動は進化することができる．自らは繁殖しない鳥類におけるヘルパーや膜翅目のワーカーの存在などが利他行動の好例であるが，多くの場合，これらの利他行動は血縁個体間で起きており，血縁淘汰からの予測と一致する（234ページ参照）．

　自然淘汰，性淘汰，血縁淘汰．これらは，次世代に自分の遺伝子をより多く残すための適応進化の代表的な淘汰圧であり，現在みられる多様な生物形質を形作ってきたデザイナーの役目を果たしてきた．

## 14.2 「種のため」の誤り

　行動生態学が明らかにした重要な知見に，自然淘汰などの適応進化が，「種」や「集団」ではなく，「個」（個体，または遺伝子）に対して働くという点がある．初期の動物行動学では，形質は「集団」「種」の維持・繁栄のために進化したと考えられてきた．この考え方は群淘汰（group selection）と呼ばれ，現在でも，テレビ・インターネットなどのメディア，一般の人々，さらには研究者（困ったことに，多くの自然科学者や生物学者を含む）によって信じられている．群淘汰に関してよく引用される例として，レミング（タビネズミ）の集団自殺に関する伝説が挙げられる．この伝説は，高密度条件下のレミングは集団自殺し，個体数を調整することによって種を維持・存続させるというものである．

---

**コラム 14.2**
### アリスイの奇妙な行動

　動物の防御行動には，人間からみると奇妙な方法もある．キツツキ科鳥類のアリスイ（*Jinx torquilla*）は，危険に直面した際，首をねじり，うねる行動をとる（図 14.2：筆者が捕獲した際の反応）．この行動は，ヘビへの擬態であるという説があるが，詳細は不明である．

図 14.2　アリスイの奇妙な行動

# 14章　動物はなぜ群れを形成するのか

しかし，群淘汰の概念には論理的な矛盾がある．自己犠牲をする個体は，次世代に遺伝子を残すことができない．したがって，そのような形質は進化の過程で消滅するはずであり，上記のような群淘汰は成り立たない．レミングの伝説に関しては，常に変動する生息環境を各個体がどのように予測し，適正だとする集団サイズをどのように決定するのかなど，多くの非科学的な前提に基づいている．そもそも，レミングが自発的に自殺することはないことが明らかになっている．

## 14.3　群れ形成の利益とコスト

適応進化の考えを動物の群れ生活に当てはめると，個体が群れ生活によってどのような利益とコストを受け，その収支が単独生活の収支とどのように異なるかを理解することが必要となる[14-3]．群れることによる代表的な利益は，捕食される危険性の回避である．単独でいるときと比べて，個体が群れていると，誰かが捕食者の存在・接近に気がつく可能性が高まり，襲われたとしても自分が食べられる確率は減少する．また，群れている個体は，協力パートナーや繁殖相手を見つけることもたやすいであろう．個体間でよい餌場の場所に関する知識を共有することもできる．また，同種他個体・異種との資源をめぐる競争にも，数の力で優位に立てるという利益も享受すること

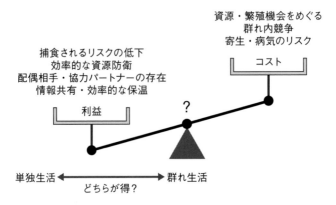

**図 14.3　群れ生活が個体にもたらす利益とコスト**

ができる.

　その一方，群れることにはコストもともなう．有限の資源をめぐって，群れの構成個体間で競争が生じることは避けられない．また，病気や寄生虫の伝播も単独生活よりも群れているほうが速いであろう．これらの利益とコストを比較した結果，利益が大きいので群れ生活が進化的に獲得，維持されていると考えられている（**図 14.3**）．

## 14.4　「ストレス」の定義と問題点

　群れ生活は，個体にさまざまな行動学的・生理学的難問を突きつけることになる．動物は，変動する生態学的要因（餌，捕食圧，気候条件）に対応しなくてはならない．個体が採餌によって得られるエネルギーは有限である．個体は，このエネルギーを，身体維持・成長・繁殖など，異なる活動に適切に（適応度が最大になるように）配分する必要がある．たとえば，雌が繁殖に多くのエネルギーを配分し，産子数を増やしたとする．その結果，他の活動に使うことができるエネルギーは少なくなり，成長が抑制されるなどの影響が出るであろう．このトレードオフは群れて生活する動物に限らない問題であるが，群居性の動物は，生態学的要因のみならず社会環境の変動にも対応しなくてはならず，より複雑な問題に直面していると言えよう．

　これらの問題に対して，動物は**糖質コルチコイド**（glucocorticoid：**GC**）によってエネルギー生産・消費を調整，対応している．一般に，GC レベルは，個体が経験している**ストレス**（stress）の指標と見なされることが多い．「ストレス」という用語は日常生活でも使用されており，なじみ深いものであるが，その概念を生物学的に定義することが難しい．狭義には，ストレッサー（stressor）は「予測することが難しい要因」と定義される[14-4]．たとえば，季節変化にともなう資源量の変動は予測可能な要因であり，適応進化によって，個体は生理的・行動的な対処方法を獲得している可能性がある．一方，稀に起きる干ばつや激しい嵐は予測不可能であり，個体にとってストレッサーとして働くと考えられる．

　ただ，野生動物を研究する際には，変動する生態学的環境や社会環境のう

ち，何が予測可能（または不可能）であるかを研究者が判断することは難しい．また，動物が経験しているであろう予測・制御不可能感などの「心理的ストレス」は，その存在を定量的に示すことが難しい．「ストレス」レベルが高い状態では，個体は多くのエネルギーを必要とし，GCレベルを上昇させるであろう．しかし，個体のエネルギー必要性に影響する要因はストレッサーだけではない．これらの理由から，GCの値を個体の「ストレス」レベルとみなす際には十分な注意が必要である．

### 14.5　アロスタシス負荷 —「守」の社会内分泌学的基盤—

曖昧な「ストレス」という概念に代わって，**アロスタシス**（allostasis）という概念が，GCレベルを予測・解釈するために有効な枠組みとみなされて

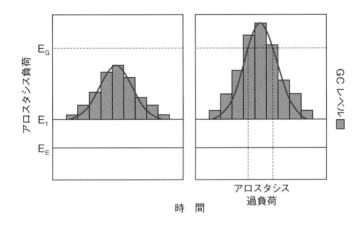

**図14.4　アロスタシス負荷の概念図**
個体が経験するアロスタシス負荷（縦軸）は時間（横軸）によって変化する．個体が理想的な環境にいる通常時には，個体が必要とするエネルギー量は，休息時の代謝エネルギー（$E_E$）と，食物から得られるエネルギー量（$E_I$）の合計となる．環境が理想状態でなくなった場合，必要とされるエネルギー（曲線）が上昇し，その上昇にともなって，GCレベル（棒グラフ）も上昇する．この上昇が，環境から得ることができるエネルギー量（$E_G$：点線）よりも大きくなったとき，アロスタシス過負荷（overload）の状態となる．アロスタシス過負荷の状態が続くと，個体の繁殖，免疫，生殖，認知などに負の影響が現れる．この枠組みは，アロスタシス負荷を「ストレス」と読み替えても，ほとんどの場合は問題がない．このため，多くの研究において「ストレス」という用語が使われ続けている（定義が曖昧な点については本文を参照）．

いる．基本的な生命活動を維持するために，動物は内的環境を一定に保つ必要がある．この内的環境を維持するしくみ・現象は，恒常性，または**ホメオスタシス**（homeostasis）と呼ばれている．このホメオスタシスの概念を野生動物に当てはめる際，個体が必要とするエネルギーの量（**アロスタシス負荷**：allostatic load）は，変動する環境，個体の生活史段階などに応じて変化することも注意しなくてはならない．アロスタシスは，変動環境のなかでのホメオスタシスの維持を指す概念であり，生物医学の分野で提唱され，行動生態学にも転用されている（図 14.4）[14-5]．個体にかかるアロスタシス負荷の度合いは，進化によって形成された繁殖システム・社会構造，個体が暮らす生態学的環境，群れのなかの個体間社会関係など，さまざまな要因によって決定される．このため，個体の GC レベルを予測・解釈する際，研究対象種の生態や行動を熟知していることが必要である．

## 14.6 群れ生活と GC レベル

以下では，群れ生活の利益とコストが個体の GC レベルに与える影響について，鳥類・哺乳類の研究例を交えて紹介する．これらの例を通じて，個体の GC レベルに生態学的・社会的要因が複雑に影響することを示したい．

### 14.6.1 利　益

群れ生活の利益が個体の GC レベルに与える影響は，後述するコストの影響と比べて，研究が遅れているテーマである．これまでの研究から，特定の個体間で形成される良好な社会関係が GC レベルを積極的に低減させる役割をもつことが報告されている．野生ヒヒ（*Papio hamadryas ursinus*）において，群れメンバーが捕食される，順位関係が不安定になる，攻撃的な雄が移入するなどのイベントが起きると，雌の GC レベルは上昇する[14-6]．それらのイベント後，雌は親しい個体との親和関係を強化するなど，積極的な対処行動を示す．このとき GC レベルの低下が見られる．ハイイロガン（*Anser anser*）では，餌をめぐる競争時，味方である家族個体が近くにいた場合，いなかった場合と比較して個体の GC レベルが低くなる[14-7]．これらの例は，

群れ内の社会的なサポートが，ストレッサーへの**対処行動**（stress coping behavior）となっていることを示している[14-6, 14-8]．

### 14.6.2 コスト

　群れ生活にともなうコストのうち，群れ内での個体間競争は個体のGCレベルに強く影響する要因である．たとえば，大規模な繁殖コロニーを形成するキングペンギン（*Aptenodytes patagonicus*）では，同一のコロニーでも繁殖場所によって繁殖個体のGCレベルが異なり，繁殖場所がコロニーの中心に近い個体ほど，GCレベルが高い[14-9]．コロニーの中心部で繁殖する個体は，コロニーの周縁部で繁殖する個体よりも，移動時に他個体からの攻撃を受ける頻度が高くなるため，GCレベルが上昇すると考えられる．一方，中心で繁殖する個体は，捕食されるリスクが低く，天候の影響を受けにくいという利益を受ける．同じコロニー内であっても，繁殖場所の質は不均質であり，これらの要因が繁殖成績に影響している可能性が指摘されている．

　個体間競争の影響としてもっとも多く研究されているテーマが，個体の順位とGCレベルの関係であろう．多くの動物において，個体間に順位関係が形成され，**優位個体**と**劣位個体**間で資源をめぐる闘争が回避されている．順位関係をもつ動物を観察していると，優位個体が劣位個体を一方的に攻撃することが多い．このため，優位個体は「勝ち組」，劣位個体は「負け組」であるという印象をもちやすい．実際に，劣位個体が優位個体よりも繁殖成功が低く，高いGCレベルを示す種は多い．その一方，優位個体が劣位個体よりも高いGCレベルを示す種も多く，この種間差の原因についてさまざまな研究が行われてきた．アロスタシス負荷の枠組みを当てはめると，順位がGCレベルに与える影響は，個体が経験するアロスタシス負荷によって決定されると予測される．すなわち，優位個体にとって高順位の獲得・維持が困難で，劣位個体にとっては優位個体からの脅威が小さく，社会的なサポート（14.6.1項参照）の存在などの対処が存在する場合，優位個体に高いアロスタシス負荷がかかると予測される．哺乳類と鳥類を対象にしたメタ分析では，この予測が支持されている[14-10]．

個体の順位が繁殖成功にもっとも顕著に現れる例が，**協同繁殖**(cooperative breeding)する種であろう．協同繁殖という社会システムでは，親のみならず，親以外の個体（ヘルパー）も仔の世話を行う．ムクドリ科鳥類のツキノワテリムク（*Lamprotornis superbus*）では，優位個体が繁殖個体になり，劣位個体はヘルパーになる．ある個体が繁殖個体になるかヘルパーになるかという繁殖役割の決定には，生態学的要因と社会的要因の両方が影響している[14-11]．繁殖期直前の乾季に降水量が多い年は，餌資源が多いため，初めて繁殖する個体が多い．一方，降水量が少ない年は餌資源量が少なく，優位個体と劣位個体の対立が激しくなる．降雨量が個体のGCレベルに与える影響は，繁殖期に繁殖する優位個体と，繁殖しないでヘルパーとなる劣位個体の間で異なる．優位個体のGCレベルは，降水量と関係せずにほぼ一定である．対して，劣位個体は，乾季の降水量が少ない年にGCレベルが高く，強いアロスタシス負荷を受けていると考えられる．このように，GCレベルを測定することによって，各個体のアロスタシス負荷，生態学的要因と社会的要因の複合的な影響を明らかにすることができる．

家族で群れを形成する協同繁殖種ミーアキャット（*Suricata suricatta*）（図

**図 14.5　協同繁殖するミーアキャット**
アフリカ南部の乾燥地帯に生息するマングースの一種である．
（口絵Ⅶ-14章と同じ）

14.5) の場合，繁殖を独占する優位雌は，繁殖を試みる娘（劣位雌）を群れから攻撃的に追放する．追放によって，劣位雌は体重の減少，高い GC レベルを経験し，繁殖しにくい生理状態となる．劣位雌が妊娠していた場合には流産してしまう．このように，GC レベルの変化を促す優位雌の行動戦術が，繁殖独占のための手段となっている[14-12]．

先述のように，群れ生活のコストには個体間競争以外の要因も含まれる．寄生虫に寄生されるリスクもその 1 つである．北米で行われたコロニー性のサンショクツバメ（*Petrochelidon pyrrhonota*）の研究では，コロニー密度が高くなるにつれて，個体の GC レベルが上昇していた[14-13]．この関係は，外部寄生虫を実験的に駆除した個体群では見られなかったことから，高い GC レベルは，高密度によって上昇した寄生虫のリスクが原因であると考えられている．

## 14.7　行動生態学・進化生物学との連携可能性

これまで例示してきたように，動物の群居性とその内分泌学的側面を理解するためには，各種がもつ種特異的な生態学的・社会的条件，進化の観点からの適応的意義をあわせて考えることが不可欠である．

動物行動学を設立した功績で 1973 年にノーベル生理学・医学賞を受賞したニコ・ティンバーゲンは，動物行動に関する「4 つのなぜ」という整理の仕方を示した（詳しくはコラム 14.3）[14-14]．内分泌状態を調べることは**至近要因**に含まれる「メカニズム」を調べる作業であり，行動や形質の適応的意義を考察する作業は，**究極要因**である「機能」を調べる作業である．分野が成熟し，研究技術が進歩した現在，動物行動学・行動生態学の研究では，至近要因と究極要因を統合的に考え，その境界を越境した知見が多く提供されるようになってきた．今後，社会内分泌学においても至近要因と究極要因の双方をバランス良く考察することが重要になってくることは間違いない．その一方で，行動生態学と内分泌学，双方研究アプローチを併用できる研究者は少なく，教育体制も整備されているとは言い難い．今後，分野間の交流によって，双方の分野にとって新しい研究可能性が開かれることが大いに期待

できる．たとえば，実験室のみで研究をしていたら，捕食圧や資源の季節変動などに関する研究を行うことはできない．野外で研究する場合には，行動と内分泌の関係について相関研究に留まってしまい，さまざまな要因の統制，実験的な操作の必要性などに関して，実験室内での研究から学ぶことが多いはずである．今後，野外生物学者が実験室で作業し，生理学者が白衣を脱いで野外へ出て行くことで，新しい理解が進むであろう．

---

**コラム 14.3**
**ティンバーゲンの 4 つの「なぜ」**

なぜ，動物はある行動をするのか？ ティンバーゲンは，この疑問に答える方法を 4 つに分類した．この「ティンバーゲンの 4 つのなぜ」は，動物行動を研究するうえで，現在でも有効な枠組みである．
(1) メカニズム (mechanism)：物質的・機械的な背景
(2) 発達 (development)：経験などの発達過程
(3) 機能 (function)：適応的意義
(4) 系統 (phylogeny)：進化の歴史

これら 4 つのうち，(1)(2) は，「どのように」(how) に着目した説明方法であり，**至近要因**（proximate factor）と呼ばれている．一方，(3)(4) は，「なぜ」(why) に着目した説明方法であり，**究極要因**（ultimate factor）と呼ばれている[14-15]．

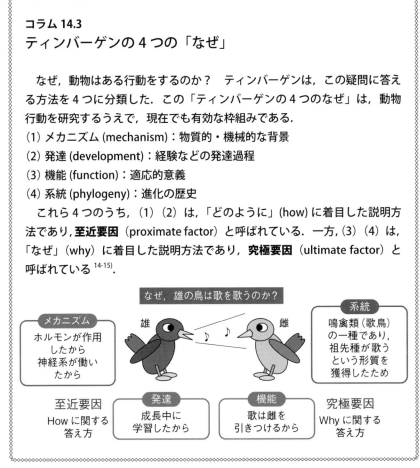

## 14章 参考書

Adkins-Regan, E. (2005) "Hormones and Animal Social Behavior" Princeton University Press, Princeton, NJ.

Alcock, J. (2013) "Animal Behavior" tenth edition, Sinauer Associates.

Nelson, R. J. (2011) "An Introduction to Behavioral Endocrinology" forth edition, Sinauer, Sunderland, MA.

## 14章 引用文献

14-1) 沓掛展之・古賀庸憲（2012）『行動生態学』共立出版．

14-2) デイビスら（野間口 眞太郎ら 訳）（2015）『行動生態学』原著第4版，共立出版．

14-3) 沓掛展之（2014）『生態学と社会科学の接点』佐竹暁子・巌佐 庸 編，共立出版，p. 45-60.

14-4) Creel, S. *et al.* (2013) Funct. Ecol., **27**: 66-80.

14-5) McEwen, B. S., Wingfield, J. C. (2003) Horm. Behav., **43**: 2-15.

14-6) Cheney, D. L., Seyfarth, R. M. (2009) Adv. Stud. Behav., **39**: 1-44.

14-7) Scheiber, I. B. *et al.* (2013) "The Social Life of Greylag Geese" Cambridge University Press.

14-8) Hennessy, M. B. *et al.* (2009) Front Neuroendocrinol., **30**: 470-482.

14-9) Viblanc, V. *et al.* (2014) Oecologia, **175**: 763-772.

14-10) Goymann, W., Wingfield, J. C. (2004) Anim. Behav., **67**: 591-602.

14-11) Rubenstein, D. R. (2007) Proc. R. Soc. B, **274**: 967-975.

14-12) Young, A. J. *et al.* (2006) Proc. Natl. Acad. Sci. USA, **103**: 12005-12010.

14-13) Raouf, S. A. *et al.* (2006) Anim. Behav., **71**: 39-48.

14-14) Tinbergen, N. (1963) Z. Tierpsychol., **20**: 410-433.

14-15) 長谷川眞理子（2002）『生き物をめぐる4つの「なぜ」』集英社．

# 15. 魚類における社会順位とホルモン

岩田惠理

　社会順位は，群れに属する個体の適応度（各個体の自然選択における有利性を表す尺度）を上げるために重要である．近年，潜水技術や水中撮影技術の発達により，水中での行動観察が容易となったことで，魚類の行動生態に関する知見が多く蓄積されるようになった．その結果，鳥類と哺乳類で認められるような，複雑な社会行動をともなう社会順位制が，魚類にも存在することが明らかとなった．本章では，性転換魚として有名なクマノミ類をおもな対象として，魚類の社会順位とホルモンの関係について解説する．

## 15.1　魚類の社会構造

　2個体以上の個体間で成立する行動（相互作用）を**社会行動**と言う．なわばりをもち，単独で暮らす独居性の魚であるベタ（*Betta splendens*）であっても，侵入者をなわばりから追い出そうとするときや，雌と産卵をしようとするときに行うのは，社会行動である．一方，群れをつくって暮らす群居性の魚であれば，頻繁に社会行動が行われているかというと，そうとも限らない．魚類のつくる「**群れ**（school）」は，行動をともにしている集団で，群れを構成する個体は，程度の差こそあれ統一的な行動をとり，ある程度の社会行動も認められる．統制のとれた動きを見せるイワシの群れが良い例である．また魚類では，個体同士は集合しているが，全体としてまとまった行動を示さない「**群がり**（aggregation）」という状態がみられる．野生のミナミメダカ（*Oryzias latipes*）では，数個体から数十個体の群れに加え，水面近くに集団でじっとしている群がりがみられ，この場合，個体間の社会行動はほとんど認められない[15-1]．群れや群がりを形成する利点としては，外敵を発見できる確率が上がること，捕食される確率が下がることなどが挙げられ

15章　魚類における社会順位とホルモン

ている．

　このほかに，複雑な社会行動を伴う「**社会的群れ**（social group）」も，魚類において確認されている．しかしこれまで，社会的群れの研究対象はおもに哺乳類や鳥類であった．哺乳類や鳥類では，群れを構成する個体が血縁関係にあることが多く，群れにはリーダーが存在する．群れを構成する個体間には複雑な社会行動が認められる．緊密な意思疎通のもとに，共同で餌を探し，子育てを行うことが，群れに属する個体の生存や繁殖に有利に働くのである．では，魚類の社会的群れはどのようなものであろうか？　鳥類や哺乳類とは異なり，魚類の群れの構成個体間には血縁関係があるという報告はこれまでない．また，群れを率いるリーダーのような存在も知られていない．しかし，ある魚種では群れのなかに社会順位，すなわち**優位**と**劣位**の関係があり，構成個体間で複雑な社会行動が行われる．

　社会順位をもつ魚種では，繁殖行動を行うことができるのは，おもに優位個体である．劣位個体は，繁殖に参加することができないか，もしくはスニーキングなどの代替繁殖戦略を採用する．魚類にとって，社会的群れを形成し社会順位を維持することは，なによりも優位個体の繁殖成功（その個体が作った子の数）を高めるための装置として機能していると考えられる．

## 15.2　社会的群れにおける社会順位

　魚類の行動生態学的知見が蓄積されてきたとはいえ，社会的な群れを恒常的に維持する魚種の報告はまだ少ない．そのなかでも比較的よく研究されてきたのは，クマノミ類である．クマノミ類はスズキ目スズメダイ科に属する海水魚で，おもにインド太平洋熱帯域のサンゴ礁に分布する．日本の亜熱帯海域には6種類のクマノミ類が生息している（口絵Ⅶ-15章）．そのなかでもクマノミ（*Amphiprion clarkii*）は，比較的低水温耐性があり，本州の房総半島が生息の北限である．クマノミ類はハタゴイソギンチャク（*Stichodactyala gigantea*）などのイソギンチャクと共生関係にあることで有名で，1つのイソギンチャクに数個体が棲みつき，社会的群れを形成している．群れの構成個体はあまり入れ替わることなく，同じ構成個体からなる群

**図 15.1　沖縄慶良間諸島海域のカクレクマノミと実験室内水槽のカクレクマノミ**
野生個体の群れ（A）も飼育個体の群れ（B）も，1位個体のそばには2位個体が，少し離れた所に3位個体がいる．体長，位置関係，および行動の違いにより，各個体の社会順位を特定することは容易である．（B）の飼育個体の体長は，1位個体が7 cm，2位個体が6 cm，3位個体が5 cm程度である．

れが長期にわたって維持される．また，群れを構成する個体間に血縁関係がないことがすでに判明している[15-2]．

　多くの魚類では，おおむね体の大きさで社会的な優劣が決まることが知られている．クマノミ類においても，最も大きな個体が最も強い個体，つまり社会順位が優位な個体であり，イソギンチャクの中心に近い場所をほぼ占有している．その周辺には2位の個体が泳ぎ回っており，さらにその周辺に3位の個体と，体長と位置関係から各個体の社会順位を推察することが可能である（**図 15.1A**）．群れの構成個体間では，**威嚇行動**（いかく）などの優位性行動や，**宥和行動**（ゆうわ）（自分が劣位であることを示す行動，相手の攻撃衝動を緩和する）のような劣位性行動が頻繁に繰り返されている．これらの行動は，群れのなかでの社会順位を確認し維持するための，ある意味儀式的な行動である．

　しかし，クマノミの優位性行動や劣位性行動には社会順位の維持以外にも重要な意味がある．クマノミ類は遺伝的な性決定機構をもたない．そもそも性染色体をもたないのではないかと考えられている．彼らの性別は群れの社会順位によって決定する．クマノミでは，最も優位で身体の大きな個体が雌，次に強くて大きい個体が雄であり，この上位2個体が繁殖ペアを形成し繁殖行動を行う．3位以下の個体は，精巣と卵巣の混在する未熟な生殖腺をもち，

# 15章 魚類における社会順位とホルモン

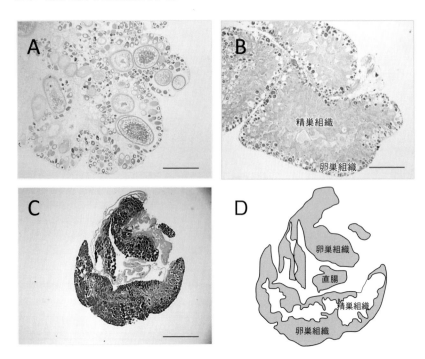

**図15.2 カクレクマノミの生殖腺組織所見**
性成熟した1位個体（A：雌）には成熟した卵巣組織のみ存在し，性成熟した2位個体（B：雄）においては，未熟な卵巣組織が成熟した精巣組織を薄く取り囲み，3位個体（C：未成熟，D：模式図）では未熟な卵巣組織と精巣組織が確認できる．スケールバーは500 μm．

性的に未成熟な状態で過ごす（**図15.2**）．しかし，1位の雌個体が何らかの理由で群れから消失すると，2位の雄個体が雌へと性転換し，3位の未成熟個体が雄へと性分化して，新たな繁殖ペアを形成することが知られている．つまりクマノミ類においては，群れ内の社会順位が，個体の繁殖成功に直接結びつく重要な要因となっているのである．

## 15.3 社会順位と性ステロイドホルモン

社会順位で性別が決定されるクマノミ類では，当然のことながら血漿性ステロイドホルモン濃度に社会順位による違いが認められる．すなわち，1位

## 15.3 社会順位と性ステロイドホルモン

個体である雌の血漿エストラジオール (E2) 濃度は高く, 2位個体である雄では血漿 11-ケトテストステロン (11-KT) 濃度が高い[15-3]. 3位以下の劣位個体においては, E2 も 11-KT も低値である[15-4]. なお多くの魚類では, テストステロン (T) は卵巣でも精巣でも性成熟にともない盛んに産生され, 雌性ホルモンである E2 と魚類の雄性ホルモンである 11-KT の前駆体として用いられる.

クマノミ類のなかでも, 沖縄の海でも見られるカクレクマノミ (*A. ocellaris*) は, 比較的小型で飼育が容易であり, 水槽内での繁殖技術も確立していることから, 飼育下で研究対象とされることが多い. 筆者の研究室では, 水槽内での飼育が難しいイソギンチャクの替わりに, 塩ビ製の継手をイソギンチャク替わりのシェルターとして使用し, カクレクマノミの飼育を行っている. 水槽内でも, 1位個体がシェルター内を占有し, 2位個体はシェルター周囲を泳ぎ回り, 3位個体は水槽の隅のほうにいるといった, イソギンチャク内での野生個体の位置関係と同様な状態が再現できる (図 15.1B). 優位性行動としては, 相手の体側に対して突進する威嚇行動が最も多く認められ, 噛みつくなどの相手を傷つけるような行動は, 一部の例外を除き, 観察されない. 劣位性行動としては, 相手に対し, 自分の体側を見せて痙攣の

**図 15.3 水槽内のカクレクマノミの群れで観察される, 社会順位特定の指標となる行動**
(A) 劣位個体 (左) に突進して威嚇する優位個体 (右). 優位個体の動きは非常にすばやいが, 多くは威嚇のみであり, 噛みつくまでには至らない. (B) シェルターに入ってしまった劣位個体 (右) が優位個体 (左) に対し宥和行動を行う. 劣位個体は, 胸鰭をぐるぐると回しながら, 体全体を痙攣のように震わせる.

## 15章　魚類における社会順位とホルモン

ように身体を震わせる宥和行動が観察される（図15.3）.

実験室内の水槽で，ほとんど体格差のない未成熟のカクレクマノミ3個体を飼育すると，0.1 mm程度のわずかな体長差を見分けることにより，群れ形成後わずか1時間程度で社会順位が決定する．生殖腺の発達の前にまず順位が決まり，その後，1位個体では卵巣が発達して雌に，2位個体では精巣が発達して雄になり，3位個体は未成熟のままとなるが，上位2個体の繁殖行動が確認できるまでにはその後1年以上もかかる．性成熟までのかなり長い期間，性ステロイドホルモンは低値に推移するものの，社会順位はきちんと保たれてゆく．つまり，社会順位の形成と維持は，血漿性ステロイドホルモン濃度とは無関係に行われているということである（図15.4）.

アフリカンシクリッドの一種，モザンビークティラピア（*Oreochromis mossambicus*）の雄において，社会順位形成後の各個体の社会順位を，社会順位形成前の尿中11-KT濃度からは予測することができなかったという報告がある[15-5]．性ステロイドホルモン，とくに雄性ホルモンは，脊椎動物の攻撃行動の調節に関与している．しかし，繁殖能力が優れているであろう，血漿11-KT濃度の高い雄魚が優位個体になれるわけではなく，優位個体で

| 1位（雌） | 2位（雄） | 3位（性的未成熟） |
|---|---|---|
|  |  |  |
| 11-KT　低い<br>E2　高い<br>コルチゾル　差なし | 11-KT　高い<br>E2　低い<br>コルチゾル　差なし | 11-KT　低い<br>E2　低い<br>コルチゾル　差なし |

**図15.4　カクレクマノミの社会順位による血漿ステロイドホルモン濃度の違い**
未成熟個体の研究から，血漿ステロイドホルモン濃度の違いは，社会順位が形成された結果生じたもので，特定のホルモンが社会順位を調節しているわけではないことがわかった．シクリッドほどではないが，クマノミも優位な個体ほど体色が鮮やかになる．11-KT:11-ケトテストステロン，E2:エストラジオール．

あると確定して後に，11-KT 濃度の上昇が起こるのである．

## 15.4　社会順位とストレスホルモン

哺乳類を対象とした研究では，群れを構成する個体の社会順位に応じてストレスレベルが異なることがよく知られている．さらに興味深いことに，群れの社会構造の違いにより，どの社会順位の個体がストレス下にあるのかが異なる[15-6]．優位個体が劣位個体に対し威圧的な社会環境であれば，劣位個体の血漿**コルチゾル**（哺乳類では副腎皮質ホルモン，魚類では間腎腺ホルモンと呼ばれる）濃度ほど高値となるが，リーダーに高度な管理能力が要求されるような社会環境では，優位個体であるリーダーの血漿コルチゾル濃度が高値となる．

魚類においては，ストレスレベルと社会順位には関係性が見いだされるのであろうか？　繁殖期のブルーギル（*Lepomis macrochirus*）では，スニーキング戦略を採用する劣位個体の血漿コルチゾル濃度は，巣を構える優位個体に比較して高値である[15-7]．一方，カクレクマノミの未成熟個体では，社会順位決定直後の1位個体は優位性行動を盛んに行うが，そのときの血漿コルチゾル濃度は非常に高い．しかし，時間が経過し，群れの社会順位が安定してくると，社会順位による血中コルチゾル濃度の差は認められなくなる（**図 15.4**）[15-4, 15-8]．哺乳類と同様に魚類にも，社会順位と血漿コルチゾル濃度との関係には，社会構造の違いに起因する種差が存在するようである．

同じ体格のニジマス（*Oncorhynchus mykiss*）の稚魚2個体を1つの水槽にいれると，優位，劣位の社会順位が形成される．社会順位形成前の血漿コルチゾル濃度には個体間での違いは認められない．しかし社会順位が形成された後は，劣位個体の方が優位個体より血漿コルチゾル濃度が高値となる．また，優位個体になるニジマスの稚魚は，もともと攻撃性が高く，さらに拘束ストレス負荷に対するストレス反応性が低い[15-9]．ストレス反応性を司る，視床下部–下垂体–間腎腺軸（HPI軸）の反応性の個体差が，ニジマスにおいて社会順位を決める要因の一つとなっているのである．

## 15.5 社会順位とペプチドホルモン

　魚類の社会行動の調節に関与するとされているホルモンとして，哺乳類のアルギニンバソプレシン（AVP）と相同の機能を担う**アルギニンバソトシン**（**AVT**）が知られている．AVT は，AVP と同様，下垂体神経葉から放出されて腎臓の尿細管に作用し，水分再吸収を促進するホルモンであるが，脳内の神経伝達物質としても働く．哺乳類の脳内 AVP は，パートナー選好性や社会的親和性への関与が確認されている．魚類の AVT については，哺乳類ほど明確に証明されているわけではないが，攻撃行動や求愛行動などへの関与が示唆されている．

　社会順位が決定してから 3 か月後のカクレクマノミ未成熟魚では，下位の個体ほど視索前野の AVT 産生神経細胞の面積が大きい，つまり AVT の産生量が多い．また，各個体と AVT 産生神経細胞の面積は，優位性行動の頻度と負の相関を，劣位性行動の頻度と正の相関を示す[15-10]．つまり，カクレクマノミにおいて，AVT は攻撃行動を抑制する働きのあることが示唆される．

　しかし一方では，カクレクマノミの成熟雄と未成熟魚に，AVT の V1a 型受容体拮抗薬を投与することにより攻撃性の低下が認められるという，上記とは逆の現象も報告されている[15-11]．以上のように，カクレクマノミの脳内 AVT は社会順位の形成や維持に関係している可能性が高いが，詳細はまだ不明である．また，魚類の AVT 受容体には V1a 型以外にも複数のサブタイプが報告されていることから，各受容体の働きについても詳細に検討を行う必要がある．

## 15.6 なわばりに関係する社会順位

　魚類の社会順位は，繁殖コロニーやハーレムのように，**行動圏**（home range）が重複する，もしくは，個体のなわばりが隣接する状況でも認められる．つまり，同じ個体どうしが繰り返し出会う状況において認められる．繁殖コロニーにおける雄の社会順位については，アフリカのタンガニイカ湖とその周辺の水域に生息するシクリッドの一種（*Astatotilapia burtoni*）にお

いてよく研究されている[15-12)]. *A. burtoni* は周年繁殖で，雄には，なわばりを構える優位雄と，なわばりをもたずに雌と群れを形成して周囲を泳ぎ回る劣位雄の2型がある．優位雄は鮮やかな体色，劣位雄は雌に近い地味な体色をもち，外見での区別が容易である．血漿 11-KT, T, E2, 黄体形成ホルモン（LH），濾胞刺激ホルモン（FSH）濃度は優位雄で高く，劣位雄で低い．

*A. burtoni* の社会順位は対面させる相手を変えることによって，優位雄を劣位雄に，劣位雄を優位雄へと逆転させることが可能である．社会順位の逆転を実験的に誘導すると，いずれの場合でも社会順位逆転後30分以内で，体色と血漿性ステロイドホルモン濃度の変化が認められる．また AVT の投与によって，*A. burtoni* の行動は変化せず，社会順位も変動しない．しかし，劣位から優位に社会順位が上昇したばかりの個体では，脳の *avt* mRNA 相対量と血漿コルチゾル濃度が上昇する．このように，なわばりに関する社会順位においても，血漿ホルモン濃度は原因ではなく結果である．

## 15.7 おわりに

魚類において，社会順位は個体の繁殖成功のカギを握る重要な要因である．一部の魚種のもつ複雑な社会構造が明らかとなってきたとはいえ，魚類の社会順位とホルモンとの関係については，まだわからないことが多い．

多くの魚種で認められた，血漿性ステロイドホルモン濃度の社会順位による違いは，社会順位が形成された結果としての説明が可能である．おそらく，優位劣位を決める競い合いにおける視覚・嗅覚・聴覚（鳴く魚は多い）からの刺激が，脳のいずれかの部位で社会順位の認識を生じさせ，視床下部−下垂体−生殖腺軸（HPG 軸）が優位個体では活性化し，劣位個体では抑制されるのであろう．

血漿コルチゾル濃度については，社会構造の違いに起因する種差があるようだが，一部の魚種においては劣位個体の血漿コルチゾル濃度が高値を示す．また，HPI 軸の反応性の個体差は，その個体が将来どのような社会順位につくのかに影響を与える（**図 15.5**）．

しかしながら，他個体と自分との関係性についての認識，つまり優位劣位

15章 魚類における社会順位とホルモン

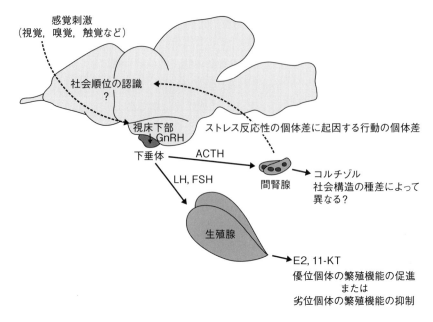

**図15.5 魚類における社会順位とホルモンとの関係**
HPG軸は，優位個体において活性化されるが，劣位個体では抑制がかかる．一部の魚種では劣位個体のHPI軸が活性化する．HPI軸の反応性の個体差が，個体の社会順位形成に影響を与える．

の認識が，脳のどこで処理され，どのように視床下部へと伝えられるのかについては，今のところまったく不明である．今後は，AVTなどの社会行動に関係する神経伝達物質に加え，セロトニンやドーパミンといった情動に関係する脳内神経伝達物質やニューロステロイドなどを標的とした研究が必要である．

また，魚類の社会順位は同種個体のみではなく，異種個体間でも広く認められる．これはおもに餌資源をめぐっての対立の結果なのであるが，この現象とホルモンの関係については，まったくといっていいほど研究がなされていない．今後の研究が待たれるところである．

## コラム 15.1
## 魚はどのくらい「お利口」なのか？

　哺乳類の場合，幼少期からの社会経験が，正しい社会行動を振る舞えるかどうかを決めているとされている．動物園などで人の手で育てられた個体が，もとの群れに復帰できなかったり，正常な繁殖行動を行うことができなかったりするのはそのためである．では，魚類の社会行動はどうなのか？　経験や学習の影響はあるのだろうか？　哺乳類に比べれば，魚類の社会行動は生得的（以前は本能と呼んでいた）である度合いは大きいかもしれないが，経験や学習の影響がないとは言いきれない．

　社会順位をもった群れを長期的に維持するためには，個体認知と，認知した個体と自分との関係性の理解が必要なのは言うまでもない[15-13]．カクレクマノミの行動観察をしていると，魚はこちらが想像しているよりもいろいろと考えているのではないかと思うことがある．侵入者のカクレクマノミに攻撃を仕掛ける優位個体のそばで，攻撃には参加せず，ただじっと観察しているように見える劣位個体がいる．また，エアストーンから出る気泡に乗って流されるのを楽しんでいるようにしか見えないカクレクマノミも，何度も見かけたことがある．しかし，それはさすがに妄想，擬人化のしすぎではないかと，自らを戒めていたのである．が，2007 年には，「魚は他個体間の行動を見ているだけで，各個体の社会順位を論理的思考により推察することができる」という論文が発表された[15-14]．そして 2014 年には，とうとう「魚も遊ぶ」という論文も発表された[15-15]．自分の先見の明のなさを恥じるばかりである．

　少し前までは，魚類の行動は定型的で刺激に反応するだけのような捉えられ方をしていた．しかし近年の研究の進歩により，魚も哺乳類に近い情動系をもち，高い認知能力に基づいて臨機応変に行動を変化させていることがわかってきた．実際，海に潜って魚たちの行動を観察していると，同種間のみならず異種間でもかなり高度な社会行動が成立しているのがわかる．魚類の社会行動の研究は，脊椎動物に共通な神経モデルを提唱することにもつながると筆者は考えている．

15章　魚類における社会順位とホルモン

## 15章 参考書

会田勝美・金子豊二 編（2013）『増補改訂版 魚類生理学の基礎』恒星社厚生閣.

塚本勝巳 編（2010）『魚類生態学の基礎』恒星社厚生閣.

近藤保彦ら 編（2010）『脳とホルモンの行動学』西村書店.

桑村哲生・安房田智司 編（2013）『魚類行動生態学入門』東海大学出版会.

Braithwaite, V.（高橋 洋 訳）（2012）『魚は痛みを感じるか？』紀伊國屋書店.

Branson, E. J. ed. (2007) "Fish Welfare" Blackwell Publishing.

## 15章 引用文献

15-1) 小林牧人ら（2012）日本水産学会誌, **78**: 922-933.

15-2) Buston, P. M. *et al.* (2007) Mol. Ecol., **16**: 3671-3678.

15-3) Godwin, J. (1994) Anim. Behav., **48**: 551-567.

15-4) Iwata, E. *et al.* (2008) Zool. Sci., **25**: 123-128.

15-5) Oliveria, R. F. *et al.* (1996) Horm. Behav., **30**: 2-12.

15-6) Abbott, D. H. *et al.* (2003) Horm. Behav., **43**: 67-82.

15-7) Knapp, R., Neff, B. D. (2007) Biol. Lett., **3**: 628-631.

15-8) Iwata, E. *et al.* (2012) Zool. Sci., **29**: 849-855.

15-9) Øverli, Ø. *et al.* (2004) Horm. Behav., **45**: 235-241.

15-10) Iwata, E. *et al.* (2010) Fish Physiol. Biochem., **36**: 337-345.

15-11) Yaeger, C. *et al.* (2014) Neuroscience, **267**: 205-218.

15-12) Maruska, K. P. (2014) Gen. Comp. Endocrinol., **207**: 2-12.

15-13) Iwata, E., Manbo, J. (2013) Acta Ethol., **16**: 97-103.

15-14) Gronsenick, L. *et al.* (2007) Nature, **445**: 429-432.

15-15) Burghardt, G. M. *et al.* (2014) Ethology, **121**: 38-44.

# 16. 魚類のなわばりと防御行動

棟方有宗

　他の多くの動物と同様，魚類も生活史のさまざまな場面（ライフステージ）においてなわばりを形成し，その獲得や維持を巡って種々の攻撃や防御行動を繰り広げる．また，サケ科魚類などではライフステージに応じてなわばりによって得ようとする対象，すなわち，なわばりの生態学的な役割が変化する．また近年，なわばりに関係する一連の行動の生理的機構についても研究が進められており，サケ科魚類ではなわばりの形成に，いくつかの異なる生理因子が関わっていることもわかってきた．このことは，ある魚類のなわばりや防御行動について理解するためには，一連の現象を生態学や行動学に加えて，生理学の観点からも詳細に観察を行う必要があることを示している．

## 16.1　なわばり，攻撃，防御行動の定義

　魚類の多くは，一生のうちのある期間，自己の周辺の特定の区域にテリトリー（なわばり）を形成する（**図16.1**）．また，魚類のなわばりの役割はライフステージによって変わる場合が多く，たとえば稚魚期には成長のために重要となる摂餌場所や防衛に好適な空間を巡って，また成魚期になると産卵場所などの空間や，繁殖相手となる異性個体といった資源を巡って，なわばりが形成される．こうしたなわばりを形成する際に同じ空間や資源を巡って争う競合者があった場合，魚類はこれに対して攻撃行動を起こし，なわばりの獲得に努めようとする．またすでに獲得したなわばりを脅かす侵入者が現れた場合にも，なわばりの主はこれらの侵入者に攻撃を加えて，なわばりから追い払おうとする．またある種の魚は自己が占有する空間や資源を安定させるために広範囲になわばりを構え，定期的にこのなかを巡回して占有空間内の他個体に適宜，攻撃を加える（この例のように，なわばりが広範囲に及

16章　魚類のなわばりと防御行動

**図 16.1　魚類のなわばりと逃避行動の概念**
多くの魚類は，好適な餌場や異性などの空間や資源を巡ってなわばり争い（攻撃と反撃）を繰り広げ，これに勝利した優位の魚はなわばりを獲得・維持する．一方，争いに敗れた劣位の魚は，新たな空間や資源を求めて逃避行動を発現する．サケ科魚類の川から海への降河回遊なども，逃避行動の一種と考えられる（詳しくは，本文参照）．

ぶ場合，なわばり内には複数の魚が分布し，順位制を形成する場合もある．順位制については，15章を参照のこと）．

一方，なわばりを巡って攻撃を受けた側の魚（被攻撃魚）は，攻撃に対する自己防衛（防御）のため，反撃や逃避といった行動で応答する（図16.1）．反撃に成功すれば，その魚は優位個体となり，ライバルを撃退して新たななわばりを獲得することや，自分のなわばりの維持が可能となる．一方，反撃に失敗した場合，その魚は劣位個体となって逃避行動を行い，新たな移動先において再度，なわばりの確保を試みることになる．もし劣位となった魚が敗北後も同じ場所に居続ければ，その魚は特定の空間や資源がうまく利用できないこと，あるいは攻撃魚から繰り返し受けるストレスによって，以後の成長や繁殖に支障をきたすからである．この点から，魚類の逃避行動は，単に攻撃魚から追い払われるといった攻撃魚の都合によって起こるのではなく，攻撃に敗れた魚が新たな空間で自己の適応度を高めるための内発的な行動，すなわち脱出として，機能していると考えられる．こうした内発的な逃避行動の例として，本章ではサケ科魚類の川から海への降河回遊についても触れる．このように，魚類においてみられる攻撃や防御の行動は，なわばり争いを巡って優位と劣位にわかれる双方の魚にとって，生息範囲内に散在する空間や資源を効率良く利用する上で重要な役割を果たしている．

## 16.2　サケ科魚類のなわばり・攻撃行動

上述したように，魚類がなわばりを形成し，これを巡って攻撃行動を発現するのは，摂餌場所や繁殖相手といった，特定の空間や資源を確保するため

である．そのため，まだ摂餌要求量が少なく性的にも未熟な仔稚魚ではなわばり争いや攻撃行動は起こらない場合が多い．つまり，攻撃の形質は成長に応じて順次，個体発生すると考えられる．サケ科魚類の一種であるサクラマス（*Oncorhynchus masou*）の場合も，浮上（卵が産み付けられた砂利のなかから稚魚が泳ぎ出てくること）直後の稚魚は川岸の浅瀬で数個体程度の群れをなして小型の流下動物を捕食しており，まだこの段階では摂餌場所を巡るなわばり争いや他個体への攻撃はほとんど見られない．しかし，観察を続けていくと稚魚は成長とともに徐々に生息空間を川の流心へと移し，この頃から次第に摂餌要求量が増加し，なわばり争いのための攻撃行動が発現（個体発生）する．

　魚類がなわばりを巡って行う攻撃行動には通常，複数の種類が見られる．たとえばサケ科魚類では，他個体を威嚇する（display），追い回す（chasing），体当たりする（attacking），嚙みつく（nipping）といった攻撃行動が見られる．一般にはなわばり争いの初期段階ではdisplayやchasingといった非接触型の攻撃行動が繰り出され，さらにその後，被攻撃魚の反撃の度合いなどに応じてattackingやnippingといった，より攻撃性の高い接触型の攻撃行動が織り交ぜられるようになる．

## 16.3　サケ科魚類のなわばり争いに影響を及ぼす内分泌因子

　本章では，サケ科魚類のなわばり形成や攻撃行動に関与することが知られている生理的因子のうち，とくに内分泌因子（ホルモン）である成長ホルモン，性ホルモン，甲状腺ホルモン，およびコルチゾルの働きについて概説する．

### 16.3.1　サケ科魚類のなわばり争いと成長ホルモン

　下垂体ホルモンの一種である成長ホルモンは，魚類においては体成長を促進する成長因子の1つであるが，サケ科魚類ではなわばり争いにともなう複数の行動にも関係している[16-1]．たとえばニジマス（*O. mykiss*）の稚魚に成長ホルモンを投与し，水槽内で非投与魚との行動を観察すると，投与魚は非投与魚に対する攻撃行動を頻発し，摂餌量が2倍程度に増加する[16-2]．また

成長ホルモンを投与したニジマスは，天敵（捕食者）である鳥（実験では鳥の模型を使用）が水槽の上空に提示されても活発な摂餌を続けるといったように，大胆な行動をとるようになるという[16-3]．これらの先行研究から，成長ホルモンは，血中濃度が高くなることで攻撃行動や摂餌行動，個体の大胆さを亢進させ，なわばり形成に促進的に関与することが窺われる．では，こうして将来のなわばり争いに有利に働く成長ホルモンは，いつ，どのようにして特定の稚魚において増加するのであろうか．これに関する手掛かりとしては，稚魚の成長ホルモンが，じつは絶食（飢餓）状態におかれた際に増加するという興味深い報告がある[16-4]．つまり，この報告を踏まえると，サケ科魚類の稚魚では優位な立場に立つことで成長ホルモン濃度が増加するのではなく，一度飢餓状態に陥って劣位な立場となることをきっかけとして成長ホルモンが増え，その作用によって劣位の稚魚が積極的になわばり争いや攻撃，大胆な摂餌行動に打って出るようになる，と仮定できる．そこで筆者らはこのことを検証するため，栃木県中禅寺湖の流入河川に分布するホンマス（*O. masou* subsp.）の養殖稚魚（天然魚よりもなわばり争いや摂餌能力が劣ると想定される）を川に放流し，成長ホルモン濃度や，摂餌なわばりの指標となる胃充満度の変化をその川の天然魚と比較した[16-5]．

さて，一般にサケ科魚類の稚魚では摂餌なわばりを形成することで摂餌活動が安定し，摂餌率（胃充満度）が高止まりするようになると考えられる．川での調査の結果，養殖魚（放流魚）を放流した直後の7月の胃充満度は天然魚が放流魚よりも高く，やはり天然魚の方がなわばり争いや摂餌に長けていることが示された（**図 16.2**）[16-5]．ところがこのとき天然魚の成長ホルモン濃度は放流魚よりも高かったわけではなく（**図 16.3**），天然魚の高い摂餌活動が成長ホルモンに裏打ちされたものかどうかを示すことはできなかった．そこでさらに比較を続けたところ，興味深いことに，放流当初は胃充満度が低かった，いわば劣位であったはずの放流魚の成長ホルモン濃度が放流から約2週間をかけて徐々に上昇し，これに合わせて胃充満度も増加していったのである（**図 16.2**）．また放流魚の成長ホルモン濃度は，彼らの胃充満度が放流から2か月後の8月に天然魚と同等の高いレベルに並ぶと今度は

16.3 サケ科魚類のなわばり争いに影響を及ぼす内分泌因子

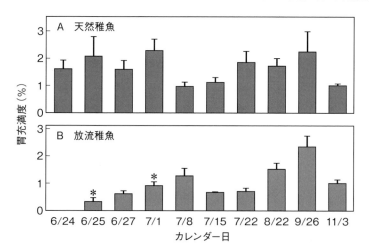

**図 16.2 栃木県中禅寺湖の流入河川に生息するホンマス（*Oncorhynchus masou* subsp.）の天然稚魚（上段）と放流した養殖稚魚（下段）の胃充満度（胃内容物重量／体重×100）の推移**
放流稚魚は，放流直後は胃充満度が低かったが，放流後2か月後程度までに徐々に値が増加し，同じ場所に生息する天然稚魚の値に近づいていった．（引用文献 16-5 を改変）

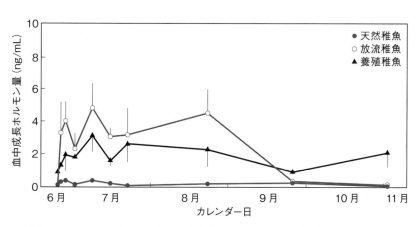

**図 16.3 栃木県中禅寺湖の流入河川に生息するホンマス天然稚魚，放流した養殖稚魚（放流稚魚），および養殖を続けた養殖稚魚の血中成長ホルモン濃度の推移**
放流稚魚の成長ホルモン濃度は，放流後〜放流の2か月後にかけて血中濃度が増加した．またホルモン濃度は放流後約2か月後以降は大きく減少し，天然稚魚と同等の低い値を示した．一方，河川に放流せず飼育を続けた養殖稚魚の成長ホルモン濃度は終始一定の範囲内の値を示した．（引用文献 16-5 を改変）

減少に転じ，以降の9月と10月は天然魚と同等の低い値を示した (図16.3)．

　以上の結果の解釈としては，次のような仮説をたてることができよう．すなわち，放流の直後，放流魚は川の摂餌環境に適応できずに一時的に飢餓状態に陥ったが，その後，一部の稚魚が飢餓状態を受けて増加した成長ホルモンの作用によって天然魚にも劣らない攻撃性や摂餌行動を発揮するようになり，胃充満度も増加していった，というものである．また放流魚では，成長ホルモンの作用によって充分な摂餌行動を行い，飢餓状態から脱したことにより，その後は成長ホルモンの分泌量が減少したことも窺える．多くの天然魚の成長ホルモン濃度が終始低く推移したのも，調査開始の時点ですでに摂餌活動が高いレベルで安定していたためと考えられる．これらの結果から，ホンマスの稚魚の成長ホルモンは，なわばり争いにおいて劣位となった際に大きく増加し，その結果，劣位の稚魚を後のなわばり争いの勝者へと導いているのではないかと考えられる．

　一方，こうしてある特定の稚魚がなわばり争いにおいて優位になるということは，同じなわばりを巡って争う別の個体が相対的に劣位な立場に転落することを意味する．このことから，成長ホルモンは，摂餌面で優劣が拮抗するホンマスの稚魚において交互に増減し，結果的にはより多くの稚魚が（それなりに）成長することに寄与しているのではないかと考えられる．つまり，一連の研究結果は，ホンマスなどの稚魚の摂餌なわばりが一握りの優位な魚に固定されるわけではなく，とくに初期稚魚の段階ではなわばり競争にある程度の流動性があることを示す，生理学的な傍証とも思われる．

　また，このような成長ホルモンの働きは，劣位となってなわばりを追われてしまった稚魚が，新たな環境で活発な摂動を行い自己の地位を向上させる上でも，重要な役割を果たしているものと思われる．

### 16.3.2　サケ科魚類のなわばり争いと性ホルモン

　以上のように，サケ科魚類の稚魚期のなわばりは，稚魚の初期成長を支えるための摂餌なわばりとしての機能が中心であり，これを巡って繰り出される攻撃行動や摂餌行動が成長因子である成長ホルモンによって調節されてい

ることは，合理的と考えられる．

　一方，サクラマスなどではその後，一部の稚魚（1歳の優位個体）が高い成長率の恩恵を受けて河川内で早期に性成熟（早熟）を開始し，そのまま河川生活を続けてその年の秋に産卵に加わる，河川残留魚となる（**図 16.4**）[16-6]．当然ながら，河川残留魚は引き続き川のなかで摂餌なわばりを維持し，侵入者に対しては苛烈な攻撃を加える．一方，残りの劣位の稚魚の多くは，未成熟な状態のまま将来の海での回遊生活の備えとなる銀化変態（smoltification）を行ったのち，海に向けて降河回遊を行う．それでは，成熟して川に残る早熟魚のなわばり行動は，どのような生理因子によって調節されているのであろうか．

　サクラマスの河川残留魚では，性成熟が始まっていることを受けて，性ホルモン（雄性ホルモン，雌性ホルモン）の血中濃度が増加している．一般に，

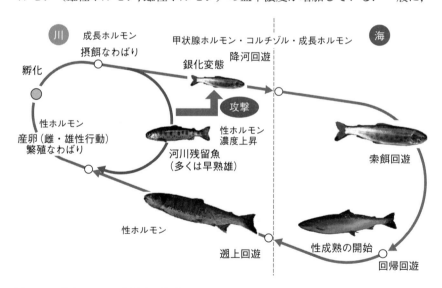

**図 16.4　サクラマスの生活史の概略**
河川で孵化したサクラマスの稚魚の一部は摂餌なわばり争いに勝利して優位個体となり，さらに早期に成熟（早熟）することで，河川残留魚となる．一方，なわばり争いに敗れた劣位の稚魚の多くは，未成熟な状態のまま銀化変態を行い，川から海へと降河回遊を行う．摂餌なわばりや成熟後の繁殖なわばりには成長ホルモンや性ホルモンが，逃避行動には甲状腺ホルモンやコルチゾルが関係している．（本シリーズ第IV巻 図 2.4 を改変）

## 16章 魚類のなわばりと防御行動

性ホルモンは雌雄の生殖腺から分泌されて卵巣および精巣の発達・成熟を促すが,これらの一部は脳の行動中枢にも作用して,攻撃行動や産卵のための性行動を引き起こすことが多くの脊椎動物で報告されている(本シリーズ第Ⅳ巻参照).前述したサクラマスの河川残留魚は多くが早熟雄であり,これらの魚では性ホルモンのなかでもテストステロン(T)や11-ケトテストステロンといった雄性ホルモンの血中濃度が増加している[16-6].

春に,サクラマスの河川残留魚(早熟魚)と銀化魚(未成熟魚)を川の流れを模した実験水路に収容し,行動を観察すると,河川残留魚の多くは実験水路上流部のコーナー付近になわばりを形成し,ここに近づいてくる銀化魚などに攻撃を加える様子が観察される[16-7].そこで,河川残留魚のなわばり行動や攻撃行動にも性ホルモンが関与しているのではないかと考え,海に降る準備が整っているサクラマスの銀化魚にTを投与し,同様に対照銀化魚との行動の差異を観察した.その結果,T投与魚は河川残留魚と同様,実験水路の上流部になわばりを形成し,性ホルモンを投与していない対照銀化魚を攻撃した.また興味深いことに,Tを投与した銀化魚は,対照銀化魚のほとんどが実験水路内で川から海へと降る行動である降河行動を行ったのに対して,河川残留魚(早熟魚)のように実験水路の上流域に留まる(残留する)ことも明らかとなった[16-6, 16-7].さらに,その後の研究で,Tなどの性ホルモンは,サクラマスの河川残留魚の雌雄がその年の秋に川の産卵場で行う性行動である造床行動(雌)や寄り添い・身震い(雄)行動を引き起こすことも明らかとなった(本シリーズ第Ⅳ巻2章参照)[16-6].

このように,サクラマスではTなどの性ホルモンが早熟した河川残留魚のなわばり争いや攻撃行動を促進するとともに,彼らの川から海への降河行動を抑制し,さらには秋に川で行われる性行動を引き起こす,といったように一連の行動に関与していることが示されている(図16.4).上述したように,サクラマスの河川残留魚では早めに十分な体成長を遂げて性成熟が開始し,そのまま川に残って産卵することが可能になったという生理的状態を受けて,性ホルモンが増加している.したがって,こうして体内に分泌される性ホルモンが河川残留魚のなわばり行動をはじめ,降河行動の抑制やその後

の性行動の促進等に多面的に関わるのではないかと考えられる．

### 16.3.3　サケ科魚類のなわばり争いと甲状腺ホルモン

　本節の最後に，サケ科魚類の攻撃行動における甲状腺ホルモンの関与についても紹介する．ただし，サケ科魚類の場合，甲状腺ホルモンは攻撃行動の発現を抑制する因子であることが知られている[16-8]．多くのサケ科魚類では，銀化魚が川から海へと降河回遊を行う際，銀化変態期を境にしてそれまで見られていたなわばり行動や攻撃性が減少する．同時に銀化魚では群れの形成が促進され，最終的には数個体から数十個体の群れとなって降河回遊を行う．これは，群れを成して回遊した方が防衛上の希釈効果によって外敵に捕食されるリスクが分散されるためと考えられる．また，銀化魚では，降河回遊が行われる前，銀化変態の一環として，鰓（えら）の海水適応能の亢進や体型のスリム化，体色の銀白色化が起こることが知られている（図16.4も参照）[16-6]．これらの変化のうち，鰓の海水適応能の亢進は成長ホルモンや副腎皮質ホルモンであるコルチゾルによって，また体型のスリム化や体色の銀白色化は甲状腺ホルモンによって，それぞれ調節されることがわかっている．そこで，銀化変態期にとくに顕著に上昇する，甲状腺ホルモンの一種であるチロキシンをサクラマスやスチールヘッドトラウト（*O. mykiss*：降海型のニジマス）の未成熟魚に投与し，行動面でどのような変化が起こるかを観察したところ，これらの魚では攻撃行動の一種であるnippingの頻度が大きく減少することが判明したのである[16-8]．このことから甲状腺ホルモンは，銀化魚が海で回遊を行う上で必須となる銀化変態を促進すると同時に，川から海への回遊においては必要性が低下する攻撃性を抑制するものと考えられる．

　以上，ここまでは，サケ科魚類のなわばり形成や攻撃行動の調節に，複数のホルモンが関係することについて概観した．上述した知見を総合すると，サケ科魚類では稚魚期（成長段階）の摂餌なわばりに成長因子である成長ホルモンが深く関与し，性成熟が始まると今度は生殖内分泌因子である性ホルモンが一連の行動に関与することが示唆される．このように，魚類の成長期や性成熟期にそれぞれ中心的役割を果たすホルモンが各ライフステージのな

16章　魚類のなわばりと防御行動

わばり行動にも大きく関わることは，行動生理学的に大変興味深い現象と考えられる．またサケ科魚類では攻撃行動を促進するホルモンだけでなく，甲状腺ホルモンのように攻撃行動を抑制するホルモンも見られる．この結果は，魚類が生きていく上では必ずしもなわばり争いに固執することが最優先されるわけではなく，時と場合によっては攻撃性を抑え，なわばり争いを回避するための生理的機構も魚類に内在することを示している．

### 16.4　被攻撃魚の行動応答（防御行動）―反撃，逃避を中心として―

以上，前節までは，魚類のなわばり形成に重要な役割を演じる攻撃行動の生理的機構を中心に概観した．その一方で，多くの魚は他個体からの攻撃を受ける側，すなわち被攻撃魚ともなり得る（図16.1）．16.1節でふれたように，攻撃魚からの攻撃に対する被攻撃魚の応答として，反撃や逃避行動が行われる．これらのうち，反撃とは，他個体からの攻撃に対して攻撃で応じることであり，首尾良く反撃に成功すれば，この個体は攻撃魚を撃退して自己のなわばりを獲得・維持することができる．一方，反撃が不首尾に終わった場合，その魚は逃避行動を起こして他の場所へ移動する．もしも移動先で好適な空間や資源を見つけることができれば，その個体は再びその場所でなわばり形成を試みることになろう．反面，すでにそこに別のなわばりの所有者（先住者）がいた場合には，後からきた魚は再び先住者となわばり争いを繰り広げ，時にはさらに逃避行動を続けることが必要となる．このようにして，個々の魚は自分に相応しいなわばりを獲得できるまでは，逃避行動を続けることになる．ただし，逃避によるなわばり探索を続けることができるのは，その魚種がなわばりとして利用可能な空間，あるいは資源が十分，かつある程度連続的に分布している場合に限られる．実際には，好適な摂餌空間などは有限，かつ不連続に分布している場合が多いことから，その場合には多くの魚はより大規模な，時には跳躍的な逃避行動を起こして，新たな摂餌空間を探索することが必要となる．そのような大規模な逃避行動の典型的な例が，本章で紹介している，一部のサケ科魚類が川から海へと行う降河回遊ではないかと考えられる（図16.4）．たとえばサクラマスは，川の上流で孵化して摂餌を

行うが，摂餌のためのなわばり争いに敗れた稚魚は，基本的にはより下流側に移動（逃避）して新たななわばりを探索する．しかし，本種にとっての好適な摂餌空間は，河川内には限定的にしか分布していないことから，なわばり争いに敗れた一部の稚魚は，本来は生息に不向きな環境で，慢性的に飢餓や外部環境からのストレスに曝されることになる．このような稚魚に残された策は，なわばりへの固執を取り下げ，好適な摂餌環境を求めて跳躍的な逃避行動を発現することであり，こうした逃避行動が，彼らが川から海へ向けて行う降河回遊の原型になったのではないかと考えられる．なお，このことは次節でふれる，逃避行動の生理的機構の側面からも，再度議論する．

　一方，同じく川において成長期を過ごすアユ（*Plecoglossus altivelis*）では，摂餌のためのなわばりを維持することができなかった個体の一部は，好適な摂餌なわばりを求めて広範囲に移動することをせず，ある時点でいわゆる群れアユとなり，集団を成して摂餌を行うようになることも知られている．

## 16.5　被攻撃魚の生理的応答

　他の魚から攻撃を受けた被攻撃魚では，多くの場合，副腎皮質ホルモンの一種であるコルチゾルが攻撃から数分以内に増加する．このことからコルチゾルは，ある魚が攻撃などによって受けたストレスを推測する指標として，よく用いられている．こうして増えるコルチゾルは，一般にストレスホルモンと称されるが，生理的には魚類にストレスを及ぼすのではなく，むしろストレスからの回復を促す作用をもつと考えられている．またコルチゾルは，被攻撃魚の防御行動，とくに逃避行動の発現にも関与している可能性が高いと考えられる．たとえば，コルチゾルの分泌を促進する視床下部ホルモンである副腎皮質刺激ホルモン放出ホルモン（CRH）をマイクロインジェクション技術によってマスノスケ（*O. tshawytscha*）稚魚の脳室内（intracerebroventricular）に注入すると，これらの稚魚では水槽内での活動性（ロコモーターアクティビティー）が増加し，コーナー部分から離れて水槽の中央を遊泳するようになるという[16-9]．このことからCRHは，稚魚の水槽内での定位位置に対する固執を減少させるものと考えられている．一方，

16章　魚類のなわばりと防御行動

コルチゾルをカプセルに入れ，川から海に降りる準備である銀化変態を終えたサクラマスの銀化魚に投与し，川の流れを模した実験水路に収容すると，コルチゾル投与魚は水路内で活発に降河行動を発現するようになる[16-6]．これらの実験結果を踏まえると，CRH やコルチゾルなどのストレスホルモン群は，サケ科魚類では上記した銀化変態に加え，定位置への固執性の抑制，なわばりからの離脱，ひいては川から海への降河回遊といった一連の逃避行動の調節に関与しているものと推察される．また，上記の一連の行動がすべて同じコルチゾルなどのストレスホルモン群によって調節されることから，先述したサケ科魚類の降河回遊は，やはり逃避行動の派生型の1つと見なすことができると考えられる．

なお，逃避行動や降河回遊がともにコルチゾルなどの生理的因子によって誘起されるのであれば，上記の一連の行動は，必ずしも他個体からの攻撃だけでなく，広くコルチゾルの増加を促す外的ストレスによっても引き起こされるものと推察される．たとえば本稿では，サクラマスのように，なわばり争いに破れた劣位の稚魚が銀化魚となって海に降るケースを紹介したが，サ

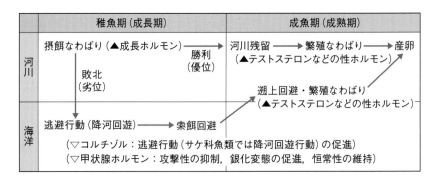

**図 16.5　サケ科魚類のなわばり・逃避行動のホルモン調節の概略**
　サケ科魚類の稚魚では，成長期には成長ホルモンによって，また成熟期には性ホルモンによって，それぞれ摂餌なわばり，繁殖なわばりが促進される．一方，なわばり争いに敗れた劣位の魚では，飢餓状態やストレス状態を脱却するための逃避行動がストレスホルモンであるコルチゾルによって促進される．また本来は恒常性の維持に関わる甲状腺ホルモンによって，攻撃性の抑制や銀化変態の促進が起こる．▲は，なわばり争いに対して正の作用をもつことを，▽は，逃避行動に対して正の作用をもつことを示す．

ケ科魚類のなかでは進化的に新しい種であるサケ（*O. keta*）やカラフトマス（*O. gorbuscha*）などのように，今日では川で生まれたすべての稚魚が海に降る種も多い．おそらくこれらの種では，降河回遊がなわばり争い以外の環境のストレスによっても引き起こされるように，進化を遂げてきたのではないかと考えられる．

## 16.6 まとめ

以上のように，サケ科魚類では成長ホルモン，性ホルモン，甲状腺ホルモン，コルチゾルといった数種類のホルモンによって，なわばり争いのための攻撃行動や，攻撃からの逃避行動の発現が調節されていることが窺われる．生活史全体を俯瞰すると，サケ科魚類ではなわばり争いを促進する行動に，成長ホルモンや性ホルモンといった成長・成熟を促進するホルモンが関与していると考えられる．おそらく，成長や成熟を円滑に進めるため，これらのホルモンと川のなかでなわばり争いに打って出るための行動調節機構がリンクするようになったのではないだろうか．一方，攻撃行動の抑制や逃避行動の促進といった，なわばり争いを回避するための行動には恒常性（ホメオスタシス）の維持を担う甲状腺ホルモンや，ストレスからの回復を促すコルチゾルが関係していると考えられる（**図 16.4**）．おそらくサケ科魚類では，なわばり争いに敗れ，ストレスを受けた際には両ホルモンによって恒常性の維持やストレスの緩和が図られつつ，同時にストレスの場からの逃避行動（脱出）が行われるように進化を遂げたのではないかと考えられる．

---

**コラム 16.1**
**サケ科魚類のなわばり争いがもたらした新境地**
—**銀化変態・回遊はなわばり争いの産物か**—

本文でも紹介したサクラマス（*Oncorhynchus masou*）や中禅寺湖に生息するホンマス（*O. masou* subsp.）[1]の稚魚を川で観察すると，他の稚魚に突進するよう近づき，なわばりから追い払おうとする様子が見られる．この際，

稚魚はライバルの体側にちりばめられた黒い斑紋，パーマークを攻撃の判断材料にすると考えられている（**図 16.6 ならびに口絵Ⅶ -16 章参照**）[2]．では，なぜ稚魚はライバルからの攻撃を引き起こしてしまうパーマークをあえて身に纏っているのであろうか．じつはこのマークは，自身の体色を背景にある川底の砂利などのパターンに合わせ，鳥などの捕食者から見つかりにくくするためのカモフラージュだと考えられている．つまり，パーマークの本来の役割は，外敵からの攻撃を避け，防衛効果を高めることにある．しかし稚魚はパーマークを隠れ蓑としつつ，同時に川のなかではなわばりを主張するため，同種のライバルにはこのマークがなわばり争いの意思表示と映り，攻撃の引き金となってしまうのではないかと考えられる．

　仮にそうだとすると，なわばり争いに敗れた劣位の稚魚にとっては，パーマークはライバルの攻撃を引き起こし，なわばりから追い立てられるといった負の側面が大きくなってしまい，むしろ防衛効果を低下させてしまうことになりかねない．また，劣位となった稚魚は優位な稚魚からなわばり範囲外の川の中層に追い立てられ，その後より下流へと逃避（降河）するようになるため，自身の背景がそれまでの「砂利」から「水」となる場面が多くなると推察される．これらの要因のため，劣位の稚魚にとっては体側のパーマークを薄め，体色を周囲の水の色に合わせる方がむしろ防衛効果が高くなると考えられる（**図 16.6 ならびに口絵Ⅶ -16 章参照**）．こうして一部の稚魚で防衛のために行われるようになったのが，体色の銀白色化という新たなカモフラージュ法であると考えられ，このようにとらえると，じつはこの体色変化が今日のサケ科魚類の海での回遊の準備として広く知られる，銀白色化などの銀化変態の原型の1つになったと考えることはできないだろうか．つまり，サケ科魚類の特徴である稚魚期の銀白色化は，進化的にはなわばり争いに敗れた稚魚がその後も川のなかで暮らすために行うようになったのが起源であり，その後，体色の変化に加えて海水適応能などが獲得されたことで，一連の変化がそのまま海での回遊のための銀化変態としても機能するようになったと考えられないだろうか．

　上記の仮説を検証することは，現段階では難しい．しかし，サケ科魚類が元々は川に暮らす淡水魚であったことを踏まえれば，彼らの祖先が一度も見たことがない「海」の環境に備えて銀白色化などの銀化変態を行うように

なったと考えるには多少ギャップが感じられる．それよりは，銀白色化が，なわばり争いに敗れた稚魚が川で生き続けるための体色変化，すなわちなわばり争いの産物として行われるようになったと考える方がより自然と感じられる．事実，サクラマスなどでは他個体よりも成長が遅れた劣位の稚魚が銀化変態を行うことが知られており，このこともなわばり争いと銀化変態の起源に深い関係があったとの本仮説を支持する．また，比較内分泌学の観点からも，銀化変態の誕生に稚魚のなわばり争いが関与した可能性を示す「痕跡」を見ることができる．すなわち，サケ科魚類ではなわばり争いに敗れ，飢餓状態に陥ることでストレスホルモンであるコルチゾルや恒常性を司る甲状腺ホルモン，成長ホルモンが増加するが，ひるがえってみると，これらのホルモンは現存するいずれのサケ科魚類においても銀化変態の際に増加し，それぞれが体色の銀白色化や浸透圧調節能の促進といった銀化変態の調節に関与しているのである．これらのホルモンが，上述の仮説のようになわばり争いに敗れることで増加し，その結果，劣位の稚魚の防御策の一環として一連の銀化変態が調節されるようになったのか，あるいはこれとはまったく異なる理由で上記のホルモンが銀化変態を調節するようになったのか，今後のさらなる内分泌学的研究と議論が待たれるところである．

1) Munakata, A. *et al.* (1999) Fish. Sci., **65**: 965-966.
2) 日高敏隆・前田憲彦 (1979) 淡水魚, **5**: 55-59.

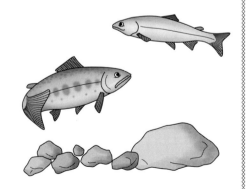

図 16.6 サクラマスの優位個体（河川残留魚：下）と劣位個体（銀化した降河魚：上）
優位個体の体側に見られる斑紋は，パーマークと呼ばれる．この絵にある劣位個体は，体色が銀色化しているところを表す．

## 16章 参考書

会田勝美・金子豊二 編（2014）『増補改訂版 魚類生理学の基礎』恒星社厚生閣.

塚本勝巳 編（2012）『魚類生態学の基礎』恒星社厚生閣.

棟方有宗ら 編（2013）『魚類の行動研究と水産資源管理』恒星社厚生閣.

## 16章 引用文献

16-1) Bjornson, B. Th. (1997) Fish Physiol. Biochem., **17**: 9-24.

16-2) Jonsson, I., Bjornson, B. Th. (1994) Anim. Behav., **48**: 177-186.

16-3) Jonsson, E. *et al.* (1996) Proc. R. Soc. London B., **263**: 647-651.

16-4) Sumpter, J. P. (1991) Gen. Comp. Endocrinol., **83**: 94-102.

16-5) Munakata, A. *et al.* (1999) J. Fish Biol., **56**: 163-172.

16-6) Munakata, A. (2012) Aqua-BioSci. Monogr., **5**: 29-65.

16-7) Munakata, A. *et al.* (2000) Zoo. Sci., **17**: 863-870.

16-8) Hutchinson, M., Iwata, M. (1998) Aquaculture, **168**: 169-175.

16-9) Clements, S. *et al.* (2002) Gen. Comp. Endocrinol., **125**: 319-327.

# 17. 集団とリズム

竹村明洋・竹内悠記

　動物の行動を注意深く観察していると，仲間同士が集団となっているようすをよくみかける．集団の形成や動きに規則性や周期性がある場合には，それぞれの動物の生存と繁栄をかけた，したたかで巧みな戦略が隠されていることが多い．成長や繁殖などの生活史の大イベントにともなう集団形成は，個体の生理機能と集団認識とが密接に結びついている．本章では，魚類を例にしながら，「動物はなぜ集団をつくるのか」を，内分泌学的な側面を含めて紹介しよう．

## 17.1　個と集団

　動物の集団とは，一般的には「同一種の多数個体」が一群となっている場合を指す．「同一種の多数個体」が集まった動物集団といっても，何かの拍子に驚いて個体同士が身を寄せ合うように塊状になった状態，個体が無秩序になんとなく集まった状態，そして個体が整然と統一性を保って集まった状態などが挙げられるだろう．これらの動物集団のうち，整然と統一性を保った集団は，社会性動物における集団内の序列に従った行動や，大集団での遊泳行動や飛翔行動の際に形成される（**図17.1**）．本章ではこのような集団を**群れ**と呼ぼう．

　動物が群れることのメリットとはどのようなものであろうか．外敵に対する防御効果，索餌効率を高める効果，水力学的なエネルギー保持効果，さらには有能な個体を模倣することによる学習効果などが考えられる．また，他の動物から捕食されるリスクを常に抱えている食物連鎖の低次に位置する動物は，統一性をもった群れを形成することで捕食者の的を絞りづらくし，捕食のリスクを低減していると考えられている．魚類ではイワシ類の大群泳がこれにあたる．これとは逆に，マグロなどの大型魚類のような食物連鎖の高

# 17章　集団とリズム

**図 17.1　沖縄近海を遊泳するカマスの群れ**
口絵 VII-17 章と同じ.

次に位置する動物が群れを形成する場合には，捕食効率を上げることにつながると考えられる．ただし，群れることにはデメリットもある．小さな被食者は 1 個体では目立たないが，群れることによって捕食者に見つかりやすくなってしまう．また，群れを構成する 1 個体が病気にかかってしまうと，群れ全体に病気が蔓延する危険性が非常に高く，その集団が絶滅してしまう可能性も高まってしまう．

さまざまな動物の群れの形成や行動をみてみると，一生にわたって群れを形成している動物でも，その群れの行動に**周期性**が認められる場合がある．また，単独で行動することが一般的な動物でも，1 日の決まった時間，1 年の決まった時季，さらには生活史の特定の成長段階で群れとなる場合がある．このように，動物の群れは種によってさまざまな周期性をもつことがある．これらはそれぞれに生態学的な意義をもち，種が獲得してきた生存戦略と密接に関わっている．本章では集団の形成と動きに周期性が生じるメカニズムを，魚類で得られてきた知見を中心に説明する．

## 17.2　集団のリズム

地球の自転や公転は，それぞれ 24 時間周期の昼夜変化や 1 年周期の季節

変化を引き起こす．また，月の公転は，ほぼ1か月周期で繰り返される夜の明るさの変化（満月と新月）やほぼ2週間周期で繰り返される潮の変化（大潮と小潮），さらには12.4時間周期で繰り返される干満の変化などを引き起こす．動物は，地球を取りまく天体活動によってつくり出される周期的な環境変化に常に曝されていることから，生息場所におけるこれらの変化を感覚器官で感じ取って，内因性の情報に転換して生理的なリズムを発現している．

集団の周期性には，ある動物集団の示す行動が同種もしくは他種の集団の行動に間接的に影響を及ぼしている場合と，個体が環境変動を直接感じ取った結果として現れる行動が同種他個体と同期する場合とがあろう．前者の一例として，ムネエソ科やハダカイワシ科魚類の**日周性**の**鉛直移動**が挙げられる．キュウリエソ（*Maurolicus japonicus*）は中深層性魚類で，マサバ（*Scomber japonicus*）やサクラマス（*Oncorhynchus masou*）などの中層遊泳性魚類や，スケトウダラ（*Theragra chalcogramma*）やアカガレイ（*Hippoglossoides dubius*）などの底棲性魚類の重要な餌動物となっており，低次被食者として日本海における食物連鎖を支えている．キュウリエソは，昼には100〜250 mの深層に生息するが，夜になると群れつつ浅海域に移動してくる．彼らはカイアシ類やオキアミ類などの動物プランクトンを食べているため，これらのプランクトンにあわせた日周性の鉛直移動を行うのである（**図17.2**）．一方，後者の好例として挙げられるのは沿岸域に生息する魚類の集団リズムであろう．干潟には12.4時間おきで繰り返される明確な潮汐リズムがあり，満潮時は海水で満たされるが，干潮時には干出する．熱帯・亜熱帯の干潟に生息するミナミトビハゼ（*Periophthalmus argentilineatus*）は干潮時に摂餌をしているが，潮が満ちてくると水を避けるように陸側に移動を開始して，満潮時には水が直接かからない木の上などで休んでいる．ヌマガレイ（*Platichthys flesus*）も**潮汐性**の移動を繰り返し，上げ潮とともに浅瀬に移動して摂餌を行い，下げ潮とともに深場に戻っていく．

熱帯・亜熱帯のサンゴ礁域に生息するハタ科魚類の多くは，普段は単独で生活して小魚などの獲物を狙っている．産卵期のカンモンハタ（*Epinephelus merra*）とヤイトハタ（*E. malabaricus*）はそれぞれ満月と新月が近づくと，

# 17章 集団とリズム

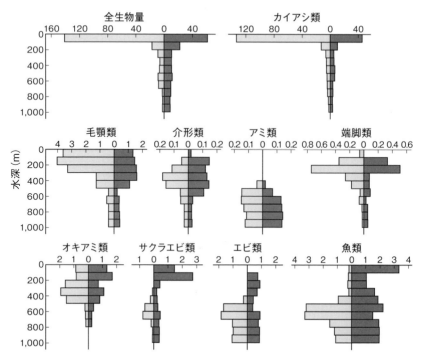

**図17.2 動物プランクトンとマイクロネクトンの鉛直分布の昼夜変動**
濃いグレーの部分（右側）が夜を示す．（引用文献17-1より改変）

生息する浅海域から産卵場（spawning ground）へ移動して大きな群れを形成する．成熟した雌雄はいっせいに放卵・放精し，産卵を終えたハタ類は浅瀬のサンゴ礁に戻ってきて再び単独生活を営むようになる．同様に，熱帯・亜熱帯域に分布するアイゴ科魚類のアミアイゴ（*Siganus spinus*）やシモフリアイゴ（*S. canaliculatus*）は，新月付近で同調的に放卵・放精する．これらは性成熟にともなった集団の形成と行動の例であり，外部環境の周期的変化にあわせて生殖腺の発達を同調させた雌雄個体が，一堂に会して配偶子をいっせいに放出することで繁殖成功率を高めていると考えられている．こうした戦略によって誕生したアミアイゴやシモフリアイゴの稚魚は，浮遊生活を送りながらプランクトンを捕食しているが，孵化から約1か月後の新月付

近で群れをなして沿岸に押し寄せてくる．その後，小集団で海藻をついばみながら成長するようになる．こちらは成長過程での集団の形成と行動の例であり，同じ成長段階にある稚魚が群れて行動することにより捕食者からの捕食圧を下げていると考えられる．

サケ科魚類は一生をかけて群れを形成しつつ大回遊を行うことで知られている．サケ（*O. keta*）の場合，河川で産まれた稚魚は群れながら川を降り，夏はベーリング海，そして冬はアラスカ湾を移動する．3〜5年後に回遊しつつ成長・成熟して故郷の川に戻ってくる．北海道の降河型のサクラマスの稚魚は孵化後の1年半を河川で生活し，雌と一部の雄が降河して日本海とオホーツク海を1年ほど回遊する．その後，2歳になった4〜6月に産まれた川（母川）に帰ってくる．いずれの場合も海へ降りた当初の集団は餌を求める摂食行動に駆り立てられるものであり，母川に帰ってくる集団は子孫を残すための繁殖行動である．

以上のように，魚類の集団に見られるさまざまな周期性は，生得的行動とされる摂食行動や繁殖行動と密接に関わっている．これらの周期性の発現には，摂食行動や繁殖行動を誘発する刺激の感知，行動の動機づけに関わる脳・神経系や内分泌系の活動，そして運動系の活性化という一連の情報伝達が必要である（後述）．

## 17.3　環境に同調した内因性のリズムとその伝達のしくみ

周期的に変化する環境にうまく調和した活動を行うために，動物は感覚系で受け取った環境刺激を，行動を開始するための体内情報へと変換して受け渡すしくみをもっていると考えられる．どのようなしくみがあるのかについて，環境情報ごとに，それに関連した周期的な行動を示す代表的な魚種の例を見ていこう．

12.4時間周期で繰り返される干満の潮汐変化を，魚は水圧の周期的な変化として感じていると考えられる．では，水圧の変化は魚の体内でどのような情報に変換されているのであろうか．潮汐にあわせた索餌行動を繰り返すヌマガレイに自然条件を模した12.4時間周期の水圧変化を与えると，脳内

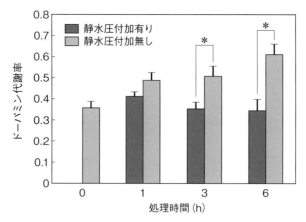

図 17.3　ミツボシキュウセンにおける静水圧の付加の有無による脳内ドーパミン代謝率の経時変化
アスタリスクは有意差があることを示す．（引用文献 17-3 より改変）

ノルエピネフリン，ドーパミン，セロトニン，およびこれらの代謝産物量といった脳内モノアミンの量は，水圧変化を与えなかった場合と比較して減少する[17-2]．満潮付近の時刻で毎日産卵を繰り返すベラ科魚類のミツボシキュウセン（*Halichoeres trimaculatus*）でも，水圧付加によって脳内ドーパミン量およびその代謝率が減少する（図 17.3）[17-3]．さらに，ミツボシキュウセンの脳内ドーパミン量は環境光の明暗変化に応じて昼に高く夜に低くなる日内変動も示すことから，ミツボシキュウセンは光と水圧両方の環境変化を脳内ドーパミンの量的変動として体内情報に変換していると考えられる．潮汐性の行動を繰り返す魚が水圧を感じるしくみは良くわかっていないが，ヌマガレイやミツボシキュウセンの例は，感じ取られた水圧変動が脳内モノアミンの体内リズムに変換されることによって潮汐性の行動が現れる可能性を示すものである．また，明瞭な潮汐性の行動を示す魚に見られる共通の特徴として，1 日の特定の時間帯で活動に定位性（砂に潜るなどして動かなくなる）を示すことが挙げられる．ミツボシキュウセンの場合，夜間になると砂に潜って活動を停止して，昼間になると砂から出てきて活動を再開する．泳いでいるときに受ける水圧は不安定な情報であるが，砂に潜っているときに受ける

## 17.3 環境に同調した内因性のリズムとその伝達のしくみ

水圧変動は，魚にとって安定した環境変動の情報源として利用できるのかもしれない．

アイゴ科魚類のゴマアイゴ（*S. guttatus*）では，生殖腺の発達と産卵の行動に**月周性**が認められる．成熟したゴマアイゴの雌雄は，新月から上弦の月付近に沿岸を群れて移動していっせいに放卵・放精する．では，この産卵同期にはどのような環境情報が利用されているのであろうか．本種を，満月時と新月時の夜の明るさを常時維持した人為月光条件と，自然夜間光条件下（対照群）で予定産卵1か月前から飼育すると，自然夜間光条件下では予定産卵日付近でいっせいに産卵するのに対し，人為月光条件下では予定産卵日付近での一斉産卵が撹乱される[17-4]．この結果は，1か月単位で起こる月の満ち欠けに応じた夜の明るさの周期的変化が，ゴマアイゴの生殖腺発達と産卵行動の同期に利用されていることを示している．昼と夜の明暗変化に比べて，月の満ち欠けにともなう夜の明るさの変化は非常に小さな変化であるが，ゴマアイゴがこうした夜の明るさの変化を感じとれることは血中**メラトニン**量の増減から示されている．メラトニンは**松果体**や網膜でおもに合成されるインドールアミンの一種で，ゴマアイゴの血中メラトニン量は昼間に低く夜間に高くなる明瞭な日内変動を示す．その血中量には月周性の変動も見られ，満月時（明るい夜）の月の南中時刻に採集した血液中のメラトニン量は，新月時（暗い夜）のそれよりも低い（**図17.4A**）[17-4]．ゴマアイゴの松果体を生体外培養して，培養液中に分泌されるメラトニンを測定すると，満月時の分泌量よりも新月時の分泌量のほうが多くなる．これらの結果は，月周性のリズムを示す魚類が夜の明るさの微妙な変化を感知できること，ならびにその変化を月周性の時刻合わせに利用している可能性があることを示唆する．また，ゴマアイゴでは光応答性の**時計遺伝子**（clock gene）のうち，松果体の*period*や間脳域の*cryptochrome*遺伝子の発現量は，それぞれ満月付近と上弦の月付近で高くなる月周性の発現変動を繰り返す（**図17.4B**）．したがって，月周性の発現に生物時計が関与している可能性もある．

クサフグ（*Takifugu niphobles*）の産卵行動には半月周性が認められ，新月や満月の時に海岸に集団で押し寄せてきて産卵する．クサフグについてもメ

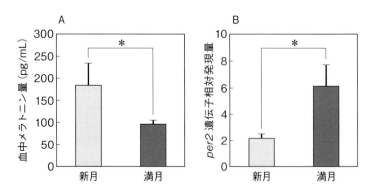

図 17.4 ゴマアイゴの血中メラトニン量（A）と松果体における時計遺伝子（*per2*）発現量（B）の新月と満月間での比較
アスタリスクは有意差があることを示す．（引用文献 17-5 より改変）

ラトニンに着目した研究が進められており，24 時間周期の明暗条件下で飼育したクサフグの松果体におけるメラトニン合成活性とメラトニン受容体遺伝子の発現は，明期に低く暗期に高くなる 24 時間周期のリズムを繰り返すことが示された．一方，恒暗条件下で飼育したクサフグの松果体におけるメラトニン受容体遺伝子の発現量は 14.0～15.4 時間周期の**ウルトラディアンリズム**（ultradian rhythm）をもつことが明らかになり，クサフグの松果体では概潮汐性の生物時計を駆動するメカニズムが備わっている可能性が指摘されている[17-6]．産卵期のクサフグを，水位を一定にした水槽内で飼育すると潮汐にあわせた産卵様行動が観察された．産卵に関わる行動が，潮汐のリズムにあった内因性の周期的な制御を受けていることが示唆されている[17-7]．

## 17.4 集団とリズムを操るホルモンとその働き

周期性をもって動物が集団を形成して移動するのは，多くの場合，食物を求めたり繁殖をしたりするためであり，それぞれ摂食行動や繁殖行動の動機づけが重要になってくる．これらの生得的行動の制御は，中枢神経系では脳内の視床下部域において行われていると考えられている．

魚類で生得的行動制御のメカニズムが詳細に研究されてきたのはサケ科魚

## 17.4 集団とリズムを操るホルモンとその働き

類である．サケ稚魚の夜間に観察される降河行動を同調させる環境要因として，降雨や新月などが考えられているが，それらの環境刺激に応答して血中の**甲状腺ホルモン**（チロキシン：$T_4$）の一過性のサージが起こることが知られている．小島は，サケ稚魚の下流移動と群れ行動に及ぼす神経ペプチド投与の効果を調べた．その結果，$T_4$ の分泌に関わる神経ペプチドのうち，副腎皮質刺激ホルモン放出ホルモン（CRH），**成長ホルモン放出ホルモン**（GHRH），セロトニン，アセチルセロトニン，そしてメラトニンの投与によって下流移動が誘発されたが，群れ行動は GHRH の投与によってのみ誘導されることを見いだした（**図 17.5**）[17-8]．すなわち，感覚器官で感受した環境情報が GHRH ニューロンを刺激して GHRH の分泌を促し，その結果，行動中枢が刺激されて降河行動が起こる．これと同時に，GHRH は下垂体にも作用して甲状腺刺激ホルモンを分泌させて $T_4$ サージを誘発するとともに

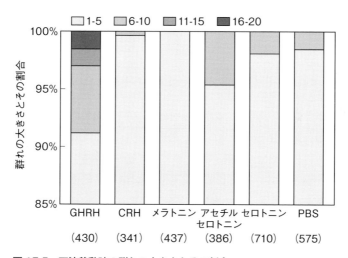

**図 17.5 下流移動時の群れの大きさとその割合**
　下流移動を促進した5つの物質 [成長ホルモン放出ホルモン (GHRH)，副腎皮質刺激ホルモン放出ホルモン (CRH)，メラトニン，アセチルセロトニン，セロトニン] と対照群 [リン酸緩衝化生理食塩水 (PBS)] の群れの個体数を示した．物質名の下の数字は群れの数を示す．（引用文献 17-8 より）

第VII巻　生体防御・社会性 －守－

17章　集団とリズム

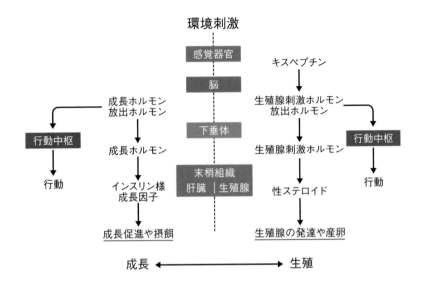

**図 17.6**　魚類の成長と性成熟への切り換え時に見られる主要な内分泌制御系の変化

に，GH の分泌も促進することで，海水移行後の浸透圧調節や成長促進に働いているという仮説が提唱されている（図 17.6）．

　性成熟や産卵に関わる行動に関与している有力な候補は**生殖腺刺激ホルモン放出ホルモン**（GnRH）であろう．GnRH は，その名のとおり下垂体に作用して**生殖腺刺激ホルモン**（GTH）の放出を促して性成熟の調節を担うホルモンであると同時に，神経ペプチドとして脳内で働き，性行動の発現にも関わる．サクラマスでは前脳領域の GnRH 遺伝子発現量は性成熟が始まる前に高い値を維持するが，2 歳魚の冬に減少した後，産卵回遊発動の時期に相当する春と最終成熟が進行する秋に再び高くなる[17-9]．サケでも，北洋を大回遊して産まれた川に帰ってくる間に同様の神経内分泌動態を示すことがわかっている．これらのサケ科魚類では GnRH 量が高いことが回帰の衝動に重要なのではなく，GTH などの GnRH に対する反応性が変化することが重要であると考えられている．回遊の過程では生殖腺の発達も進むことから，繁殖に関わる行動の動機づけには，GnRH と性ステロイドホルモンが協働し

て関与していることが考えられている．最近，環境要因と GnRH の機能をつなぐ鍵物質としてキスペプチンが報告され，キスペプチンニューロンが，生殖腺の調節を行う GnRH 神経系と，性行動などの動機づけの調節を行う GnRH 神経系を協調的に調節している可能性が指摘されている（**図 17.6**）．しかし，このしくみは魚種によって異なることが報告されており，魚種間での共通性が低いことが示唆されている．

前述したハタ科魚類やアイゴ科魚類の月周性の集団移動や，クサフグの半月周性の群れ行動が，どのようなしくみで制御されているのかについての情報はきわめて少ない．しかしながら，産卵期に繰り返される月周性や**半月周性**の行動は生殖腺の発達過程と密接に関わるものであるため，生得的行動を制御する脳内神経ネットワークと，キスペプチンや GnRH，そしてその下流域に存在する GTH や性ステロイドホルモンで構成される生殖内分泌軸のなかで制御されていると考えられる．繁殖行動の動機づけはサケでは生活史のなかで一度だけ起こるが，月周性や半月周性のリズムをもつ魚類では産卵期にリズミックに繰り返されているのかもしれない．魚類の集団としてのリズム機構の統合的解明は今後に残された興味深い課題である．

## 17.5　集団形成のしくみ

動物が群れるためには，ある個体が同種他個体を認識して，相互に関連をもった行動をする必要がある．このような生得的行動を可能にするためには，同種を見極める刺激とそれを感受・伝達するしくみが必要となってくる．多くの場合，群れる相手の選択は，視覚に依存した色や大きさ，形などの形態的情報に基づいて行われている．加えて，近年のバーチャルリアリティ技術は，メダカ（*Oryzias latipes*）が仲間を識別するために動きの情報を利用していることを明らかにした[17-10]．メダカは同種他個体の自然な動きを知覚して群れを形成していることになる．タラ科の海産魚であるシロイトダラ（*Pollachius virens*）の群れ行動は目隠しをしても持続するが，側線を破壊すると持続しなくなる[17-11]．シロイトダラの場合は，視覚で同種他個体を認識するのではなく，側線に分布する有毛細胞によって他個体がつくり出す水の

17章　集団とリズム

図 17.7　浅瀬に群れるゴンズイの幼魚（ゴンズイ玉）

流れの変化を感知している．また，幼魚期のゴンズイ（*Plotosus japonicus*）は集合フェロモンを分泌して同種他個体（同種集団）を認識しつつ群れていることが知られている（**図 17.7**）．体表粘液に含まれているフォスファチジルコリン（phosphatidylcholine）がゴンズイの群れ形成に関与しているらしい[17-12]．ゴンズイの場合，嗅覚が同種他個体（同種集団）の認知に重要な役割を果たしているが，仲間の視認の重要性も指摘されているため，他個体を認識しうる外部情報を統合して処理しながら群れを形成している可能性がある．このように，魚類の群れの行動を統率するためには特定の個体がリーダーになっているわけではなさそうである．

### コラム 17.1
### 人間活動と魚の集団性との深くて長いつながり

「一網打尽」ということわざがある．漁業にこの言葉を当てはめると，漁師の近くにいる魚の集団を一度打った網で捕らえることを意味する．漁師は群泳している魚を巧みに捕らえていることになるが，効率よく漁業を行うためには，漁師は魚群の習性を熟知している必要がある．漁業は魚の群れ行動を経験的に理解することで発展してきたと言っても過言ではない．沖縄の伝統漁法であるアギヤー（追い込み漁）は，海中に網を張って，泳いだり潜ったりしながら魚を網の方向に追い込んでいく．沖縄で発展したこの漁法は，サンゴ礁と魚の行動を熟知する海人（ウミンチュ）によって今も守られるとともに，多くの学校で，海を知るための体験学習の1つとして取り入れられている（**図 17.8**）．

アミアイゴやシモフリアイゴの稚魚をスクと呼ぶが，夏季に訪れる旧暦の1日（新月）付近でいっせいに沿岸に押し寄せてくる．漁師はスクが来る日

を予測できるので，スクの群れを発見すると海に出て，群泳する方向を予測して網を打つ．要するに「一網打尽」である．捕れたスクは塩漬けにして豆腐の上にのせて食べるのが一般的である．スクの塩漬けはスクガラスと呼ばれ，沖縄の居酒屋では泡盛（沖縄の焼酎）と相性の良い一品として親しまれている．同様の漁法は，アミアイゴやシモフリアイゴが生息する熱帯モンスーン気候帯の多くの国々で行われている．

　漁業に限らず，われわれの生活は，動物の群れを巧みに操ったり，利用したりすることで豊かになってきた．しかしながら，「一網打尽」は特定の種を絶滅させてしまう危険をはらんでいる．動物の群れから得られる恩恵を持続的に維持していくためには，動物がなぜ群れるのか生理学的にも生態学的にも良く理解しておく必要があろう．

**図 17.8　琉球大学理学部で行っている追い込み漁を利用した実習風景**
　　左上：サンゴ礁の海に一列に並んで船からの合図を待つ学生．
　　右上：網を張った後，船からの合図でいっせいに泳ぎ出す学生．
　　左下：魚は音に驚いて網の方に逃げていき，引っかかる（矢印）．
　　右下：採れた魚で実習を開始．

17章　集団とリズム

**17章 参考書**

長谷川英一（2007）『魚の動きを探る』五曜書房.

井上 実（1978）『魚の行動と漁法』恒星社厚生閣.

近藤保彦ら 編（2010）『脳とホルモンの行動学』西村書店.

日本比較内分泌学会 編（1998）『生殖とホルモン』学会出版センター.

Numata, H., Helm, B., eds. (2015) "Annual, Lunar, and Tidal Clocks" Springer.

植松一眞ら 編『魚類のニューロサイエンス』恒星社厚生閣.

**17章 引用文献**

17-1) Murano, M. *et al*. (1976) Bull. Plankton Soc. Japan, **23**: 1-12.

17-2) Damasceno-Oliveira, A. *et al*. (2007) Gen. Comp. Endocrinol., **153**: 385-389.

17-3) Takemura, A. *et al*. (2010) Gen. Comp. Endocrinol., **166**: 513-519.

17-4) Takemura, A. *et al*. (2004) J. Exp. Zool., **A 301**: 844-851.

17-5) Ikegami, T. *et al*. (2015) Mar. Genom., **14**: 59-66.

17-6) Ikegami, T. *et al*. (2015) Front. Neurosci., **9**: 9.

17-7) Motohashi, E. *et al*. (2010) Zool. Sci., **27**: 559-564.

17-8) 小島大輔（2009）比較内分泌学, **35**: 220-223.

17-9) 安東宏徳ら（2009）比較内分泌学, **35**: 7-23.

17-10) Nakayasu, T., Watanabe, E. (2014) Anim. Cogn., **17**: 559-575.

17-11) Pitcher, T. J. *et al*. (1976) Science, **194**: 963-965.

17-12) Matsumura, K. *et al*. (2004) Zool. Sci., **21**: 257-264.

# 18. 昆虫における社会性のメカニズム
## ―シロアリの社会行動とカースト分化―

三浦 徹

　シロアリは，血縁集団が高度な社会性を営む真社会性昆虫であり，カースト間での分業を行うことで社会行動を実現している．各カーストへの分化は，後胚発生過程で分化運命が決定し，特異的な形態形成機構が発現することにより起こる．フェロモンを介した個体間相互作用の影響により，幼若ホルモンやインスリンなどの生理因子の体内濃度や受容機構が変化することで，形態形成に関わる遺伝子発現様式が誘導され，カースト特異的形態形成が実行されると考えられている．

## 18.1 真社会性昆虫とは

　動物のなかには，主として血縁個体が集団で生活しているものがおり，とくに昆虫類で，いわゆる社会性昆虫と呼ばれているものが多数みられる．なかでも**真社会性昆虫**と呼ばれるグループは最も高度な社会性を有していると考えられている．真社会性昆虫には，ハチやアリなどの膜翅目（ハチのなかには非社会性・単独性のものもいる）とシロアリ目（等翅目）が最も良く知られるが，他にもアブラムシ，アザミウマ，甲虫類の一部，テッポウエビの一種，そして哺乳類のハダカデバネズミが真社会性をもつ動物とされている．

　真社会性の定義は「世代の重複」「繁殖の分業」「親による子の世話」という3つの条件で定義された[18-1]．このなかでも繁殖分業は最も重要視され，他の2つの条件を満たしていなくても，不妊のヘルパー個体（**不妊カースト**）が存在する場合には真社会性とされることが多い．社会性膜翅目とシロアリ目以外の真社会性昆虫は比較的最近になって真社会性であることが認められたものが多いが，これらのものも不妊の個体が存在していることが真社会性であることの主要な鍵となっている[18-2]．

## 18章 昆虫における社会性のメカニズム

　真社会性昆虫の不妊カーストは自分の子孫は残せない，すなわち後世に自分の遺伝子を残すことはできないため，兵隊カーストに代表される不妊カーストの形質がなぜ進化したのかはダーウィンをも悩ませた事項であった．このジレンマに答えを出したのがハミルトン（W. D. Hamilton）であった．自分で子孫を残せない不妊カーストであっても，血縁個体を助けることによって自分の遺伝子を子孫に残すことができ，それによって不妊カーストの形質も進化しうるとする考えである（180ページ参照）．これは**血縁選択説**として知られており，血縁個体を通じた適応度を包括適応度と呼んでいる[18-3]．膜翅目の場合は単数倍数性（雄が$n$で雌が$2n$，ワーカーには雌しかいない）であり，姉妹間の血縁度が親子間より高くなるため，血縁選択がより有効に働くとされる（図18.1）．シロアリの場合は雌雄ともに倍数体であり，不妊

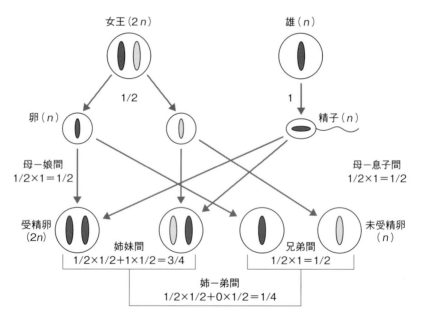

**図18.1　単数倍数性動物における性決定と血縁度**
　膜翅目昆虫の場合は，雌は$2n$で，雄は$n$である単数倍数性であるため，姉妹間の血縁度（0.75）が，親子間の血縁度（0.5）よりも高くなるため，利他行動が進化しやすいことを理論的に示した．（引用文献18-4より）

個体に雌雄がいるので，膜翅目ほど血縁選択が有効に働く訳ではないが，近親交配説や栄養交換説など，それに代わる説がいくつか出されている[18-5]．

シロアリ目（等翅目）は不完全変態昆虫であり，ゴキブリが最も近縁な昆虫とされる．なかでもキゴキブリ（*Cryptocercus* 属）はシロアリの姉妹群とされており（つまりゴキブリ目は単系統ではない），雌雄の成虫が子供を育てる亜社会性をもっている．このゴキブリは，シロアリに見られるような栄養交換行動を行っているなど，シロアリの社会を彷彿とさせる性質をいくつか示す[18-6]．

アリやハチなどでは不妊カーストであるワーカーは蛹を経た成虫であるのに対し，シロアリは不完全変態昆虫であるため，発生様式つまりカースト分化の様式が大きく異なる．シロアリのコロニーにもワーカー（**労働カースト**）やソルジャー（**兵隊カースト**；単に兵隊とも言う）は存在するが，これらは成虫ではなく，幼虫の発生が途中でストップした個体であると考えられている[18-7]．おそらく進化の過程では，成虫（有翅虫）になれない個体が巣内に留まり，血縁個体の世話をするようになったのだと考えられる．シロアリ目には7つの科があり，それらすべてに不妊カーストや兵隊カーストが存在しており，真社会性を獲得する中間段階のシロアリは現生していない．キゴキブリとシロアリとの間に大きなミッシングリンクが存在していると言えよう．

## 18.2 カースト間の分業とカースト分化

社会性昆虫である最大の条件が「繁殖分業」であることはすでに述べたが，繁殖以外の労働も細かく分業されている場合が多く，繁殖・不妊の分業を担う個体をそれぞれ単に**カースト**と呼び，不妊カーストの間のさらなる分業（採餌や防衛など）を担うカーストを「サブカースト」と呼ぶこともある．ここでは両者ともに，簡単のため「カースト間の分業」と呼ぶことにする．先に述べたようにシロアリは不完全変態昆虫であり，不妊カーストの間にもさまざまな齢の個体が存在している．小さくて若い個体は総じて巣内の仕事（育児など）を担うことが多く，老齢で大型の個体は採餌を担う．さらに大きく

## 18章　昆虫における社会性のメカニズム

て防衛行動に特殊化した個体を**兵隊**（ソルジャー）と呼ぶ．兵隊はシロアリの種により形態も多様であり，兵隊の形態が種同定の鍵となっている[18-8]．

では，どのようにしてこれら多様な形態と役割をもつカーストが巣内に生じるのだろうか？　シロアリのコロニー内の個体は兄弟間ほどの遺伝的な差違こそあれ，多細胞生物の細胞同様，基本組成は同じゲノム情報を有しており，すべての個体はすべてのカーストへと成長するポテンシャルをもっている．しかし，後胚発生の過程で受けるさまざまな外的要因（気温や湿度などの物理的要因や個体間相互作用などの社会的要因）により発生運命が決定され，各カーストへと分化していく．カースト分化の経路は，シロアリの系統により大きく2つに分けられ，繁殖と不妊の分化が1齢幼虫また

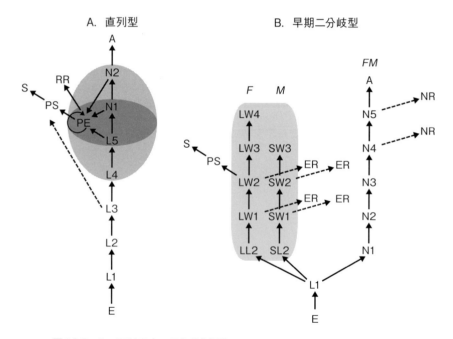

**図18.2　シロアリのカースト分化経路**
直列型（A）と早期二分岐型（B）に大別される．E: 卵, L: 幼虫, N: ニンフ, A: 有翅虫, PE: 擬職蟻, PS: プレソルジャー, S: ソルジャー, RR: 補充生殖虫, SL: 小型幼虫, LL: 大型幼虫, SW: 小型ワーカー, LW: 大型ワーカー, ER: ワーカー型補充生殖虫, NR: ニンフ型補充生殖虫．（引用文献18-9を改変）

はそれ以前に起こる**早期二分岐型**と，老齢個体（7齢幼虫など）まで全能性を保持したまま発生し，その後に繁殖虫や兵隊へと分化する**直列型**がある（**図18.2**）[18-9]．系統的に見ると，シロアリの系統樹の最も根元で分化して独自の進化を遂げたムカシシロアリ（*Mastotermes darwiniensis*, 1科1属1種）や，シロアリの最も派生的な系統であるシロアリ科は早期二分岐型を有しており，その間のオオシロアリ科やレイビシロアリ科などは直列型をもっている．カースト分化パターンがどのように進化してきたかは議論の余地を残しているが，ゴキブリの発生パターンなどを鑑みると，直列型の方をより祖先的なカースト分化パターンと見る方が妥当に思える．

## 18.3　カースト分化における形態改変

「カースト」とは「社会性昆虫においてある役割に特殊化した個体」を指すが，形態的に明らかに異なっている場合と，形態はまったく同じで行動のみが異なる場合がある．これらを区別する場合，前者を「形態カースト」，後者を「行動カースト」と呼ぶ．アリやハチでは，成虫になってからの日齢で行動カーストが育児から採餌へ変化する場合も良くみられるが，シロアリの場合には，形態カーストによる研究例が多く，行動カーストについてはあまり研究例がない．シロアリのカーストの場合は，脱皮を介して形態が変化し，それにともない神経系も改変されることにより行動も変化すると考えられる[18-10, 18-11]．

オオシロアリ（*Hodotermopsis sjostedti*）はユーラシア大陸から東アジアにかけて分布しているシロアリで，比較的祖先的な形質を多く残していると考えられている．兵隊は噛みついて攻撃するために大顎が大きく発達しており，カースト分化の経路も祖先的な直列型を有している[18-12]．より派生的なシロアリ種では，分化経路は幼虫齢の初期に繁殖・不妊のカーストが決定してしまう早期二分岐型を有し，兵隊カーストの武器も発達した大顎をもつ種だけでなく，外敵に対して化学物質を分泌・噴射する額腺という頭部の分泌腺を備えた兵隊をもつ種がいる．いずれの場合も兵隊カーストは非常に特殊な形態をもち，防衛・攻撃に特化している．

## 18 章　昆虫における社会性のメカニズム

　では特殊な形態（と行動）をもつ兵隊はどのようにコロニー内に生じるのであろうか？　どの種においても兵隊は幼虫あるいは労働カースト（ワーカーあるいは擬職蟻）から生じることが前提となっている．オオシロアリの場合，7齢の幼虫個体がワーカーとして労働のタスクを担うが，このステージは完全不妊なわけではなく，繁殖虫へと分化するポテンシャルも備えているため，「偽ワーカー」という意味の「擬職蟻」という名称が与えられている（図18.3）．オオシロアリでは擬職蟻から2回の脱皮を経て兵隊へと分化する．兵隊になる前のステージをプレソルジャーあるいは前兵隊と言い，形態は兵隊に似るが体全体が白っぽくクチクラも非常に軟らかい[18-13]．ちょうど，完全変態昆虫における蛹のようなステージである．兵隊の特殊な形態はこの前兵隊ステージを挟む2回の脱皮で行われるわけだが，とくに擬職蟻から前兵隊の脱皮において大きな形態改変が起こる[18-14]．しかも，シロアリの多くの種でこの前兵隊への脱皮は，幼若ホルモンやその類似体を投与するこ

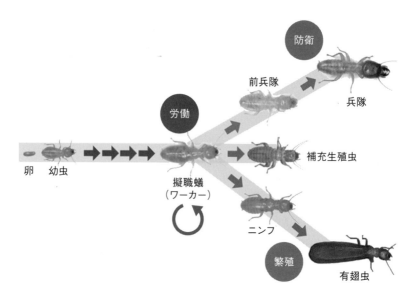

**図18.3　オオシロアリのカースト分化経路**
オオシロアリは直列型を示し，7齢幼虫個体は労働を行うため，擬職蟻と呼ばれる．このカーストから，有翅虫，補充生殖虫，兵隊へと分化していく．

## 18.3 カースト分化における形態改変

とで人為的に誘導することができるため，兵隊分化の過程においても前兵隊脱皮への過程は多くの研究が蓄積している[18-11]．オオシロアリでは，ピリプロキシフェンという幼若ホルモン類似体を投与して約2〜3週間後に前兵隊脱皮が誘導される[18-15]．

どの昆虫の脱皮でも同様であるが，脱皮に先んじて腸内容物が排出される**ガットパージ**という過程が見られる．オオシロアリの前兵隊分化でも幼若ホルモン類似体投与後約2週間後にガットパージが見られ，この頃に体内では大規模な組織形態の改変が起こる．たとえば，脂肪体が発達し体全体が白っぽくなり，上皮細胞が増殖する[18-13]．この上皮細胞の増殖が体の部位特異的に起こるため，体のプロポーションが変化して特殊な形態をもつ兵隊が生じるのである[18-14, 18-16]．ガットパージを起こす前後には，上皮細胞層とその外側を覆うクチクラの間に，次のステージの新たなクチクラが形成され，新し

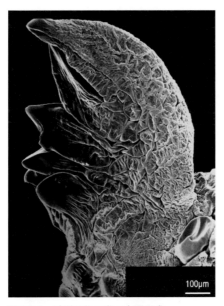

**図 18.4　兵隊分化の際の大顎形成**
前兵隊脱皮の直前（まだ擬職蟻のステージ）には，複雑に折りたたまれた前兵隊の大顎が形成されている．

いクチクラと古いクチクラの間が酵素によって溶かされることにより古いクチクラを脱ぐ，すなわち脱皮することが可能となる．この時期のシロアリ個体を固定し，古いクチクラをうまく剥がしてやると，前兵隊になるときに大きく肥大・伸長する部位の新たなクチクラと上皮細胞層が著しく褶曲した構造となっており，走査型電子顕微鏡などで詳しく観察することができる．オオシロアリの場合には大顎のクチクラのなかに，皺が複雑に入り組んだ前兵隊の大顎が形成されている（図 18.4）[18-14]．前兵隊になるときは大顎だけでなく，全体的に体の前方方向の肥大化が顕著に起こる．最近の筆者らの研究では，前兵隊のステージの間にも，白くて柔らかいクチクラが徐々に伸長することで，より完成された兵隊の形態に近づくことが分かった [18-17]．

## 18.4　幼若ホルモンによるカースト制御

兵隊分化は脱皮を経て起こる現象であること，また**幼若ホルモン**投与で人為的に兵隊分化を誘導することが可能であることは，脱皮変態を制御する幼若ホルモンや脱皮ホルモン（**エクジソン**）が兵隊分化において重要な働きを担うことを示している．シロアリの成長も脱皮を繰り返して起こるので，周期的なエクジソン濃度の変動があることは間違いないが，エクジソンの兵隊分化における役割については残念ながらほとんどわかっていない．しかし幼若ホルモンに関しては古くから知識が蓄積されてきている．

他の昆虫同様，シロアリにおいても幼若ホルモンは脳の後端に接続する内分泌器官である**アラタ体**（corpora allata）から体液中へと分泌される．アラタ体では，炭素数 15 のセスキテルペンの 1 つを前駆体として幼若ホルモンが合成されている．古典的な研究では，ゴキブリから摘出したアラタ体をシロアリの体内に移植することで兵隊分化を誘導する研究が行われた [18-18]．その後はさまざまな幼若ホルモン様物質をシロアリに投与する実験が行われ，齢間（脱皮と脱皮の間の期間）での幼若ホルモン濃度の変動の様式により，どのカーストへと分化するかが決定するモデルが提唱された [18-19]．最近，筆者らは液体クロマトグラフィー質量分析機（LC-MS）を用いることにより，そのモデルを裏付けた [18-20]．すなわち，高濃度の幼若ホルモン濃度が保たれ

れば兵隊分化が誘導されるが，一定して低ければ有翅虫（繁殖虫）へ分化する．また齢間に低濃度から高濃度へと変化すれば擬職蟻から擬職蟻へ脱皮する静止脱皮が誘導されることが明らかとなった．

他種のシロアリでも幼若ホルモン濃度がカースト分化に重要な役割を担うことは示されている．個体間相互作用を含む外的要因・環境要因が個体の生理状態を変化させ，最終的には幼若ホルモン濃度が変動することで，さまざまなカーストへの分化が誘導されることになるのだろう．

## 18.5 インスリン経路

シロアリの兵隊分化ではアロメトリー（体のプロポーション）が大きく変化する．最近の昆虫における研究では，**インスリン経路**が体全体のサイズや部位の相対サイズの発生調節に関わることが示されている[18-21, 18-22]．また，表現型可塑性を示す糞虫の雄個体においても，幼虫期の栄養条件により角のサイズが決まる過程でインスリン経路が関与することが明らかとなっている[18-23]．シロアリにおいても，インスリン受容体遺伝子などの複数のインスリン関連遺伝子の発現が，前兵隊脱皮への分化誘導後約2週間のガットパージをする頃に上昇することが示されている[18-24]．また，受容体遺伝子の発現を抑制すると，前兵隊への脱皮時に起こる大顎の伸長が阻害される．実際，この時期の大顎の上皮細胞層でインスリン受容体遺伝子の際立った発現が認められる．これらのことから幼若ホルモンとともにインスリン経路も環境条件と発生制御の橋渡しをすることにより兵隊分化における形態改変に一役買っていることが示唆される．

## 18.6 ツールキット遺伝子の発現

幼若ホルモンやインスリンなどの内分泌因子もカースト分化に重要なのかも知れないが，これらの液性因子は全身の体液中を巡るので，兵隊分化において大顎などが部位特異的に伸長することを説明できない．数多くの進化発生学的知見が示すように，*Hox*遺伝子などの**ツールキット遺伝子**（パターン形成因子あるいは形態形成因子とも呼ばれる）がなんらかの位置情報を与え

18章　昆虫における社会性のメカニズム

ることによって部位特異的な細胞増殖を促すことが考えられる．シロアリのカースト分化の過程では，有翅虫の系列では翅や複眼が，兵隊の系列では大顎が際立って成長するので，これらの部位のアイデンティティーを決める未知の因子の寄与が窺える．アリのワーカーでは翅ができないが，いくつかのツールキット遺伝子の発現が阻害されていることが示されている[18-25]．

実際にシロアリでも，兵隊では額腺突起が伸長するタカサゴシロアリ(*Nasutitermes takasagoensis*)において，*distalless* 遺伝子が発現することで突起の伸長が促される[18-26]．また同種の兵隊は額腺突起を武器とする代わりに大顎はワーカーよりも退縮しており，退縮の際には *Hox* 遺伝子の1つである *deformed* 遺伝子が関与していることも示されている[18-27]．筆者らは，昆虫の脚の部位（とくに中間から根本にかけて）のアイデンティティーに関わる *dachshund* という遺伝子が特異的に発現していることを認めている．

## 18.7　個体間相互作用に関わる分子：フェロモン

上記で示したような一連の生理発生機構がカースト分化の過程で駆動されることにより，カースト特異的な形態形成が起こり，コロニーの仕事に適応したカーストが生じることが明らかになりつつあるが，それを誘導する外的要因については未解明の部分が多い．社会的な個体間相互作用が主たる要因であろうが，気温や湿度などの物理的要因もカースト分化には影響する．有翅虫の結婚飛行が毎年初夏の時期にコロニー間でシンクロして行われることが，明解にこのことを示している．

シロアリの個体間相互作用とカースト分化については，レイビシロアリの一種（*Kalotermes flavicollis*）を用いた古典的な研究が有名である[18-28, 18-29]．この研究では，繁殖虫への分化が王や女王により抑制されることや，兵隊の存在が他の個体の兵隊分化を抑制することが示されている．シロアリでは一般的に，繁殖虫や兵隊はそのカーストの比率が上昇しすぎてしまわないように，カースト分化を抑制する効果があり，逆に他のカーストの分化（たとえば有翅虫は兵隊分化）を促進する効果があることが知られている（図 18.5）[18-30]．

18.7 個体間相互作用に関わる分子：フェロモン

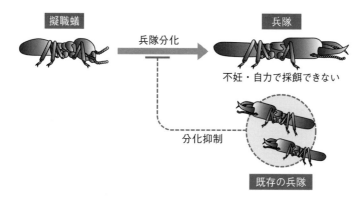

**図 18.5　既存の兵隊による兵隊分化の抑制**
これによりコロニー内の兵隊比率が一定に保たれている．

　これらの個体間相互作用において，最も重要な機能を果たすものが**フェロモン**であると考えられている．フェロモンはその機能から，**リリーサーフェロモン**と**プライマーフェロモン**に大別される[18-31]．リリーサーフェロモンは他個体の行動に影響を与えるフェロモンで，道しるべフェロモンや警告フェロモンがこれに当たる．一方，プライマーフェロモンは他個体の生理状態に影響を与えるフェロモンで，カースト分化を制御するフェロモンはプライマーフェロモンということになる．シロアリではどちらの研究もある程度はあるが，種によって断片的に報告されているに過ぎず，体系的な理解には至っていない．最近では，ヤマトシロアリ（*Reticulitermes speratus*）において2種類の揮発性物質が女王フェロモンとして報告されている[18-32]．また同属別種のシロアリからは，テルペン系の化学物質が兵隊分化を抑制するフェロモンとして同定されている[18-33]．

　ヤマトシロアリでは兵隊の存在が，同巣のワーカー個体の体内幼若ホルモン濃度を下げる[18-34]．このことは，フェロモン物質が他個体（この場合ワーカー）の生理状態を変化（幼若ホルモン濃度を抑制）させることにより，兵隊の比率を保つという機構が存在することを示唆している．

## コラム 18.1
## ソシオゲノミクス

古くからその社会生態に興味がもたれてきた社会性昆虫であるが，20世紀までは社会性昆虫を主たる対象としていた社会生物学（sociobiology）は生態学の一分野と考えられていた．しかし，ミツバチのゲノム解読の試みを皮切りにゲノミクスや遺伝子発現などの研究が数多く行われるようになり，これらの研究を総称して**ソシオゲノミクス**（sociogenomics）と呼ぶようになった[18-35, 18-36]．シロアリにおいても例外ではなく，ネバダオオシロアリ（*Zootermopsis nevadensis*）とナタールオオキノコシロアリ（*Macrotermes natalensis*）の2種ですでにゲノムが解読されている[18-37, 18-38]．筆者らのグループも次世代シーケンサーを用いたトランスクリプトーム解析およびゲノム解析を進めてきており，すでに日本産シロアリ3種の遺伝子のカタログ化に成功している[18-39]．現在はこれらの情報を用いて遺伝子発現の網羅的解析やエピジェネティクス解析などを進め，社会性に寄与している分子機構とその進化について理解を深める努力を行っているところである．

## 18.8 社会性の進化

シロアリ目は7つの科からなり，すべての種で真社会性が獲得されているため，その進化的な過程について現存の種から推測するのは難しい．シロアリは系統的にはゴキブリ類に近縁とされ，キゴキブリ属（*Cryptocercus*属）がシロアリ目の姉妹群とされている．つまりゴキブリ類はシロアリ目に対し側系統的な位置づけとなる（鳥類に対する爬虫類と同様の関係）．キゴキブリの仲間は，両親が仔虫を胎生で出産後，仔虫に随伴して栄養供給などの世話をすること（これを**亜社会性**という）や，脱皮回数が明確に決まっていない（ゴキブリ類には比較的多く見られる）ことなどから，シロアリの社会性につながるのではないかと思わせる特徴をいくつかあわせもっている[18-40]．これら生態学的な知見と合わせて，ゲノムや遺伝子発現の解析がシロアリと

ゴキブリの間で進めば，シロアリの系統でのみ獲得されたゲノム構成や分子機構を明らかにすることができるであろう．それら得られた新知見とこれまでの社会性に関する膨大な知識を総合すれば，シロアリの系統における社会進化の道すじが見えてくるのではないかと期待している．

## 18 章 参考書

東 正剛・辻 和希 共編（2011）『社会性昆虫の進化生物学』海游舎．

東中川 徹・八杉貞雄・西駕秀俊 共編（2008）『ベーシックマスター発生生物学』オーム社．

松本忠夫・長谷川眞理子 共編（2007）『生態と環境』培風館．

三浦 徹（2016）『表現型可塑性の生物学：生態発生学入門』日本評論社．

日本生態学会 編（2012）『エコゲノミクス』共立出版．

吉村 剛ら 共編（2012）『シロアリの事典』海青社．

## 18 章 引用文献

18-1) Michener, C. D. (1969) Annu. Rev. Entomol., **14**: 299-342.

18-2) 辻 和希（1999）生物科学，**51**: 1-9.

18-3) Hamilton, W. D. (1964) J. Theor. Biol., **7**: 17-52.

18-4) 三橋 淳 編（2003）『昆虫学大事典』朝倉書店．

18-5) 松本忠夫（1993）『生態と環境』岩波書店．

18-6) 前川清人（2008）昆虫と自然，**43**: 5-9.

18-7) Miura, T. (2005) Evol. Dev., **7**: 122-129.

18-8) Weesner, F. M. (1969) "Biology of Termites" Vol.1, Krishna, K., Weesner, F.M., eds., Academic Press, New York, p. 19-47.

18-9) Roisin, Y. (2000) "Termites" Abe, T. *et al*., eds., Kluwer Academic Publishers, Dordrecht, p. 95-119.

18-10) Ishikawa, Y. *et al.* (2008) PLoS One, **3**: e2617.

18-11) Miura, T., Scharf, M. E. (2011) "Biology of Termites" Bignell, D. E. *et al*., eds., Springer, p. 211-253.

18-12) Miura, T. *et al.* (2004) Insectes Soc., **51**: 247-252.

18-13) Cornette, R. *et al.* (2007) Zool. Sci., **24**: 1066-1074.

18-14) Koshikawa, S. *et al.* (2003) Sci. Nat., **90**: 180-184.

18-15) Ogino, K. *et al.* (1993) Zool. Sci., **10**: 361-366.

18-16) Koshikawa, S. *et al.* (2002) Insectes Soc., **49**: 245-250.

18-17) Sugime, Y. *et al.* (2015) Sci. Nat., **102**: 1-8.

18-18) Lüscher, M. (1958) Sci. Nat., **45**: 69-70.

18-19) Nijhout, H. F., Wheeler, D. E. (1982) Q. Rev. Biol., **57**: 109-133.

18-20) Cornette, R. *et al.* (2008) J. Insect Physiol., **54**: 922-930.

18-21) Brogiolo, W. *et al.* (2001) Curr. Biol., **11**: 213-221.

18-22) Shingleton, A. *et al.* (2005) PLoS Biol., **3**: e289.

18-23) Emlen, D. J. *et al.* (2006) Heredity, **97**: 179-191.

18-24) Hattori, A. *et al.* (2013) J. Exp. Zool. Part B, **320**: 295-306.

18-25) Abouheif, E., Wray, G. A. (2002) Science, **297**: 249-252.

18-26) Toga, K. *et al.* (2012) Evol. Dev., **14**: 286-295.

18-27) Toga, K. *et al.* (2013) J. Exp. Zool. Part B, **320**: 385-392.

18-28) Lüscher, M. (1952) Zeitschrift für vergleichende Physiologie, **34**: 123-141.

18-29) Lüscher, M. (1961) R. Entomol. Soc. Lond. Symp., **1**: 57-67.

18-30) Watanabe, D. *et al.* (2014) Front. Physiol., **5**: 127.

18-31) Chapman, R. F. (1998) "The Insects" Cambridge University Press.

18-32) Matsuura, K. *et al.* (2010) Proc. Natl. Acad. Sci. USA, **107**: 12963-12968.

18-33) Tarver, M. R. *et al.* (2009) J. Chem. Ecol., **35**: 256-264.

18-34) Watanabe, D. *et al.* (2011) J. Insect Physiol., **57**: 791-795.

18-35) Robinson, G. E. (1999) Trends Ecol. Evol., **14**: 202-205.

18-36) Robinson, G. E. *et al.* (2005) Nat. Rev. Genet., **6**: 257-270.

18-37) Terrapon, N. *et al.* (2014) Nat. Commun., **5**: 3636.

18-38) Poulsen, M. *et al.* (2014) Proc. Natl. Acad. Sci. USA, **111**: 14500-14505.

18-39) Hayashi, Y. *et al.* (2013) PLoS One, **8**: e76678.

18-40) Bell, W. J. *et al.* (2007) "Cockroaches" JHU Press.

# 略　語　表

11-KT：11-ketotestosterone（11-ケトテストステロン）
20E：20-hydroxyecdysone（20-ヒドロキシエクジソン，脱皮ホルモン）
ACTH：adrenocorticotropic hormone（副腎皮質刺激ホルモン）
ADAM：a disintegrin and metalloprotease（ディスインテグリン・メタロプロテイナーゼ）
AGP：alpha-1-acid glycoprotein（酸性糖タンパク質）
AgRP：agouti-related protein（アグチ関連タンパク質）
AIRE：autoimmune regulator（自己免疫制御因子）
APC：antigen-presenting cell（抗原提示細胞）
ASIP：agouti signaling protein（アグチシグナリングタンパク質）
AVP：arginine vasopressin（アルギニンバソプレッシン）
AVT：arginine vasotocin（アルギニンバソトシン）
BAFF：B cell activating factor（B 細胞活性化因子）
BmDNV：*Bombyx mori* densovirus（カイコ濃核病ウイルス）
C5a：complement component 5a（補体 5a）
CAPD：cathepsin D（カテプシン D）
CART：cocaine- and amphetamine-regulated transcript（コカイン・アンフェタミン調節転写産物）
CD4：cluster of differentiation 4（白血球分化抗原 4）
CD8：cluster of differentiation 8（白血球分化抗原 8）
CIITA：class Ⅱ transactivator（クラスⅡトランスアクチベーター）
CP：ceruloplasmin（セルロプラスミン）
CRH：corticotropin-releasing hormone（副腎皮質刺激ホルモン放出ホルモン）
DAF：decay accelerating factor（崩壊促進因子）
DAP：diaminopimelic acid（ジアミノピメリン酸）
DC：dendric cell（樹状細胞）

略 語 表

dDC：decidual dendritic cells（脱落膜樹状細胞）
Des-Ac-α-MSH：desacetyl-α-MSH（非アセチル化 α-MSH）
Dpt：diptericin（ディプテリシン）
Drs：drosomycin（ドロソマイシン）
E2：estradiol（エストラジオール）
EGF：epidermal growth factor（上皮増殖因子）
END：endorphin（エンドルフィン）
fMLF：formyl methionyl leucyl phenylalanine（ホルミルメチオニルロイシルフェニルアラニン）
FSH：follicle-stimulating hormone（濾胞刺激ホルモン）
GC：glucocorticoid（糖質コルチコイド）
GH：growth hormone（成長ホルモン）
GHRH：growth hormone-releasing hormone（成長ホルモン放出ホルモン）
GNBP：Gram-negative bacteria recognition protein（グラム陰性菌認識タンパク質）
GnRH：gonadotropin-releasing hormone（生殖腺刺激ホルモン放出ホルモン）
GPCR：G protein-coupled receptor（G タンパク質共役型受容体）
GTH：gonadotropic hormone, gonadotropin（生殖腺刺激ホルモン）
HLA：human leukocyte antigen（ヒト白血球型抗原）
HPG：hypothalamic-pituitary-gonadal（視床下部 - 下垂体 - 生殖腺）
HPI：hypothalamic-pituitary-adrenal（視床下部 - 下垂体 - 間腎腺）
IDO：indoleamine 2,3-dioxygenase（インドールアミン 2,3- ジオキシゲナーゼ）
IFN：interferon（インターフェロン）
Ig：immunoglobulin（イムノグロブリン）
IGF-Ⅰ：insulin-like growth factor（インスリン様成長因子Ⅰ）
IgM：immunoglobulin M（イムノグロブリン M）
IL：interleukin（インターロイキン）
imd：immune deficiency（免疫欠損）
JH：juvenile hormone（幼若ホルモン）
Kir2.1：inwardly rectifying potassium channel（整流性カリウムイオンチャネル 2.1）

# 略語表

LAO：L-amino acid oxidase（L-アミノ酸オキシダーゼ）

LC-MS：liquid chromatography mass spectrometry（液体クロマトグラフィー質量分析）

LH：luteinizing hormone（黄体形成ホルモン）

LIRs：leukocyte inhibitory receptors（白血球阻害受容体）

M-CSFR：macrophage colony-stimulating factor receptor（マクロファージコロニー刺激因子受容体）

MAP：mitogen-activated protein（分裂促進因子活性化タンパク質）

MC1R：melanocortin 1 receptor（メラノコルチン1型受容体）

MC2R：melanocortin 2 receptor（メラノコルチン2型受容体）

MC4R：melanocortin 4 receptor（メラノコルチン4型受容体）

MC5R：melanocortin 5 receptor（メラノコルチン5型受容体）

MCH：melanin-concentrating hormone（メラニン凝集ホルモン）

MCP：membrane cofactor protein（膜補因子タンパク質）

MCR：melanocortin receptor（メラノコルチン受容体，MC受容体）

MCT：mitocryptide（マイトクリプタイド）

MHC：major histocompatibility complex（主要組織適合遺伝子複合体）

MIRL：membrane inhibitor of reactive lysis（反応性溶解膜インヒビター）

MMP2：matrix metalloproteinase 2（マトリクスメタロプロテアーゼ2）

MSH：melanocyte-stimulating hormone（メラニン細胞刺激ホルモン）/ melanophore-stimulating hormone（黒色素胞刺激ホルモン）

M$\varphi$：macrophages（マクロファージ）

NAG：$N$-acetyl-$\beta$-D-glucosaminidase（$N$-アセチルグルコサミニダーゼ）

NF-$\kappa$B：nuclear factor kappa-light-chain-enhancer of activated B cells（核内因子$\kappa$B）

NGF：nerve growth factor（神経成長因子）

NK：natural killer（ナチュラルキラー）

NPR-1：natriuretic peptide receptor 1（ナトリウム利尿ペプチドレセプター1）

NPY：neuropeptide Y（ニューロペプチドY）

OCTR-1：octopamin receptor 1（オクトパミン受容体1）

略語表

P4：progesterone（プロゲステロン）
PAS：periodic acid-schiff（過ヨウ素酸シッフ染色）
pCAPD：procathepsin D（プロカテプシン D）
PCR：polymerase chain reaction（ポリメラーゼ連鎖反応）
PGE2：prostaglandin $E_2$（プロスタグランジン E2）
PGRP：peptidoglycan recognition protein（ペプチドグリカン認識タンパク質）
pIgR：polymeric immunoglobulin receptor（ポリ Ig レセプター）
PKL：plasma kallikrein（血漿カリクレイン）
$PLA_2$：phospholipase $A_2$（ホスホリパーゼ $A_2$）
POMC：proopiomelanocortin（プロオピオメラノコルチン）
PRL：prolactin（プロラクチン）
rGC：receptor guanylate cyclase（受容体型グアニル酸シクラーゼ）
RNAi：RNA interference（RNA 干渉）
RT-PCR：reverse transcription polymerase chain reaction（逆転写ポリメラーゼ連鎖反応）
SC：secretory component（分泌成分）
SOD：superoxide dismutase（スーパーオキシドジスムターゼ）
Spz：Spätzle（Spätzle タンパク質）
$T_4$：thyroxine（チロキシン）
Tc：cytotoxic T（細胞障害性 T，キラー T）
TCR：T cell receptor（T 細胞受容体）
TGF$\beta$：transforming growth factor（トランスフォーミング増殖因子 $\beta$）
TNF：tumor necrosis factor（腫瘍壊死因子）
TRAIL：TNF-related apoptosis-inducing ligand（TNF 関連アポトーシス誘導リガンド）
TSLP：thymic stromal lymphopoietin（胸腺ストローマ・リンフォポイエチン）
Th：helper T（ヘルパー T）
Treg：regulatory T cell（調節性 T 細胞）
TrpA1：transient receptor potential A1（温度感受性カルシウムチャネル）
T：testosterone（テストステロン）

## 略語表

UPR：unfolded protein response（小胞体ストレス応答）
VEGF：vascular endothelial growth factor（血管内皮増殖因子）

# 索　引

## 記号・数字

$\alpha$-MSH　110, 117
11-ケトテストステロン（KT）　195-197, 199, 200

## アルファベット

ACTH　49, 126, 129, 130, 200
ADAM　164
*Astatotilapia burtoni*　198, 199
AVP　198
AVT　198-200
B細胞　135, 137
CRH　213, 214
C型レクチン様タンパク質　164
Des-Ac-$\alpha$-MSH　127, 129, 130
E2　79, 195, 196, 199, 200
END　50, 126
FSH　199
GC　183, 184
GCレベル　183-188
GH　49, 51-59, 228
GHRH　227
GnRH　200, 228, 229
GTH　228
*Hox*遺伝子　241, 242
HPG軸　199
HPI軸　197, 199, 200
IFN　68
IGF-I　55-59
IL　65, 67, 68
imd　14
JH　97
LAO　138
LH　199
L-アミノ酸オキシダーゼ　138
MCH　125-128, 131
MSH　50, 125-130
P4　69
PGE2　82, 83, 85
PLA$_2$　162, 165-167
PLA$_2$アイソザイム　169, 172
*pomc*/POMC　50, 110, 126, 127, 130
PRL　58, 59
RNAi　98, 155
RNA干渉　155
T　1, 195, 199, 210
T$_4$　1, 227
T$_4$サージ　227
TGF$\beta$　84
Toll　14, 17
Windowpane flounder　143
Winter flounder　139

## あ

アイソザイム　162, 166, 167, 173
アカガエル　149-151
アカガレイ　221
アグチシグナリングタンパク質　3
亜社会性　244
アナゴ　口絵D, 135
アフリカツメガエル　口絵D
アミアイゴ　222, 230, 231
アメリカナマズ　138
アメリカヌママムシ　160
アユ　213
アラタ体　240
アリスイ　181
アルギニンバソトシン　198
アルギニンバソプレシン　198
アルビノ　110
アロスタシス　184, 185
アロスタシス負荷　185-187
アロメトリー　241
アンタゴニスト　110

## い

威嚇行動　193
遺伝子重複　62
インスリン　241
インスリン経路　241
インスリン様成長因子-I　55
インターフェロン　65
インターロイキン　43, 65
隠蔽色　119, 121
隠蔽的擬態　90-92, 96

## う

ウイルス　26, 143
羽装　105, 112, 114, 115
ウナギ　138, 142
ウミタナゴ　78, 79, 84, 85
ウルトラディアンリズム　226

索 引

## え

液性免疫 12, 14, 15, 17, 20, 21, 65
エクジソン 20, 21, 240
エストラジオール（17β） 79, 195, 196
炎症 43, 46, 54, 60, 73, 82
鉛直移動 221
エントリーレセプター 33
エンドルフィン 50, 126

## お

黄色素胞 130
黄体形成ホルモン 199
オオシロアリ 口絵F, 237, 239, 240
オキタナゴ 口絵C, 79-85
オプシン 122, 123, 131
オプソニン（効果） 15, 68, 82, 142

## か

カースト 235-237, 240-243
カーペットモデル 155
カイコ 口絵A, 10, 21, 24, 25-30, 33, 34
カイコ濃核病 27, 34
海水適応能 2, 211, 216
概潮汐性 226
核多角体病 26, 29
獲得免疫 9, 10, 62
カクレクマノミ 195, 197, 198, 201
下垂体神経葉 口絵B, 131
下垂体中葉 60, 110, 117, 124, 128
カセリシジン 149, 156
加速進化 169, 172

ガットパージ 239, 241
カテプシンD 140
カマキリ 96
カリクレクチン 144-146
間腎腺 129
間腎腺ホルモン 197
完全抵抗性 27-30, 33
桿体 122, 123
カンモンハタ 221

## き

キイロショウジョウバエ 10, 98
キゴキブリ 244
擬職蟻 238, 241
キスペプチン 229
擬態 90-94, 96, 98-100, 102
擬態斑紋 96-99
キチジ 120
逆影 3, 105, 111, 112, 114, 119, 120
究極要因 188, 189
休眠ホルモン 25, 26
キュウリエソ 221
協同繁殖 187
キンギョ 127, 131
銀化 3, 210, 211, 216, 217
金属プロテアーゼ 162, 163

## く

クサフグ 225, 226
クチクラ 239, 240
クマノミ 口絵E, 192
クリプタイド 口絵B, 38, 40, 44, 47
グルココルチコイド 156, 157
グレリン 57
クロソイ 138

クロマグロ 119, 120
群淘汰 182

## け

警戒物質 135
警告色 91
形態カースト 237
形態学的体色変化 124, 127
血液凝固因子 145, 146
血液凝固因子結合タンパク質 164
血縁選択説 234
血縁淘汰 180
月周性 225, 229
血漿カリクレイン 145, 146
ケモカイン 43, 69
ケラチノサイト 107, 108, 117
ケラチン 107, 108

## こ

抗菌ペプチド iv, v, 11, 12, 20, 21, 134, 138, 141, 144, 148-151, 154-159
攻撃型擬態 91, 96
甲状腺ホルモン 1, 156, 205, 211, 212, 215, 217, 227
抗体 9, 10, 53
行動カースト 237
行動圏 198
行動生態学 179
ゴキブリ 235, 240, 245
黒色素胞 130
黒色素胞刺激ホルモン 口絵B, 3, 50, 109, 124, 149
古典的生理活性ペプチド 40, 46
ゴマアイゴ 225

索 引

コモンカスベ 139
コルチゾル iv, 2, 3, 49, 50, 60, 129, 130, 136, 196, 197, 199, 200, 205, 211, 213-215, 217
棍棒細胞 135

**さ**

ザーペシン 12
サイトカイン 56, 64-66, 68, 69, 73, 81, 84
サイトカイン IL 83
細胞質多角体病 26
細胞性免疫 10, 11, 14, 15, 17, 21, 65, 78
サクラマス 口絵 A, 口絵 F, 1-4, 205, 209-212, 214, 215, 217, 221, 223, 228
サケ 49, 223, 228
ザルコトキシン 12

**し**

自家移植 63
色素胞 123-125
至近要因 188, 189
自己分泌 41, 56
視床下部 124, 226
自然選択 178
自然淘汰 178, 180
自然免疫 10, 11, 15, 42, 62, 65
視物質 122
シモフリアイゴ 222, 230, 231
社会行動 191
社会順位 2, 192-194, 196-200
社会的群れ 192
シャペロン 37

周期性 220, 223
松果体 225, 226
ショウジョウバエ 11, 12, 14, 18-21
シロアリ 233-237, 240-242, 244, 245
シロイトダラ 229
神経分泌 25, 40
真社会性 235
真社会（性）昆虫 233, 234
浸透圧調節 3, 57-59, 217

**す**

錐体 122, 123
スケトウダラ 221
ステロイドホルモン 194
ストレス 183, 184, 197
ストレスホルモン iv, 2, 4
スモルト 3

**せ**

生殖腺刺激ホルモン 228
生殖腺刺激ホルモン放出ホルモン 228
性ステロイド 1, 4, 136
性ステロイドホルモン 196, 199, 228, 229
成長ホルモン 1, 49, 205, 206, 208, 211, 215, 217
成長ホルモン放出ホルモン 227
性淘汰 180
生物時計 226
性ホルモン 209-211, 215
生理学的体色変化 124, 127
セクロピア蚕 11
セクロピン 11, 12
セリンプロテアーゼ 164, 166

セロトニン 224
センチニクバエ 口絵 A, 11, 12, 15
センチニクバエレクチン 11, 17, 20
前兵隊 238, 239, 241

**そ**

早期二分岐型 237
ソシオゲノミクス 244
ソマトラクチン 60
ソルジャー 236

**た**

胎仔魚 79
対処行動 186
胎生 62, 76, 78, 79, 83-85
胎生魚 76, 78, 80, 85
胎盤 口絵 B, 62-65, 67-73, 80, 83, 84
タイワンアマガサヘビ 160
他家移植 63
タカサゴシロアリ 242
多機能性生体防御ペプチド 159
脱皮ホルモン 20, 25, 97, 240
樽型モデル 154

**ち**

チョウ 93
潮汐性 221, 224
潮汐リズム 221
直列型 237
チロキシン 227

**つ**

ツールキット遺伝子 241, 242

ツキノワテリムク 187
ツノダシ 121

## て
ディスインテグリン 163
ディフェンシン 149, 152, 156
ディプテリシン 12
適応進化 178, 179
適応度 178
テストステロン 1, 195, 210
伝染性軟化病 26
テントウムシ 口絵 C, 99, 100

## と
糖質コルチコイド iv, 2, 183
ドーパミン 224
毒腺 161
ドクチョウ 94, 97, 98
時計遺伝子 225
トゲカジカ 138
トサジドリ 口絵 C
ドジョウ 139
トラフグ 135, 137, 142
トロイダルポア(ドーナツ)モデル 155
ドロソマイシン 12

## な
ナマズ 139
ナミアゲハ 92, 97
なわばり 口絵 F, 1-3, 203-206, 208-217
軟腐病 19

## に
ニジマス 口絵 B, 52, 54, 57, 60, 82, 124, 129, 130, 136, 138, 197, 205, 206
日内変動 224, 225
日周性 221

## ぬ
ヌタウナギ 139
ヌマガレイ 138, 221, 223

## ね
粘液 133, 134, 136-138
粘液細胞 133

## の
濃核病 口絵 A, 26, 27, 29, 33, 34
ノルアドレナリン 124, 125, 127, 128
ノルエピネフリン 224

## は
ハイイロガン 185
背地順応 3
背地適応 123
胚盤胞 70
ハダカイワシ 221
ハタゴイソギンチャク 192
ハチミツガ 11, 15
ババガレイ 口絵 D, 119
ハブ 口絵 E, 160-163, 166, 169, 172
ハブ毒 161-166, 170, 172
ハブ毒 PLA$_2$ アイソザイム 167-170
半月周性 225, 229

## ひ
光受容細胞 122
非古典的生理活性ペプチド 40, 42, 46
ヒストン 155, 156
ヒストン分解産物 138, 139
ヒストン由来抗菌ペプチド 140, 141
ピット 161, 174
ヒヒ 185
標識的擬態 90-92, 96
ヒラメ 127, 130

## ふ
フェロモン 242, 243
不完全変態昆虫 235
副腎皮質 129
副腎皮質刺激ホルモン 49, 60, 126
副腎皮質刺激ホルモン放出ホルモン 213
副腎皮質ホルモン 49, 136, 156, 197, 211
不妊カースト 233-235
ブフォリン 155, 156
プライマーフェロモン 243
ブラインドケーブカラシン 121
ブルーギル 197
プレソルジャー 238
プロオピオメラノコルチン 50, 126
プロゲステロン 69
プロスタグランジン E2 82
プロテアーゼ 36-39, 44
プロラクチン 58

## へ
兵隊 235-243
兵隊カースト 234, 235
ベーツ型擬態 91, 92, 100
ヘルパー 187

## ほ

包括適応度 234
包括適応度理論 180
傍分泌 40, 56, 57, 59
保護色 3, 105, 122
ホスホリパーゼ$A_2$ 162, 165
ホメオスタシス 185
ホルストガエル 170
ホンマス 206, 208, 215

## ま

マイクロ染色体 173
マイトクリプタイド 43-46
マガイニン 152, 155
マサバ 221
マツカワ 122, 124, 125, 127, 129-131
マトリクスメタロプロテアーゼ2 140

## み

ミーアキャット 口絵E, 187
ミツボシキュウセン 224
ミトコンドリアタンパク質 35, 39, 42, 44-46
ミナミウシノシタ 139
ミナミトビハゼ 221
ミュラー型擬態 91, 94, 97, 100

## む

ムチン 133, 134

ムネエソ 221
群がり 191
群れ 191

## め

メキシカンテトラ 121
メダカ 122, 229
メラトニン 225, 226
メラニン 106, 107, 109, 110, 115, 117
メラニン凝集ホルモン 3, 124
メラノコルチン受容体 3, 129
メラノサイト 107-110, 115, 117
メラノソーム 107-109, 111
免疫抑制 49, 60, 62, 67, 68, 73, 76, 86

## も

網膜 122
モザンビークティラピア 196
モルフォゲン 98

## や

ヤイトハタ 221
ヤマトシロアリ 243

## ゆ

優位 192, 193, 199
優位個体 186, 187, 192, 195-197, 200, 201
宥和行動 193, 196

## よ

幼若ホルモン 20, 97, 238, 240, 241, 243
幼若ホルモン類似体 239
蛹表皮褐色化ホルモン 97

## ら

卵生 83
卵胎生 78

## り

リゾチーム 11, 52, 57, 58, 60, 133, 134, 138
両親媒性構造 148
両親媒性ペプチド 138, 139
リリーサーフェロモン 243

## れ

レイビシロアリ 242
レクチン 口絵A, 11, 15, 17, 82, 134, 135, 141-146
劣位 192, 193, 199
劣位個体 186, 187, 192, 195, 197, 200, 201
レミング 181, 182

## ろ

労働カースト 235, 238
濾胞刺激ホルモン 199

## わ

ワーカー 234, 235, 238, 242, 243
ワクチン 8, 9

## 執筆者一覧 (アルファベット順)

| | | |
|---|---|---|
| 伊藤 克彦 (いとう かつひこ) | 東京農工大学大学院農学研究院　助教 (3章) | |
| 岩室 祥一 (いわむろ しょういち) | 東邦大学理学部　教授 (12章) | |
| 岩田 惠理 (いわた えり) | いわき明星大学科学技術学部　教授 (15章) | |
| 和泉 俊一郎 (いずみ しゅんいちろう) | 東海大学医学部　教授 (6章) | |
| 亀谷 美恵 (かめたに よしえ) | 東海大学医学部　准教授 (6章) | |
| 加藤 貴大 (かとう たかひろ) | 総合研究大学院大学先導科学研究科　大学院生 (14章) | |
| 小林 哲也 (こばやし てつや) | 埼玉大学大学院理工学研究科　教授 (12章) | |
| 近藤 朱音 (こんどう あかね) | 国立病院機構四国こどもとおとなの医療センター　周産期内科医長 (6章) | |
| 倉田 祥一朗 (くらた しょういちろう) | 東北大学大学院薬学研究科　教授 (2章) | |
| 沓掛 展之 (くつかけ のぶゆき) | 総合研究大学院大学先導科学研究科　講師 (14章) | |
| 三浦 徹 (みうら とおる) | 北海道大学大学院地球環境科学研究院　准教授 (18章) | |
| 水澤 寛太 (みずさわ かんた) | 北里大学海洋生命科学部　准教授 (1, 10章) | |
| 向井 秀仁 (むかい ひでひと) | 長浜バイオ大学大学院バイオサイエンス研究科　准教授 (4章) | |
| 棟方 有宗 (むなかた ありむね) | 宮城教育大学教育学部　准教授 (16章) | |
| 中村 修 (なかむら おさむ) | 北里大学海洋生命科学部　准教授 (7章) | |
| 新美 輝幸 (にいみ てるゆき) | 自然科学研究機構基礎生物学研究所　教授 (8章) | |
| 高橋 明義 (たかはし あきよし) | 北里大学海洋生命科学部　教授 (10章) | |
| 竹村 明洋 (たけむら あきひろ) | 琉球大学理学部　教授 (17章) | |
| 竹内 栄 (たけうち さかえ) | 岡山大学大学院自然科学研究科　教授 (9章) | |
| 竹内 悠記 (たけうち ゆうき) | 早稲田大学先進理工学部　助教 (17章) | |
| 筒井 繁行 (つつい しげゆき) | 北里大学海洋生命科学部　講師 (11章) | |
| 上田 直子 (うえだ なおこ) | 崇城大学薬学部　教授 (13章) | |
| 矢田 崇 (やだ たかし) | 水産研究・教育機構中央水産研究所　資源増殖グループ長 (1, 5章) | |

## 謝　辞

　本巻を刊行するにあたり，以下の方々，もしくは団体にたいへんお世話になった．謹んでお礼を申し上げる（敬称略）．

**写真・図版提供**
小豆畑隆生（1章），伊藤彰紀，Elsevier，衣笠会，ニューサイエンス社，風媒社，藤原晴彦，PLOS（8章），吉原千尋（9章），朝日田 卓，恒星社厚生閣（10章），内山愛里，丸橋佳織（12章），服部正策（13章）

編者略歴

**水澤寬太** 1974年千葉県に生まれる．2002年東京大学大学院農学生命科学研究科博士課程修了．博士（農学）．現在，北里大学海洋生命科学部准教授．専門は魚類分子内分泌学．

**矢田　崇** 1964年東京都に生まれる．1992年東京大学大学院理学系研究科博士課程修了．博士（理学）．現在，国立研究開発法人水産研究・教育機構中央水産研究所研究グループ長．専門は魚類生理学・内分泌学．

ホルモンから見た生命現象と進化シリーズ Ⅶ
生体防御・社会性 ― 守 ―

2016年10月20日　第1版1刷発行

検印省略

定価はカバーに表示してあります．

| 編　者 | 水澤寬太 |
|---|---|
| | 矢田　崇 |
| 発行者 | 吉野和浩 |
| 発行所 | 東京都千代田区四番町8-1 |
| | 電話　03-3262-9166（代） |
| | 郵便番号 102-0081 |
| | 株式会社　裳　華　房 |
| 印刷所 | 株式会社　真　興　社 |
| 製本所 | 牧製本印刷株式会社 |

社団法人
自然科学書協会会員

JCOPY 〈(社)出版者著作権管理機構 委託出版物〉
本書の無断複写は著作権法上での例外を除き禁じられています．複写される場合は，そのつど事前に，(社)出版者著作権管理機構（電話03-3513-6969，FAX 03-3513-6979，e-mail: info@jcopy.or.jp）の許諾を得てください．

ISBN 978-4-7853-5120-5

© 水澤寬太，矢田　崇，2016　Printed in Japan

## ☆ ホルモンから見た生命現象と進化シリーズ ☆

<日本比較内分泌学会 編集委員会>
高橋明義(委員長)，小林牧人(副委員長)，天野勝文，安東宏徳，海谷啓之，水澤寛太

内分泌が関わる面白い生命現象を，進化の視点を交えて，第一線で活躍している研究者が初学者向けに解説します(全7巻)。　　各A5判／150〜280頁

| | | | |
|---|---|---|---|
| Ⅰ 比較内分泌学入門 −序− | 和田　勝 著 | | 近刊 |
| Ⅱ 発生・変態・リズム −時− | 天野勝文・田川正朋 共編 | 本体 2500 円＋税 | |
| Ⅲ 成長・成熟・性決定 −継− | 伊藤道彦・高橋明義 共編 | 本体 2400 円＋税 | |
| Ⅳ 求愛・性行動と脳の性分化 −愛− | 小林牧人・小澤一史・棟方有宗 共編 | 本体 2100 円＋税 | |
| Ⅴ ホメオスタシスと適応 −恒− | 海谷啓之・内山　実 共編 | 本体 2600 円＋税 | |
| Ⅵ 回遊・渡り −巡− | 安東宏徳・浦野明央 共編 | 本体 2300 円＋税 | |
| Ⅶ 生体防御・社会性 −守− | 水澤寛太・矢田　崇 共編 | 本体 2900 円＋税 | |

## ☆ 新・生命科学シリーズ ☆

幅広い生命科学を，従来の枠組みにとらわれず，新しい視点で切り取り，基礎から解説します。

| | | |
|---|---|---|
| 動物の系統分類と進化 | 藤田敏彦 著 | 本体 2500 円＋税 |
| 動物の発生と分化 | 浅島　誠・駒崎伸二 共著 | 本体 2300 円＋税 |
| ゼブラフィッシュの発生遺伝学 | 弥益　恭 著 | 本体 2600 円＋税 |
| 動物の形態 −進化と発生− | 八杉貞雄 著 | 本体 2200 円＋税 |
| 動物の性 | 守　隆夫 著 | 本体 2100 円＋税 |
| 動物行動の分子生物学 | 久保健雄 他共著 | 本体 2400 円＋税 |
| 動物の生態 −脊椎動物の進化生態を中心に− | 松本忠夫 著 | 本体 2400 円＋税 |
| 植物の系統と進化 | 伊藤元己 著 | 本体 2400 円＋税 |
| 植物の成長 | 西谷和彦 著 | 本体 2500 円＋税 |
| 植物の生態 −生理機能を中心に− | 寺島一郎 著 | 本体 2800 円＋税 |
| 脳 −分子・遺伝子・生理− | 石浦章一・笹川　昇・二井勇人 共著 | 本体 2000 円＋税 |
| 遺伝子操作の基本原理 | 赤坂甲治・大山義彦 共著 | 本体 2600 円＋税 |
| エピジェネティクス | 大山　隆・東中川徹 共著 | 本体 2700 円＋税 |

裳華房ホームページ　http://www.shokabo.co.jp/　　2016年10月現在